机器学习

实用教程

（微课版）

刘波　王荣秀　刘崇文　范兴容◎编著

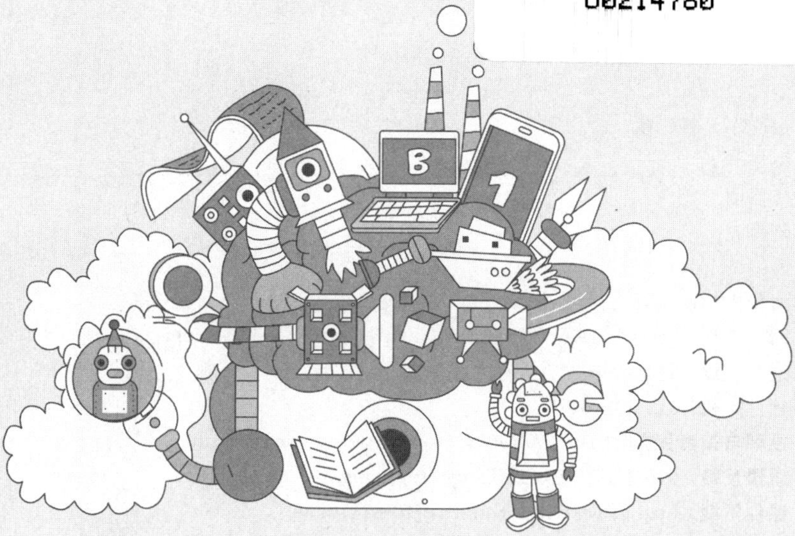

清華大學出版社
北　京

内 容 简 介

本书在全面介绍机器学习中的模型、算法以及相关编程技术等基本知识的基础上，着重介绍了监督机器学习中的线性回归、感知机、logistic 回归、贝叶斯分类、集成学习、k 最近邻以及无监督学习中的主成分分析和聚类算法。在介绍这些算法时，都会通过例子分析如何使用这些算法解决实际应用问题。同时本书还介绍了机器学习中监督学习和无监督学习的模型评价指标。

全书可分为 3 部分来学习：第一部分（第 1 章）为机器学习的基础篇，着重介绍机器学习的发展历史，各个主流的分支，机器学习在人工智能中的作用以及学习机器学习所需要的数学知识；第二部分（第 2～8 章）为监督学习篇，着重介绍基本的监督学习方法的建模原理，求解模型的方法，如何基于 sklearn 框架调用这些算法解决实际应用问题；第三部分（第 9～10 章）为无监督学习篇，主要介绍主成分分析的基本原理和应用，k-means 算法的基本原理及应用，谱聚类算法的基本原理和应用。本书除提供大量应用实例及每章后均附有习题外，还配有微视频，主要对书中的一些重点和难点进行讲解，同时也对一些习题答案进行介绍。

本书适合作为高等院校智能科学与技术、计算机、软件工程专业本科生、研究生的入门教材，同时也可供对机器学习比较熟悉的应用开发人员、广大科技工作者和研究人员参考。

图书在版编目（CIP）数据

机器学习实用教程：微课版/刘波等编著．—北京：清华大学出版社，2021.1（2022.1重印）
ISBN 978-7-302-55670-1

Ⅰ．①机… Ⅱ．①刘… Ⅲ．①机器学习－教材 Ⅳ．①TP181

中国版本图书馆 CIP 数据核字（2020）第 100810 号

责任编辑：白立军 杨 帆
封面设计：杨玉兰
责任校对：焦丽丽
责任印制：刘海龙

出版发行：清华大学出版社
网 址：http://www.tup.com.cn，http://www.wqbook.com
地 址：北京清华大学学研大厦 A 座 **邮 编**：100084
社 总 机：010-62770175 **邮 购**：010-83470235
投稿与读者服务：010-62776969，c-service@tup.tsinghua.edu.cn
质量反馈：010-62772015，zhiliang@tup.tsinghua.edu.cn
课件下载：http://www.tup.com.cn，010-83470236
印 装 者：大厂回族自治县彩虹印刷有限公司
经 销：全国新华书店
开 本：185mm×260mm **印 张**：11 **字 数**：267 千字
版 次：2021 年 1 月第 1 版 **印 次**：2022 年 1 月第 2 次印刷
定 价：49.00 元

产品编号：083135-01

前　言

在过去的20年，计算机和互联网的飞速发展使人们的生活方式发生了巨大变化，同时也产生了海量的数据，大数据时代已经到来！近几年，以大数据为基础的人工智能成为万众瞩目的焦点，人工智能正在影响人们生活的各个方面。在人工智能的研究过程中，人们发现机器学习是实现让计算机智能化的最有效手段。

目前，很多高校都开设了智能科学与技术专业。"机器学习"是该专业的核心课程。国内外已经出版了多本关于机器学习的书籍，例如，James的 *An Introduction to Statistical Learning*，该书对机器学习的各个方面进行了非常全面、细致的介绍。机器学习所涉及的内容众多，很难通过一本书将所有问题都介绍清楚。本书从机器学习最基本的模型出发，介绍机器学习的基本概念、模型和方法。这些内容是学习后续课程(如"计算机视觉""自然语言处理""深度学习"等)的基础。

本书力求简洁、直观地介绍机器学习的方法。在内容的选择上，侧重介绍广泛使用的方法，特别是监督学习和无监督学习的经典方法。在介绍这些内容时，通过第1章介绍机器学习的基本概念和主要分支，让读者对机器学习有一个全面的了解。其余各章内容相对独立、完整，同时也注重各章节内容的连贯性，如将贝叶斯分类安排在线性回归、感知机、logistic回归之后介绍，其原因在于这些模型都与贝叶斯分类模型有联系。决策树是很多集成算法(如随机森林等)的基础，因此本书在介绍完决策树后再介绍集成学习；在介绍线性回归的原理时，会通过投影的观点来理解该模型，这一观点在后面理解主成分分析时也会用到。在介绍具体的机器学习模型时，都会给出具体的应用，同时还会基于sklearn框架介绍如何实现这些应用，而且对于一些比较困难的内容，会通过微课的方式对其进行介绍。在每章的后面都给出了内容总结、习题和参考文献，以方便读者进一步学习。

在本书的出版过程中，清华大学出版社的白立军编辑、杨帆编辑给予了很多帮助，在此向他们表示感谢。本书的出版也得到了重庆工商大学研究生教改项目"基于二维码的研究生互动教学改革"(2015YJG0205)，重庆市教育科学规划项目(2018-CX-348)，教育部产学合作协同育人项目(201902100005)，教育部产学合作协同育人项目(201902016028)的支持。

由于作者水平所限，书中难免有错误或不妥之处，欢迎读者批评指正。

刘　波

2020年10月

目 录

第 1 章

机器学习概述

本章重点

- 了解机器学习的定义。
- 了解机器学习的发展历史。
- 了解机器学习的主要分支。
- 理解监督学习与无监督学习的区别。
- 了解机器学习在人工智能中的地位。

微课视频

1.1 机器学习的定义

随着计算机技术的飞速发展,各行各业产生了大量的数据,大数据时代已经到来,这使得人工智能迅速崛起。机器学习是人工智能研究的核心内容,它是使计算机具有智能的根本途径。机器学习方法已经在人工智能的各个分支得到了广泛应用,如计算机视觉、自然语言理解、语音识别、推荐系统、量化交易、机器人、物联网等领域。

目前关于什么是机器学习并没有一个统一的定义,社会学家、逻辑学家和心理学家都各有其不同的看法。例如,Langley 在 1996 年给出的机器学习定义:"机器学习是一门人工智能的科学,该领域的主要研究对象是人工智能,特别是如何在经验学习中改善具体算法的性能。"(Machine learning is a science of the artificial. The field's main objects of study are artifacts,specifically algorithms that improve their performance with experience.)卡内基·梅隆大学教授 Tom M. Mitchell 在 1997 年出版的经典《机器学习》教材中对信息论的一些概念进行了详细解释,同时也对机器学习进行了定义:"机器学习是对能通过经验自动改进的计算机算法的研究。"(Machine Learning is the study of computer algorithms that improve automatically through experience.)同时,他还给出了更一般的定义:"如果用评价标准 P 来评估计算机执行某一任务 T 的性能,若一个计算机程序能够利用经验 E 使在执行任务 T 时性能 P 得到提高,则称关于 T 和 P,该程序对 E 进行了学习。"(A computer program is said to learn from experience E with respect to some class of tasks T and performance measure P,if its performance at tasks in T,as measured by P,improves with experience E.)Alpaydin 在 2004 年给出了机器学习的定义:"机器学习是用数据或以往的经验优化计算机程序的性能标准。"(Machine learning is programming computers to optimize a performance criterion using example data or past experience.)

而在南京大学周志华教授所著的《机器学习》中这样定义机器学习:机器学习是一门研究如何让计算机从数据中获取知识,并运用这些知识解决实际问题的科学。这里所说的机器通常是指计算机。总的来说,机器学习是通过学习算法(learning algorithm)让计算机具有数据分析能力的科学。**目前有很多种机器学习方法,本书主要介绍监督学习、无监督学习,而其他的机器学习算法(如强化学习等)不属于本书的范围。因此本书后面所说的机器学习方法,如没有特别说明,就是指这两种方法。**

机器学习通常由 6 部分组成:数据获取、数据预处理、特征处理、训练/构建模型、测试模型和部署模型。这 6 部分的关系,即机器学习的工作流程如图 1.1 所示。

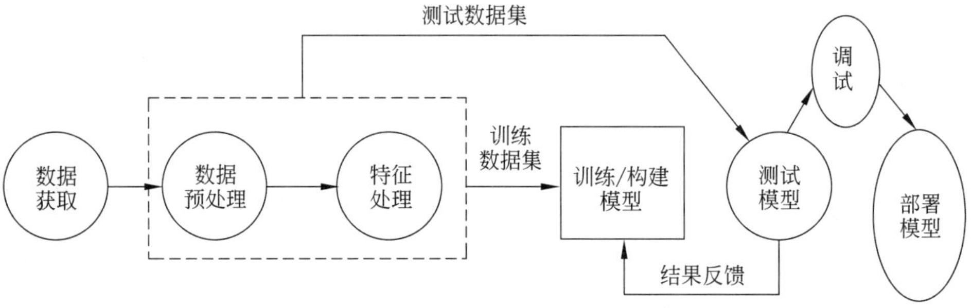

图 1.1　机器学习的工作流程

机器学习的第一步是要收集与学习任务相关的数据,这是最基础也是最重要的一步。虽然我们处于大数据时代,但对于一个给定的任务,要得到与之相关的数据有时会很困难。因此,获得与任务相关的数据是实现机器学习算法的前提。下面介绍与数据相关的概念。

数据的集合称为数据集(data set),数据集中的元素称为样本(sample)或示例(instance),每个样本由特征(feature)或属性(attribute)描述。特征描述了对象在某方面的性质,例如,在个人信息相关的数据集中,每个人是一个样本,而在描述一个人时,可将"性别""年龄"等作为这个人(样本)的特征。每个特征可能会有多个值,如年龄的取值可能是 20、30 等,这些取值称为特征值(feature value),特征可以看成是由特征值构成的向量,即特征向量(feature vector)。另外,样本可以看成是由多个特征值构成的向量。

在获取数据后,通常需要对这些数据进行预处理,这是因为实际应用中的数据往往会有缺失、重复等问题,这些问题有可能使数据无法被机器学习算法使用。数据预处理的内容主要包括以下两部分。

(1) 数据审核。审核原始数据的准确性、适用性、及时性和一致性。

(2) 数据清洗。其主要任务是为了填充缺失值;删除某些不符合要求的数据或有明显错误的数据;将符合某种特定条件的数据筛选出来,删除不符合特定条件的数据。

经过数据预处理之后,并不是所有的特征都适合给定的应用,因此需要对特征进行处理,这个过程通常包含以下两方面的内容。

(1) 特征选择。有些数据可能会存在冗余特征或不相关特征,因此需要从特征中挑选出与具体应用相关的特征。

(2) 特征变换。对原始特征进行有效变换,从而获得能有效表达样本的新的特征。特征学习(feature learning)也是一种特征变换方法,它通过算法让计算机自动学习有效的特征表示。

经过数据预处理和特征处理后的数据会根据实际应用的需要按一定比例划分训练数

据集和测试数据集(在某些情况,还需要从训练数据集中划分一部分样本作为验证数据集(validation dataset),其目的是为了调整模型的参数)。接下来需要通过算法从训练数据集中构建或训练出一个模型(model)。假设在训练数据集中会有某些潜在的规律,希望计算机能通过学习来得到(或近似得到)这种规律(也称为模型)。在得到模型后,当有新的数据时,模型就会输出相应的结果。

监督学习模型的训练过程如图 1.2 所示。在训练数据集上通过学习算法得到的模型,需要通过测试数据集来检验模型的精度或准确度。若不符合要求,则需要根据反馈的结果修改或重新训练模型,直到满足应用要求才能将最终模型投入实际应用。

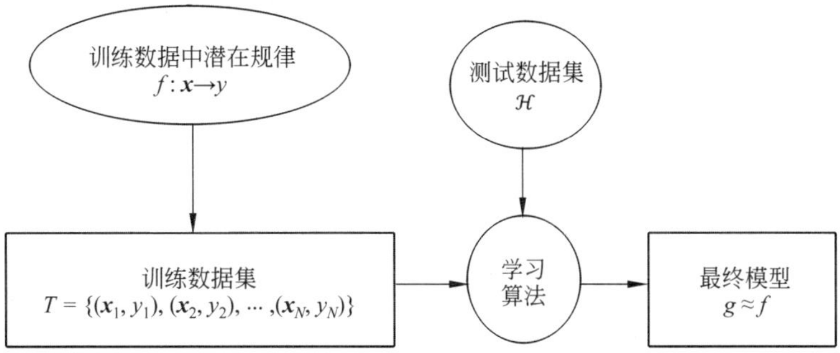

图 1.2　监督学习模型的训练过程

在机器学习的训练过程中,学习算法是核心,不同的学习算法会得到不同的模型。机器学习算法是机器学习理论研究的重点。在训练好模型后,要对模型进行评估和测试。在模型投入使用后,还需要对其进行在线评估和监控。最后,根据实际情况对模型进行维护、诊断和再训练。

1.2　机器学习的发展历史

机器学习是人工智能研究较为年轻的分支,它是对人类学习过程的简单模仿,最初的机器学习研究与神经科学有关。1949 年 Hebb 提出了赫布型学习理论(Hebbian learning theory)。该理论可以大致描述如下:假设反射活动的持续性或反复性会导致细胞的持续性变化并增加其稳定性,当一个神经元 A 能持续或反复激发神经元 B 时,其中一个或两个神经元的生长或代谢过程都会变化。从人工神经元或人工神经网络角度来看,该学习理论简单地解释了循环神经网络(RNN)中神经元之间的关系(权重),即当两个节点同时发生变化,节点之间有很强的正相关性(positive weight);如果两者变化相反,说明有负相关性(negative weight)。

1950 年,艾伦·麦席森·图灵(Alan Mathison Turing)在其论文《计算机器与智能》中提出用图灵测试判定计算机是否智能。图灵测试认为将被测试者(一台机器与一个人)与测试者隔开,如果机器让参与者做出的平均误判率超过 30%,则称这台机器具有人类智能。

1952,IBM 公司科学家亚瑟·塞缪尔(Arthur Samuel)开发了一个跳棋程序。该程序能够通过观察当前位置学习一个隐含的模型,从而为后续动作提供更好地指导。他在介绍这一模型时,首次使用“机器学习”这一术语,并将它定义为可以提供计算机能力而无须显式编程的研究领域。

心理学家 Frank Rosenblatt 受到 Hebb 思想的启发，于 1958 年提出了感知机(perceptron)模型，该模型主要用于解决机器学习中的分类问题。感知机可以看成是最简单的神经网络，它有一个神经元和相应的激活函数(activation function)。感知机的出现，大大推动了当时人工智能的发展。本书的第 3 章会介绍感知机的基本原理。

1968 年，Cover 和 Hart 提出 k 近邻(k-nearest neighbor，kNN)算法。该算法能使计算机解决简单的分类问题。最初的 k 近邻算法的原理很简单：在一个数据集上，对给定的样本 $\boldsymbol{x}_0$，找出其中 k 个与之最相邻的样本，获得这些样本的类标记，并按一定原则(如少数服从多数)来决定 $\boldsymbol{x}_0$ 属于哪一类。本书的第 3 章会介绍感知机的基本原理。

1969 年，马文・明斯基(Marvin Lee Minsky)提出了著名的 XOR 问题，并论证了感知机在数据线性不可分的情况下无法收敛。从 20 世纪 60 年代后期到 70 年代末，机器学习的理论研究步伐几乎处于停滞状态，同时还因为计算机硬件资源的限制，使得整个人工智能领域的发展都遇到了很大的瓶颈。虽然这个时期温斯顿(Winston)的结构学习系统和海斯・罗思(Hayes Roth)等提出的逻辑归纳的学习系统取得较大的进展，但这些系统只能学习单一概念，而且未能投入实际应用。而神经网络学习机因理论缺陷也未能达到预期效果而陷入低潮。

在 20 世纪 70 年代后期，计算机科学家基本上放弃了神经网络的研究，但心理学家 Rumelhart 等仍致力于记忆神经网络模型的研究，并于 1986 年提出多层感知机(multilayer perceptron，MLP)模型，这种神经网络在当时是很流行的机器学习方法，被广泛应用于语音识别、图像识别、机器翻译等。Bryson 和 Ho 于 1969 年提出神经网络的反向传播(back-propagation，BP)算法，虽然反向传播算法是以自动微分的反向模型(reverse model of automatic differentiation)为基础提出来了，但直到现在才真正发挥效用，今天的深度学习(deep learning)仍以反向传播算法为基础。

决策树是机器学习的另一个重要分支，它最早由 Hunt 等人于 1966 提出，而 John Ross Quinlan 对决策树进行了进一步的研究，使其成为流行的机器学习算法。决策树是一种集成学习(ensemble learning)算法。人们在决策树的基础上开展了很多研究，并演化出很多的算法，如 ID4、回归树、CART 算法等，这些算法仍然活跃在机器学习领域中。这里需要特别提到一种重要的决策树模型：随机森林，它是由 Leo Breiman 博士在 2001 年提出的，其思想是通过将多棵决策树集成到一起，因此它的基本单元是决策树。随机森林包含两个重要的内容：一个是随机性；另一个是森林的概念。

Boosting 是另一种集成学习算法，它由 Schapire 于 1990 年最先提出。一年后 Freund 提出了一种效率更高的 Boosting 算法。但是，这两种算法在实践上存在共同的缺陷，即都要求事先知道弱学习算法学习正确的下限。1995 年，Freund 和 Schapire 改进了 Boosting 算法，提出了 AdaBoost 算法，该算法的效率和 Freund 于 1991 年提出的 Boosting 算法几乎相同，但它不需要任何关于弱学习器的先验知识，因而更容易应用到实际问题中。Boosting 算法也是集成学习的重要分支。关于 Boosting 算法的更多详细介绍，可参考由 Schapire 和 Freund 所著的 *Boosting*：*Foundations and Algorithms*。

支持向量机(support vector machine，SVM)的出现是机器学习领域的另一大重要突破，该算法具有非常扎实的理论基础，并能在实际应用中取得很好的性能。在 2000 年左右人们提出了基于核函数的SVM,使得SVM在许多以前由神经网络占据的应用中获得了更好的效果。此外,SVM相对于神经网络而言,所涉及的理论知识非常丰富,这些知识包括凸优化、泛化边际理论和核函数等。SVM的出现,大大推动了机器学习理论和应用的发展。

神经网络研究领域领军者Hinton在2006年和他的学生Salakhutdinov在顶尖学术刊物*Sceince*上发表了一篇关于多层深度神经网络(也称为深度学习)的文章,这开启了深度学习在学术界和工业界的浪潮。这种神经网络在表示特征的能力上大大提高,它可以通过多层神经网络的计算模型来学习多个层次数据的表示,能够发现大数据中的复杂结构。深度神经网络在很多领域都有非常好的表现,如语音识别、计算机视觉中目标检测与识别、自然语言处理、药物发现等。

2015年,为纪念人工智能概念提出60周年,LeCun、Bengio和Hinton在*Nature*发表了综述性论文*Deep Learning*,该论文对深度学习的发展历程进行了全面介绍。2019年3月27日Hinton、LeCun和Bengio因在深度学习中的贡献而获得图灵奖(Turing Award)。

1.3 机器学习的主要分支

机器学习根据学习方式的不同可分为监督学习、无监督学习、半监督学习、强化学习和深度学习。将机器学习算法按照学习方式分类是一个不错的想法,这样可以让人们在建模和选择算法的时候根据相关学习任务选择最合适的模型和相应的算法,以便获得最好的结果。

1.3.1 监督学习

监督学习(supervised learning)是机器学习中的一个重要方法,1.1节以监督学习为例来介绍机器学习的工作流程,接下来介绍监督学习的基本概念。监督学习是从带有标记(label)的训练数据中学习一个模型,并基于此模型来预测新样本的标记。训练数据是由样本(通常以向量形式表示)和样本的标记所组成。

本节后面都是以监督学习为基础来进行介绍。训练数据集的一般形式可以表示为$\boldsymbol{X}=\{(\boldsymbol{x}_1,y_1),(\boldsymbol{x}_2,y_2),\cdots,(\boldsymbol{x}_n,y_n)\}$,其中$n$表示样本的数量,每个样本有$p$个特征,即每个样本可表示为$p$维样本空间$\boldsymbol{X}$中的一个向量$\boldsymbol{x}_i=(x_{i1},x_{i2},\cdots,x_{ip})$,$x_{ij}$是$\boldsymbol{x}_i$在第$j$个特征上的取值(即特征值),$p$又称为样本$x_i$的维数。$y_i$表示的是第$i$个样本的类标记,它包含了样本的类别信息。$y_i\in\boldsymbol{y}$,其中$\boldsymbol{y}$是所有标记的集合,又称为输出空间。本书后面的章节也会将样本和类标记分开表示,即$\boldsymbol{X}=[\boldsymbol{x}_1,\boldsymbol{x}_2,\cdots,\boldsymbol{x}_n]$,$\boldsymbol{y}=[y_1,y_2,\cdots,y_n]$。

在监督学习中,学习系统通过给定的训练数据集来学习得到一个模型。这个模型可以表达为一个条件概率分布$p(\boldsymbol{y}|\boldsymbol{X})$或一个函数$\boldsymbol{y}=\hat{f}(\boldsymbol{x})$。条件概率分布$p(\boldsymbol{y}|\boldsymbol{X})$或函数$\boldsymbol{y}=\hat{f}(\boldsymbol{x})$可以体现输入变量之间的映射关系。

模型会对输入的测试样本$(\boldsymbol{x}_t,y_t)$进行预测,若模型的输出结果(也称为预测结果)为$\hat{y}_t$。模型用函数$\hat{f}(\cdot)$表示,则$\hat{y}_t=\hat{f}(\boldsymbol{x}_t)$。

如果这个模型的预测能力足够好,它的输出$\hat{f}(\boldsymbol{x}_t)$和训练样本中输出$\hat{y}_t$的误差就应该足够小。系统通过从数据中学习模型,使之能较好预测训练数据,从而实现对未知数据的预测。

若模型的输出是一个离散的标记(通常是一个整数),这类问题称为分类问题,所对应的模型称为分类模型;模型的输出可以是一个连续的值,这类问题称为回归问题,所对应的模型称为回归模型。分类问题(classification)和回归问题(regression)是两种常见的监督学习问题。下面举例来说明这两类问题。

1. 分类问题

有一种花叫鸢尾花(拉丁文的名称叫 iris)。著名的统计学家 Fisher 为了进行多变量分析研究,1936 年对三种鸢尾花(Setosa、Versicolour、Virginica)的花萼长度、花萼宽度、花瓣长度、花瓣宽度收集了 150 条数据,即有 150 个样本,这些数据被分成 3 类:Setosa、Versicolour、Virginica,每类 50 个样本。这些数据如表 1.1 所示。最后一列(花的类别)中的 1 表示 Setosa、2 表示 Versicolour、3 表示 Virginica。

表 1.1 iris 数据集

样本	特征				
	花萼长度	花萼宽度	花瓣长度	花瓣宽度	花的类别
$\boldsymbol{x}_1$	5.1	3.5	1.4	0.2	1
$\boldsymbol{x}_2$	4.9	3.0	1.4	0.2	1
…	…	…	…	…	…
$\boldsymbol{x}_{50}$	5.0	3.3	1.4	0.2	1
$\boldsymbol{x}_{51}$	7.0	3.2	4.7	1.4	2
…	…	…	…	…	…
$\boldsymbol{x}_{100}$	5.7	2.8	4.1	1.3	2
$\boldsymbol{x}_{101}$	6.3	3.3	6.0	2.5	3
…	…	…	…	…	…
$\boldsymbol{x}_{150}$	5.9	3.0	5.1	1.8	3

如果要用这些数据来训练一个能预测鸢尾花类别的模型,则可将其看成是一个分类问题,这是因为表示鸢尾花类别的类标记是离散值。花萼长度、花萼宽度、花瓣长度、花瓣宽度分别是 4 个特征,类标记 $\boldsymbol{y}=[1,\cdots,1,2,\cdots,2,3,\cdots,3]$,通常也可将类标记表示成抽象的形式 $\boldsymbol{y}=[y_1,y_2,\cdots,y_{150}]$。如果将这些数据全部作为训练集,则该训练数据集可以表示为 $\boldsymbol{X}=[(\boldsymbol{x}_1,y_1),(\boldsymbol{x}_2,y_2),\cdots,(\boldsymbol{x}_{150},y_{150})]$来训练模型。注意,在本书后面的章节中,经常会将训练数据集中的样本和类记签分写为 $\boldsymbol{X}=[\boldsymbol{x}_1,\boldsymbol{x}_2,\cdots,\boldsymbol{x}_{150}]$,$\boldsymbol{y}=[y_1,y_2,\cdots,y_{150}]$。

2. 回归问题

有一个称为 wages 的数据集,该数据集收集了人们的收入、年龄、性别、工作类型、健康程度、受教育程度等。它有 3000 个样本,每个样本有 13 个特征和 1 个输出值(相应的列名为 wage)。具体信息如表 1.2 所示。

在表 1.2 中,age 为年龄;sex 为性别,其取值为 male 和 female;jobclass 为工作类型,其取值为 industrial 和 information;health 为健康程度,其取值为 good 和 very good;wage 为人们的工资。我们需要通过 wage 数据集中的 13 个特征来建立一个能预测人们工资的模型。由于输出变量 wage 是连续的实数值，因此，这个预测工资的问题是一个回归问题。

表 1.2　wage 数据集

样本	特征					
	age	sex	jobclass	health	…	wage
$\boldsymbol{x}_1$	18	male	industrial	good	…	75.04
$\boldsymbol{x}_2$	24	male	information	very good	…	70.47
…	…	…	…	…	…	…
$\boldsymbol{x}_{3000}$	55	male	industrial	good	…	90.48

3. 集成学习

集成学习也是一种监督学习方法。它的思想与回归问题和分类问题不一样，集成学习会学习一系列弱学习器（weak learner），也称弱分类器（classifer）或弱回归器（regressor），并使用某种规则把各种学习器整合，从而获得比单个学习器更好的学习效果。一般情况下，集成学习中的多个学习器都是同质的弱学习器。注意，这里所说的分类器与前面的模型是一样的。

集成学习的主要思路是先通过一定的规则生成多个弱学习器，再采用某种集成策略将这些学习器组合成一个学习器。弱学习器可通过对样本集扰动、输入特征扰动、输出扰动、算法参数扰动等方式生成多个学习器，集成这些学习器后获得一个具有较强能力的强学习器。常见的集成学习方法有 Bagging 方法、决策树、随机森林、AdaBoost 方法等。

集成学习主要研究两个重要问题：①如何训练弱分类器；②如何将这些弱分类器组合得到最终的分类器。在训练弱分类器时，会从训练集中选择一部分样本进行训练，不同的样本选择方法得到不同的集成学习方法，如 Bagging 方法就是从训练集中随机选择一定数量的样本用于训练弱分类器，所选样本会放回训练集中，而 AdaBoost 在选择训练样本时会尽量将弱分类器误分类的样本用于训练新的弱分类器。在组合弱分类器时，不同的集成学习方法也有所不同，如 Bagging 方法是按少数服从多数的原则决定分类器最终的输出结果；AdaBoost 则是为每个弱分类器分配不同的权重，然后将这些弱分类器组合，而权重是在训练弱分类器的过程中动态计算的。

集成学习是以 PAC 理论、强可学习与弱可学习理论为基础。集成学习的理论基础表明强可学习器与弱可学习器是等价的，因此可以寻找方法将弱学习器转换为强学习器，而不必去直接寻找较难发现的强学习器。

1.3.2　无监督学习

无监督学习（unsupervised learning）是另外一大类机器学习方法。这类方法能在无标记的训练样本中发现数据规律。无监督学习与监督学习的主要区别在于无监督学习所采用的样本没有标记。这使得无监督学习更具有挑战性。无监督学习方法主要包括聚类分析（clustering analysis），主成分分析（principal component analysis，PCA）、关联规则（association rule）、降维（dimensionality redution，也称为维度约减）、自编码器（auto encoder）、生成对抗网络（generative adversarial networks，GAN）、隐语义分析（latent semantic analysis，LSA）等。

无监督式学习有非常广泛的应用,如图像分割、文本分析等。在实际应用中常常缺乏足够的先验知识来标记样本类别或标记样本类别的成本很高。因此人们自然希望通过机器学习来得到无标记数据中的潜在规律。

聚类是一种典型的无监督学习方法。聚类的目的是把相似的数据聚在一起,这体现了物以类聚的思想。图 1.3 为聚类示例的原始数据,即无监督学习的训练数据集(注意,图 1.3 中的 x_1、x_2 分别为纵坐标和横坐标)。

这里的训练数据集 $T=[\boldsymbol{x}_1,\boldsymbol{x}_2,\cdots,\boldsymbol{x}_{10}]$中的样本是一些二维平面的点,但这些数据没有类标记。在无监督学习中,需要通过这些无标记的样本建立模型。可将聚类看成是一种能对无标记样本进行分类的模型。聚类得到各个类(或划分成的各个组)称为聚类簇(cluster)。图 1.3 聚类示例的原始数据可以被划分为两个聚类簇。最终的聚类结果如图 1.4 所示(注意,图 1.4 中的 x_1、x_2 分别表示纵坐标和横坐标)。

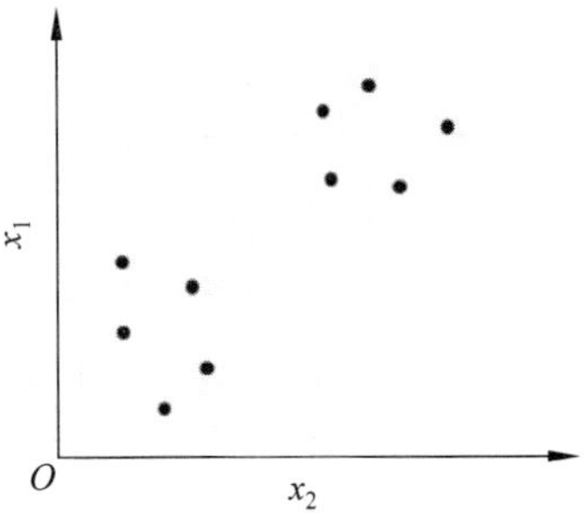

图 1.3 聚类示例的原始数据

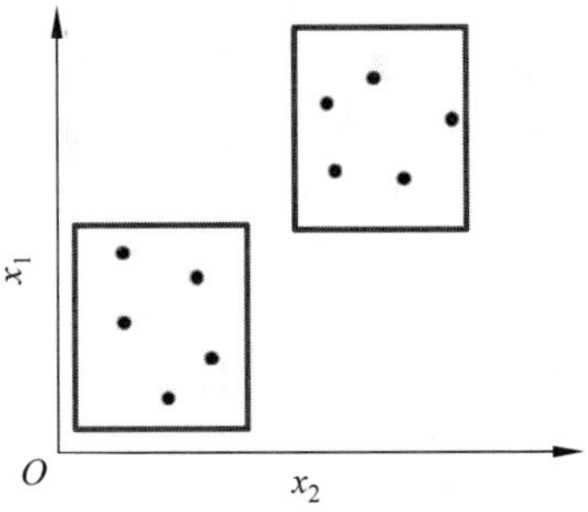

图 1.4 聚类示例的结果图

1.3.3 半监督学习

半监督学习(semi-supervised learning,SSL)是将监督学习与无监督学习相结合的一种学习方法。半监督学习使用大量的未标记的训练数据和一些标记的训练数据来发现数据潜在的规律。它是一种新型机器学习方法,其思想是在标记样本数量很少的情况下,通过在模型训练中引入无标记样本,避免传统监督学习在训练样本不足(学习不充分)时出现性能(或模型)退化的问题。半监督学习已在许多领域被成功应用。例如,在短文本分类的应用中,基于监督学习的分类方法,只是利用了数据样本集合中的已标记样本,而没有利用无标记样本自身所包含的信息,从而不能很好地发现隐藏的信息。半监督学习方法是将已标记的少量样本与未经标记的大量样本相结合进行训练,充分利用无标记样本,从而使文本分类器性能得到有效改善。

对于一个来自某未知分布的训练样本集 $D=L\cup U$,其中 L 是含有标记的样本集 $L=\{(\boldsymbol{x}_1,y_1),(\boldsymbol{x}_2,y_2),\cdots,(\boldsymbol{x}_l,y_l)\}$,$U$ 是不含标记的样本集 $U=\{\boldsymbol{x}'_1,\boldsymbol{x}'_2,\cdots,\boldsymbol{x}'_u\}$。学习的目的是希望得到一个函数 $\boldsymbol{y}=\hat{f}(\boldsymbol{x})$可以准确地预测样本 $\boldsymbol{x}_i$ 的标记 y_i。其中 $\boldsymbol{x}_i$ 和$\boldsymbol{x}'_i$均为 p 维向量;$y_i\in Y$ 为样本 $\boldsymbol{x}_i$ 的标记;l、u 分别为 L 和 U 的大小。半监督学习就是在样本集 D 上寻找最优的学习器。如果 $D=L$,问题就转化为传统的监督学习;反之,如果 $D=U$,问题就转化为传统的无监督学习。如何综合利用已标记的样本和未标记样本是半监督学习需要解决的问题。

半监督学习建立在3个基本假设的基础之上：聚类假设(clustering assumption)、流形假设(manifold assumption)和局部与全局一致性假设(local & global consistency assumption)。聚类假设是指如果高密度区域的某两个点可以通过区域内某条路径相连，这两点拥有相同标记的可能性就比较大。这样使决策边界尽量通过数据较为稀疏的地方，从而避免把稠密的数据点分到决策边界两侧。流形假设是指处于一个很小的局部邻域内的样本具有相似的性质。大量未标记的样本使得数据空间更加稠密，从而能够更准确地刻画局部特性。局部与全局一致性假设是指邻近的点可能具有相同的标记，在相同结构上(例如，同一类或子流形)的点可能具有相同的标记。从本质上说，这3类假设是一致的，只是相互关注的侧重点不同。其中流形假设强调的是相似样本具有相似的输出而不是具有完全相同的标记。

半监督学习主要有3类：半监督分类(semi-supervised classification)、半监督聚类(semi-supervised clustering)和半监督函数拟合(semi-supervised regression，又称为半监督回归)。目前常见的半监督分类方法很多，包括基于EM算法的生成式模型参数估计法、协同训练方法等。此外，Joachims等人提出了基于转导支持向量机(TSVM)方法，这种方法在训练过程中通过不断修改SVM的超平面和超平面两侧某些样本的标记，使得SVM在所有已标记和未标记数据上的间隔最大。半监督聚类算法研究无监督学习中如何利用少量的监督信息来提高聚类性能。少量的监督信息可以是数据的类标记或者是一对数据是否属于同一类的连接约束关系。现有的半监督聚类算法大致可分为3类：①基于约束的半监督聚类算法，该类算法一般使用must-link和cannot-link成对约束来完成聚类过程，其中must-link约束表示被约束的样本在聚类时必须被分配到同一个类，cannot-link约束表示被约束的样本在聚类时必须被分配到不同类；②基于距离的半监督聚类算法，该类算法利用各种距离度量，从而改变各样本之间的距离，使之有利于聚类；③集成了约束与距离的半监督聚类算法，它实际上是前两类方法的组合。半监督函数拟合与半监督分类的目的大体相似，但是半监督函数拟合中样本的标记都是实数，在这种情形下，聚类假设一般不成立，而流形假设仍然成立。

半监督学习是利用未标记样本和标记样本进行机器学习的算法。除此以外，主动学习(active learning)也是利用未标记样本和标记样本进行机器学习的算法，但主动学习一般需要人工参与。

半监督学习理论从提出到现在还有很多问题需要解决。人们认为半监督学习问题在今后很长一段时间内仍将是一个研究热点，新的成果也将会不断涌现。

1.3.4 强化学习

强化学习(reinforcement learning，RL)是机器学习中的一个新领域，它能根据环境来改变，从而取得最大的收益。强化学习的思想来源于心理学中的行为主义理论，即动物如何在环境给予的奖励的刺激下，逐步形成对刺激的预期，从而产生能获得最大收益的习惯性行为。

强化学习与监督学习之间的区别在于强化学习并不需训练样本和相应的类标记。强化学习更加专注于在线规划，需要在未知的领域探索和如何利用现有知识之间找到平衡。

强化学习任务包含两大主体：智能体(agent)和环境(environment)。智能体就是学习器(leaner),同时也是决策者。学习器通过与环境进行交互来实现目标,交互过程如图 1.5 所示。

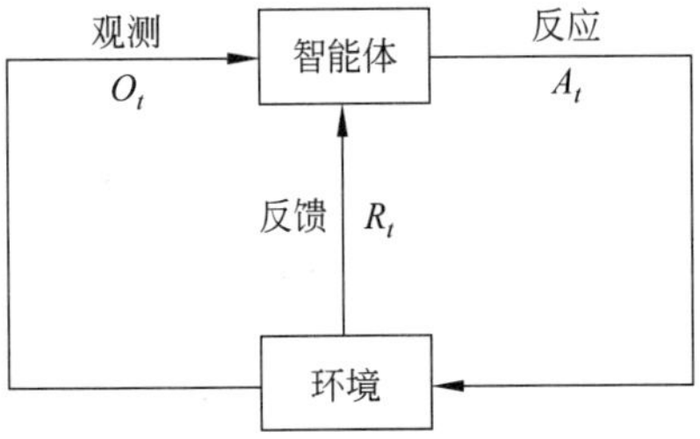

图 1.5 强化学习的示意图

在标准的强化学习中,智能体作为学习系统能获取外部环境的当前状态信息 O_t,对环境采取试探行为(即对环境的反应)A_t,并获取环境对此动作反馈的评价 R_t,然后再形成新的环境状态。如果智能体的动作 u 导致环境反馈为正的奖赏,智能体以后产生这个动作的趋势便会加强;反之,智能体产生这个动作的趋势将会减弱。在学习系统的行为与环境反馈的状态以及评价的交互过程中,通过学习方式不断修改从状态到动作的映射策略,以达到优化系统性能的目的。简单地说,强化学习可以理解为学习从环境状态到行为的映射,使得智能体选择的行为能够获得环境最大的奖赏,从而使得外部环境对学习系统的评价(或整个系统的运行性能)达到最佳。

1.3.5 深度学习

深度学习的概念源于人工神经网络的研究。含多个隐藏层的多层感知器就是一种深度学习结构。深度学习通过组合低层特征形成更加抽象的高级特征,从而发现数据的特征表示。随着抽象等级的增加,表现形式的等级也增加。例如,识别图像时,这些抽象等级分别是像素→边缘→纹理基元→主题→部分→对象;而在文本数据中,这些阶段分别是字符→词→句子→事件。

深度学习的奠基人是加拿大多伦多大学计算机系教授 Geoffrey Hinton,他和他的学生于 2006 年在 *Scince* 上发表的论文 *Reducing the Dimensionality of Data with Neural Networks* 中提出了深度学习的相关概念。其主要观点：①多个隐藏层的神经网络具有很好的特征学习能力,所得到的特征更能反映数据的本质,从而有利于可视化或分类；②深度神经网络在训练上的难度,可以通过“逐层初始化”(layer-wise pre-training)来有效克服,而逐层初始化可通过无监督学习实现。从那时起,深度学习受到很多研究机构、大公司的关注,并投入大量人力和财力来研究。

Google 公司的大脑项目主要就是基于深度学习,它用机器来模拟人脑进行数据处理。这个项目是 2011 年由 Stanford 大学的 Andrew Ng 教授主导,利用 Google 的分布式计算框架来计算和学习大规模人工神经网络。用 16 000 个 CPU 的并行计算平台训练含 10 亿参数的深层神经网络(deep neural networks,DNN)模型(这个网络内部共有 10 亿个节点,自然不能跟人类的神经网络相提并论,人脑中可能有 150 多亿个神经元),能够在没有任何先验知识的情况下,仅通过无标注的 YouTube 视频学习并识别高级别的概念,如猫,这就是著名的 Google Cat。这个项目的技术已经被应用到了安卓操作系统的语音识别系统上。

为了充分利用这些先进的算法,Google 公司不断扩充自己的深度学习研究领域,如 Google 公司还在探索如何让机器理解人们的观点和情绪。如果未来能够找到一种可行的算法来让机器对无标记的数据进行识别,那将有可能改变整个计算行业,毕竟现在网络的大部分数据(如 Facebook、Twitter 和 Google)都是没有标记的。这也正是深度学习技术未来想要实现的目标。利用数万台计算机通过软件模拟人脑中的神经元网络,从而让机器获得与人类相似的学习能力，如在某些情况下机器能够在无须标记数据的情况下实现自动学习。

2013 年初，百度公司成立深度学习研究院（Institute of Deep Learning，IDL），CEO 李彦宏亲自任院长。2014 年 5 月 16 日 Google 公司大脑项目创始人 Andrew Ng 正式加盟百度公司，出任百度公司首席科学家，负责百度公司深度学习研究院工作，尤其是百度大脑（Baidu Brain）计划。百度大脑融合深度学习算法、数据建模、大规模 GPU 并行化平台等技术，拥有 200 亿个参数，构造起深度神经网络，在政府、NGO、制造、金融、零售、教育等领域开展项目合作。

深度学习给计算机视觉带来了重大突破。在该方法应用于 ImageNet 大赛之前，参赛冠军的准确率（top 5 精度）是 71.8%。2012 年的冠军小组采用了深度学习的方法一举将准确率提升到 84.7%，这对机器学习领域产生了巨大影响，随后世界各大科研团体和公司纷纷投身于深度学习领域。截至目前，这一赛事的精度已经达到 95%以上，这在某种程度上与人眼的分辨能力相当。

深度学习主要用来学习特征，它被认为是表示学习（representation learning，也称为特征学习）的一个分支。表示学习通过计算机来学习特征，以更好表示数据，其得到的特征通常比手工设计要好。表示学习成为机器学习社区研究的热点。

深度学习方法也有监督学习与无监督学习之分。不同的学习框架建立的学习模型会不同。例如，卷积神经网络（convolutional neural networks，CNN）就是一种深度监督学习模型，而深度置信网络（deep belief networks，DBN）就是一种深度无监督学习模型。采用深度学习的好处是用特征学习和分层特征提取高效算法来替代手工获取特征。图 1.6 为人工智能、机器学习、表示学习、深度学习之间的关系。

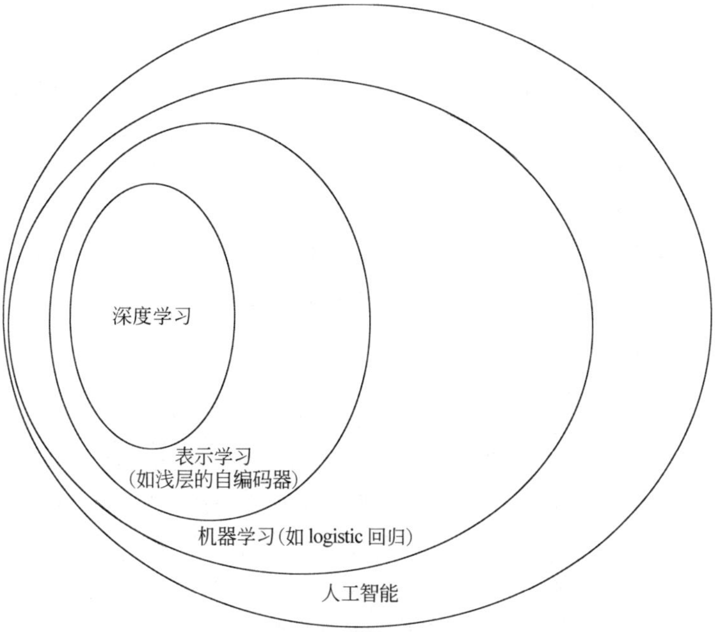

图 1.6　人工智能、机器学习、表示学习、深度学习之间的关系

1.4 机器学习的应用

机器学习是人工智能领域的基础，近年来成为国内外研究的热点。目前，机器学习在各行各业中有着广泛的应用，如数据挖掘、计算机视觉、自然语言处理、生物特征识别、搜索引擎、医学诊断、检测信用卡欺诈、证券市场分析、DNA 序列测序、语音和手写识别、战略游戏和机器人等。下面介绍几个与机器学习密切相关的应用领域。

1.4.1 大数据分析

随着 Web 2.0 时代的到来，数据量呈几何级态势增长。大数据成为越来越多的行业关注的焦点。大数据呈现出价值密度低、数据容量大、数据种类多以及数据处理速度较快等特点。传统的数据挖掘算法已经无法胜任在海量的异构数据体系中进行数据分析。因此，研究大数据环境下的机器学习算法，使其能从结构复杂且动态更新的数据中获取有价值的知识是一件非常有意义的事情。

机器学习与大数据的结合产生了巨大的价值。目前，大数据分析技术已在金融、电信、医疗等众多行业和领域中得到广泛应用。例如，在金融行业，银行可以利用先进的机器学习、云计算等相关技术，对消费者刷卡数据进行统计和分类，从而获得消费者的消费习惯、消费能力和消费偏好等非常重要的数据信息，这样就能向消费者精确推荐各种服务(如理财或信贷)。电信行业可以借助以机器学习为基础的大数据处理软件，对用户信息进行处理从而得到能够查询客户信用情况的数据服务，使得第三方企业可以凭借数据信息来制定用户市场分析报告，或是对目标客户群体的行为轨迹进行分析。在医疗行业，大数据分析为许多医学难题的解决提供了新途径，改变了一些疾病诊断方式。在大数据中合用机器学习方法来获得大量以往的相似疾病案例，通过分析这些诊断数据，对疑难杂症进行快速判别。例如，在心脏病的诊断过程中，首先采集心脏数据并转化为心脏图谱，然后根据图谱进行建模，模型中的变量包括压力、张力、僵硬度等，最后根据该模型分析心脏疾病病情，并做出相应的诊疗方案。此外，还可以利用图像处理技术，将心脏数据建模成为一个虚拟实体，通过设置不同的参数，模拟观察各类手术或者药物对心脏机能造成的影响，从而在诊疗之前就对诊疗后心脏疾病可能的走势做出预测，为获取疾病诊疗方法提供了手段。

1.4.2 计算机视觉

计算机视觉是一门研究如何使机器“看”的科学，具体而言，就是指用摄影机和计算机代替人眼对目标进行识别、跟踪，以及估计目标大小和距离等功能。计算机视觉包括图像处理与分析、模式识别、3D 重构等众多内容，识别和 3D 处理是计算机视觉的核心。机器学习是计算机视觉的重要基础。在计算机视觉的各个领域都需要机器学习算法，如目前常用的人脸检测方法(它是人脸识别的基础)会使用集成学习中的算法；再如谱聚类算法在 2001 年就被用于图像分割中。当前的目标检测与目标识别在性能上有了非常大的提升，这都与深度神经网络(或深度学习)密切相关。

1.4.3　自然语言处理

自然语言处理(natural language processing,NLP)是计算机科学、人工智能、语言学相结合而产生的一个应用领域。它与计算机视觉一起被称为人工智能的两大基石。自然语言处理在各个行业中都有越来越广泛的应用,包括教育、医疗、司法、金融、旅游、国防、公共安全、科技、广告、文化、出版等各行各业。

自然语言处理内涵领域通常包括自然语言分析(分析语言表达的结构和含义)、自然语言生成(从内部表示生成语言表达)等。其中,自然语言分析包括分词、命名实体、句法分析、语义分析等研究领域。这些领域都会以机器学习作为基础,如对分词方法的研究就会涉及隐马尔可夫模型;对命令实体的研究会采用强化学习方法、半监督学习方法等多种机器学习方法。自然语言处理外延(或自然语言的应用)包含的内容更广泛,主要包括机器问答、人机对话、机器翻译、自动文摘、机器写作、机器阅读理解、信息抽取、情感分析等;在这些自然语言的应用领域都会涉及机器学习方法,如在一些文本分析系统中,通常会采用机器学习方法来进行自适应数据采集、语义分析、情感分析、溯源等技术,并通过直观、可视化的界面对文本内容进行展示。

机器学习运用在文本分析领域主要是辅助文本分类、文本聚类、信息检索、信息抽取、自动文摘、自动问答、机器翻译、信息过滤和自动语音识别等。以自动文摘为例,它会利用计算机自动地从原始文档中提取出文档的主要内容。互联网上的文本信息、机构内部的文档及数据库的内容都在成指数级的速度增长,用户在检索信息的时候,可以得到成千上万篇的返回结果,其中许多是与其信息需求无关或关系不大的,如果要剔除这些文档,则必须阅读完全文,这要求用户付出很多劳动,而且效果不好。自动文摘能够生成简短的关于文档内容的指示性信息,将文档的主要内容呈现给用户,以决定是否要阅读文档的原文,这样能够节省大量的浏览时间。

1.4.4　推荐系统

随着电子商务规模的不断扩大,商品个数和种类快速增长,顾客需要花费大量的时间才能找到自己想买的商品。这种浏览大量无关的产品无疑会使消费者流失。推荐系统的出现可以较好地解决该问题。推荐系统是利用电子商务网站向客户提供购买商品的建议,帮助用户建议应该购买什么产品。个性化推荐是根据用户的兴趣特点和购买行为,向用户推荐他们感兴趣的信息和商品。

推荐系统与机器学习密不可分,如今日头条、搜狐、天天快报等公司的推荐系统中都会采用机器学习来预测用户感兴趣的信息。

1.5　机器学习与其他学科的关系

机器学习是一门交叉学科,涉及概率论、统计学、最优化、矩阵计算等多门学科。同时它也是人工智能的基础,是使计算机具有智能的根本途径。

1.5.1 与概率统计、矩阵计算、最优化的关系

机器学习是一门通过数据来建立模型、求解模型的学科,它通常会用数学公式来表示模型,并用相应的数学方法来求解模型。在建模之前,需要对训练数据进行表示及预处理,这通常会涉及矩阵理论等领域的知识,如对一个带有标记的数据集 $D=\{(\boldsymbol{x}_1,y_1),(\boldsymbol{x}_2,y_2),\cdots,(\boldsymbol{x}_n,y_n)\}$,其中 $\boldsymbol{x}_i$ 为第 i 个样本,描述样本的特征可以有多个(例如,一个人的年龄、身高和体重)。假设样本 $\boldsymbol{x}_i$ 有 p 个特征,那么就可以写成 $\boldsymbol{x}_i=(x_{i1},x_{i2},\cdots,x_{ip})$,$x_{ij}$ 是 $\boldsymbol{x}_i$ 在第 j 个特征上的取值。对于整个样本集就可以用矩阵的形式来表示,即将每个样本作为矩阵的一行或一列,将标记信息作为列。

在建立模型时,通常会用到概率统计、矩阵计算、图论等数学领域,而在求解模型对应的目标函数时,通常需要得到最优解,这通常会涉及最优化理论。如在支持向量机模型中就涉及矩阵理论,而在求解支持向量模型的目标函数时,会涉及约束优化中的对偶理论和矩阵理论;又如在监督学习中,对于输入的样本 $\boldsymbol{x}$ 通过模型 $\boldsymbol{y}=\hat{f}(\boldsymbol{x})$ 得到一个预测值 $\hat{\boldsymbol{y}}$。预测值 $\hat{\boldsymbol{y}}$ 与真实值 $\boldsymbol{y}$ 之间往往存在一定的误差,通常希望真实值与预测值之间的误差最小来建立模型。在求解模型所对应的目标函数时,也会用到最优化方法,如梯度下降法。而牛顿法、共轭梯度法和 Levenberg-Marquard 算法等最优化方法也在机器学习中经常使用。

1.5.2 与人工智能、大数据、数据科学之间的关系

人工智能分为强人工智能和弱人工智能。强人工智能是指具有像人类一样甚至超过人类的智能;弱人工智能是指机器能完成一些由人来做的、需要智能的任务。弱人工智能的主要目标是研究用机器来模仿和执行人脑的某些智力功能(如判断、推理、证明、识别、感知等)。

机器学习是人工智能的核心研究领域之一,其最初的研究动机是为了让计算机具有人的学习能力以便实现人工智能。由于"经验"在计算机中主要以数据的形式存在,因此机器学习对数据进行分析,这就使它逐渐成为智能数据分析技术的创新源之一,并且为此而受到越来越多的关注。

数据科学比机器学习的范围更大。它是由美国普渡大学的统计学教授 William S. Cleveland 于 2001 年首次提出,主要以统计学、机器学习、数据可视化以及其他领域知识为基础,研究领域包括数据科学基础理论、数据预处理、数据计算和数据管理等。这些领域都需要机器学习技术。

数据挖掘和知识发现通常被相提并论,并在许多场合被认为是可以相互替代的术语。对数据挖掘有多种定义,如有些学者认为数据挖掘就是识别出巨量数据中有效的、新颖的、潜在有用的、最终可理解的模式的非平凡过程;也有学者认为数据挖掘就是从海量数据中找出有用的知识。数据挖掘也会经常使用机器学习理论。

人工智能、大数据和数据科学有交叉的地方。目前,大数据的重要性得到了大家的一致认同,但是对于大数据尚未有一个公认的定义,不同的定义基本是从大数据的特征出发,通过这些特征的阐述和归纳试图给出其定义。在这些定义中,比较有代表性的是 3V 定义,即大数据需满足规模性(volume)、多样性(variety)和高速性(velocity)3 个特点。但是,也有一些不同的意见,在大数据领域极具影响力的国际数据公司(IDC)在 2011 年发布的报告中

将大数据定义为"大数据技术描述了新一代的技术和架构体系,通过高速采集、发现或分析,提取各种数据的经济价值。"它将大数据的特点总结为 4 个 V:规模性(volume)、多样性(variety)、高速性(velocity)和价值性(value)。而数据分析是整个大数据处理流程的核心,因为大数据的价值产生于分析过程。从异构数据源抽取和集成的数据构成了数据分析的原始数据。根据不同应用的需求可以从这些数据中选择全部或部分进行分析。大数据可以看成是信息社会的生产资料,是人工智能和数据科学的基础。

图 1.7 为机器学习与其他学科之间的关系,展示了机器学习与人工智能、深度学习、数据科学、数据挖掘、数据分析以及大数据之间的关系。

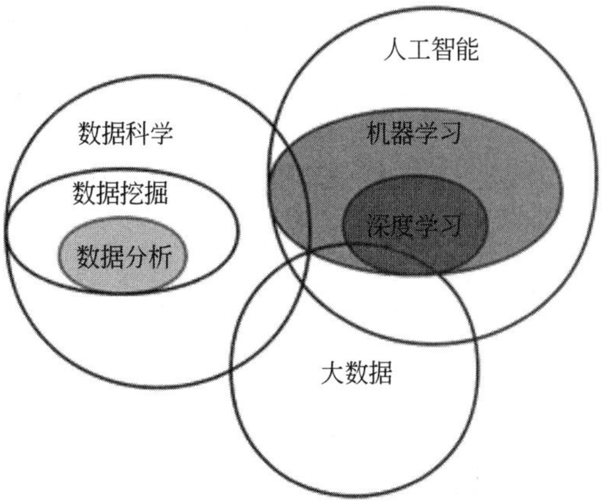

图 1.7 机器学习与其他学科之间的关系

1.6 总结

本章主要介绍了机器学习的定义及发展历史。重点介绍了机器学习的几个主要的分支:监督学习、半监督学习、无监督学习、强化学习以及深度学习。同时还介绍了机器学习在人工智能的一些领域(计算机视觉、自然语言处理等)的应用。机器学习是人工智能最重要、最活跃的研究领域,也是人工智能和大数据的重要基础。机器学习本身也涉及众多的数学理论知识,如概率统计、矩阵计算、最优化等。学习机器学习是进一步深入研究人工智能的基础。

1.7 习题

(1) 介绍机器学习的过程,并举一个可用机器学习来解决的应用问题,需要描述该问题所涉及的数据来源、训练集、样本、特征以及输出结果。

(2) 什么是图灵测试?

(3) 什么是特征变换(或特征提取)?给出一种常见的特征变换算法。

(4) 什么是特征选择?给出一种常见的特征选择算法。

(5) 回归和分类的不同及相同之处。

参考文献

[1] Russell S,Norvig P. Artificial intelligence: a modern approach[M].3th ed. Upper Saddle River,NJ: Prentice Hall Press,2015.

[2] Rummelhart D E,Hinton G E,Williams R J . Learning internal representations by error propagation [J]. Nature,1986,323(2): 318-362.

[3] Rumelhart D E,McClelland J L,the PDP research group. Parallel distributed processing: explorations in the microstructure of cognition[J]. Boston,MA: MIT Press,1986,2(1).

[4] Hinton G E, Salakhutdinov R R. Reducing the dimensionality of data with neural networks[J]. Science,2006,313(5786): 504-7.

[5] Turing A M. Computing machinery and intelligence[J]. Mind,1950(236): 433-460.

[6] Cleveland W S. Data science: an action plan for expanding the technical areas of the field of statistics [J]. International Statistical Review,2001,69(1): 21-26.

[7] 李学龙,龚海刚.大数据系统综述[M].中国科学: 信息科学,2015,45(1): 1-44.

[8] Tokic M,Palm G. Value-difference based exploration: Adaptive control between epsilon-greedy and softmax. Advances in Artificial Intelligence,Lecture Notes in Computer Science 7006[M]. New York, USA: Springer,2011: 335-346.

[9] Sutton R S,Barto A G. Reinforcement learning: An introduction[M].2nd ed. London: A Bradford Book,2018.

[10] Mohri M,Rostamizadeh A,Talwalkar A. Foundations of machine learning[M]. Cambridge,MA: The MIT Press,2012.

第2章

线性回归

本章重点

- 理解线性回归的基本概念。
- 理解线性回归模型的建立过程。
- 理解线性回归的可解释性。
- 了解线性回归的正则化原理。

微课视频

回归问题是监督学习中的一类重要问题，它主要用来预测输入变量与实数值输出变量之间的关系，即回归问题是通过已知数据拟合一个函数，该函数能够反映输入变量与实数值输出变量之间的关系，从而实现对未知数据的预测。

实际生活中的许多问题都可以看成是线性回归问题，如市场趋势预测、产品质量管理、客户满意度调查、投资风险分析等都可以当成回归问题来处理。下面举例说明线性回归的应用。

(1) 用线性回归模型进行铁路客运量的预测。在预测铁路客运量的应用中，首先需要对铁路客运需求影响因素进行分析。这些因素包括现有客运量、国内生产总值、总人口数量、接待游客的数量、旅行社数量等。获取这些因素对应的数据，并将数据进行适当的处理之后，可通过回归分析得到客运量与各个影响因素之间的函数关系，即预测模型。有了模型后，就可以预测未来几年铁路客运量的变化趋势。

(2) 用线性回归模型评价企业价值。企业价值会被经营、盈利、成长等各方面的因素影响，这需要根据特定问题来研究更加符合实际的有效评价模型。用多元线性回归建立企业价值模型，这样做在量化可比指标相关性的基础上还能综合考虑影响企业价值的多个因素，预测企业价值。

(3) 用线性回归模型分析居民消费因素。现实生活中影响居民消费的因素有很多，不同的影响因素发挥作用的大小也不尽相同。选择居民的食品花费、衣着花费、居住花费、医疗保健花费、教育文化娱乐花费及人均可支配收入等影响因素来建立居民消费分析模型，从中找到影响居民消费的主要因素。

(4) 用线性回归评估投资基金。随着证券投资基金的规模以及种类的不断发展和提高，投资基金在企业和个人资产管理中有着重要的地位和作用，因而对证券投资基金的科学合理评估将成为基金业能够良好发展的重要因素。人们基于银行定期存款利率、货币市场基金平均收益率、股指期货指数等因素，通过多元线性回归建立投资基金的评估模型。

一般而言，回归问题可以分为线性回归和非线性回归。在线性回归中，输入数据可以是向量，也可以是单个数值。因此，线性回归问题按照输入变量的数量不同可以分为一元线性回归(simple linear regression)和多元线性回归(multiple linear regresssion)。本章主要介绍一元线性回归(也称为简单线性回归)、多元线性回归以及线性回归的正则化问题。

2.1 一元线性回归

一元线性回归假定输入的单变量 x 与输出变量 y 之间满足线性关系。注意,这里只是假定它们之间的关系是线性关系,但它们之间究竟是怎样的关系,其实并不知道,它们之间有可能是非线性关系,但为了让模型简单,同时还具有很好的可解释性,就假设它们之间的关系是线性关系,并且加上某种随机扰动,因此可用数学公式来表达它们之间的关系,即

$$y=\beta_0+\beta_1 x+\varepsilon \tag{2.1}$$

式(2.1)中,x、y 都为单变量(也称为标量);β_0 和 β_1 为线性函数(或模型)中的未知参数,分别表示线性关系中的截距和斜率。建立线性回归模型就是通过收集到的数据集(即输入的 x 值和输出的 y 值)来估计 β_0 和 β_1。由于采用不同的训练集可能会得到不同的 β_0 和 β_1,设某个训练集估计得到的 β_0 和 β_1 为 $\hat{\beta}_0$ 和 $\hat{\beta}_1$。对新的输入数据 x_0 所给出的预测结果(也称为输出结果)为 $\hat{y}_0=\hat{\beta}_0+\hat{\beta}_1 x_0$。注意,$x_0$ 所对应的真实输出结果 y_0 可能与 $\hat{y}_0$ 不一样,或者说它们两者存在一定的差距。按式(2.1)的定义,这种差距是由随机变量 ε 产生的。

下面通过具体应用来介绍一元线性回归问题。以 Boston 数据集为例,该数据集包含了波士顿房价以及相关的信息,数据集包含 506 个样本,每个样包含房屋以及房屋周围的详细信息,如人均犯罪率、住宅用地占比、非商业用地占比、低收入房东占比及平均房价等,如表 2.1 所示。

表 2.1 Boston 数据集中的部分数据

样本	特 征					
	人均犯罪率(cr)	住宅用地占比(zn)	非商业用地占比(indus)	…	低收入房东占比(lstat)	平均房价(medv)
x_1	0.006 32	18	2.31	…	4.98	24
x_2	0.027 31	0	7.07	…	9.14	21.6
x_3	0.027 29	0	7.07	…	4.03	34.7
…	…	…	…	…	…	…
x_{506}	0.047 41	0	11.93	…	7.88	11.9

图 2.1 给出了每栋住宅房间数和平均房价的关系。可将每栋住宅房间数当成输入变量,平均房价当成输出变量(即要预测的变量)。

在图 2.1 每栋住宅房间数与平均房价的关系中,直线是通过线性回归模型得到的,每个样本通过直线得到的输出值与该样本的真实值之间的距离就是一个误差,也称为残差(residual error)。假设有 n 个样本,设第 i 个预测值为 $\hat{y}_i=\hat{\beta}_0+\hat{\beta}_1 x_i$,则 $e_i=y_i-\hat{y}_i$ 表示第 i 个残差。一个很自然的想法就是通过寻找 $\hat{\beta}_0$、$\hat{\beta}_1$,使所有的残差加在一起(也称为残差和)最小。但需要注意,e_i 的值可能为正数,也可能为负数,有可能出现各项之间相互抵消的情况。因此,可以对 e_i 取绝对值,然后再相加,即

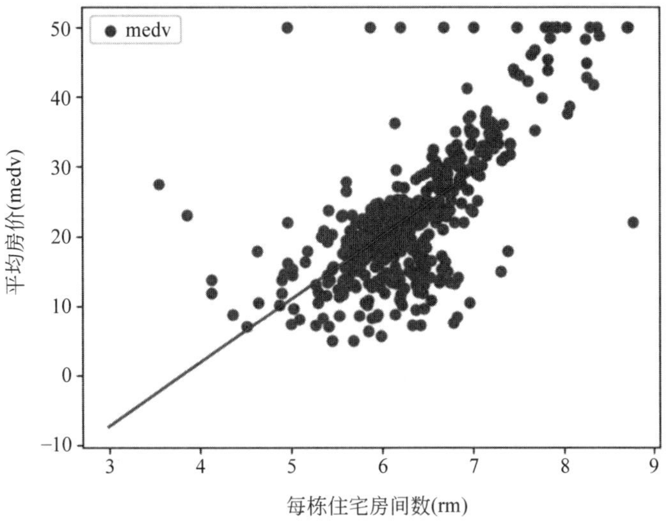

图 2.1 每栋住宅房间数与平均房价的关系

$$\min_{\hat{\beta}_0,\hat{\beta}_1}\sum_{i=1}^{n}\left|(y_i-\hat{\beta}_0-\hat{\beta}_1 x_i)\right| \tag{2.2}$$

由于该目标函数带有绝对值，无法直接通过基于梯度的优化方法来获取目标函数的最优解(事实上，也可通过次梯度(sub-gradient)来求最小值，但这样做会比较复杂)。为了让目标函数更容易求解，可通过将残差的平方和相加来建立目标函数模型。这种目标函数也称为残差平方和(residual square sum，RSS)，具体定义为

$$\begin{aligned}&\mathrm{RSS}=e_1^2+e_2^2+\cdots+e_n^2\\&\Rightarrow \min_{\hat{\beta}_0,\hat{\beta}_1}(y_1-\hat{\beta}_0-\hat{\beta}_1 x_1)^2+(y_2-\hat{\beta}_0-\hat{\beta}_1 x_2)^2+\cdots+(y_n-\hat{\beta}_0-\hat{\beta}_1 x_n)^2\end{aligned} \tag{2.3}$$

可通过求该目标函数关于 $\hat{\beta}_0$、$\hat{\beta}_1$ 的偏导数，并令其等于零来得到该目标函数最小值，最后对 β_1 和 β_0 的估计值如式(2.4) 和式(2.5)，即

$$\hat{\beta}_1=\frac{\sum_{i=1}^{n}y_i(x_i-\bar{x})}{\sum_{i=1}^{n}(x_i-\bar{x})^2} \tag{2.4}$$

$$\hat{\beta}_0=\bar{y}-\hat{\beta}_1\bar{x} \tag{2.5}$$

式中，$\bar{y}\equiv\frac{1}{n}\sum_{i=1}^{n}y_i$ 为输出变量的均值，$\bar{x}\equiv\frac{1}{n}\sum_{i=1}^{n}x_i$ 为样本均值。

若将所有的一元输入数据和输出数据组成向量，分别令其为 $\boldsymbol{x}=[x_1,x_2,\cdots,x_n]^{\mathrm{T}}$，$\boldsymbol{y}=[y_1,y_2,\cdots,y_n]^{\mathrm{T}}$，并通过归一化操作让向量 $\boldsymbol{x}$ 均值都为 0，即 $\bar{\boldsymbol{x}}=0$，则有

$$\begin{cases}\hat{\beta}_1=\boldsymbol{x}^{\mathrm{T}}(\boldsymbol{x}^{\mathrm{T}}\boldsymbol{x})^{-1}\boldsymbol{y}\\\hat{\beta}_0=\bar{\boldsymbol{y}}\end{cases} \tag{2.6}$$

所估计得到的 $\hat{\beta}_1$ 和 $\hat{\beta}_0$ 与训练数据集有关，即不同的训练数据集会得到不同的 $\hat{\beta}_1$ 和 $\hat{\beta}_0$。现在就有一个问题：由不同的训练数据集得到的 $\hat{\beta}_1$ 和 $\hat{\beta}_0$ 之间的差别有多大？下面介

绍如何在某些特定情况下计算不同的 $\hat{\beta}_1$ 和 $\hat{\beta}_0$ 之间的差别。

前面假定输入样本 x 与输入结果 y 之间的关系为 $y=\beta_0+\beta_1 x+\varepsilon$，在这个关系中，由于存在随机变量 ε，使得很难得到真实的 β_0 和 β_1。因此只能通过估计来得到 $\hat{\beta}_1$ 和 $\hat{\beta}_0$。现在的问题是 $\hat{\beta}_1$ 和 $\hat{\beta}_0$ 与 β_0 和 β_1 之间的差距究竟有多大？其实 $\hat{\beta}_1$ 和 $\hat{\beta}_0$ 是 β_0 和 β_1 的无偏估计。下面来分析这个结论。

假设随机变量 ε 的期望值为 0，方差为 σ^2，则 $\hat{\beta}_1$ 的数学期望值为

$$E(\hat{\beta}_1)=E\left(\frac{\sum_{i=1}^{n} y_i(x_i-\bar{x})}{\sum_{i=1}^{n}(x_i-\bar{x})^2}\right)=\sum_{i=1}^{n} c_i E(y_i) \tag{2.7}$$

式中，$c_i=\dfrac{(x_i-\bar{x})}{\sum_{i=1}^{n}(x_i-\bar{x})}$，可以证明下面两个结论成立，即

$$\sum_{i=1}^{n} c_i=0 \tag{2.8}$$

$$\sum_{i=1}^{n} c_i x_i=1 \tag{2.9}$$

将 $y_i=\beta_0+\beta_1 x_i+\varepsilon$ 代入式(2.7)，则有

$$E(\hat{\beta}_1)=\sum_{i=1}^{n} c_i E(\beta_0+\beta_1 x_i+\varepsilon)=\beta_0\sum_{i=1}^{n} c_i+\beta_1\sum_{i=1}^{n} c_i x_i+nE(\varepsilon)$$

由于 $E(\varepsilon)=0$，并且由式(2.8)和式(2.9)可得到下面的等式，即

$$E(\hat{\beta}_1)=\beta_1 \tag{2.10}$$

同理，可以证明下面的式子成立，即

$$E(\hat{\beta}_0)=\beta_0 \tag{2.11}$$

对于 $\hat{\beta}_1$，可以通过下面的公式来估计其方差，即

$$\operatorname{Var}(\hat{\beta}_1)=\operatorname{Var}\left(\sum_{i=1}^{n} c_i y_i\right)=\sum_{i=1}^{n} c_i^2\operatorname{Var}(y_i)=\sigma^2\sum_{i=1}^{n} c_i^2=\frac{\sigma^2}{\sum_{i=1}^{n}(x_i-\bar{x})^2}$$

对于 $\hat{\beta}_0$，则有

$$\begin{aligned}\operatorname{Var}(\hat{\beta}_0)&=\operatorname{Var}(\bar{y}-\hat{\beta}_1\bar{x})\\&=\operatorname{Var}(\bar{y})+\bar{x}^2\operatorname{Var}(\hat{\beta}_1)-2\bar{x}\operatorname{Cov}(\bar{y},\hat{\beta}_1)\end{aligned}$$

由于 $\bar{y}$ 与 $\hat{\beta}_1$ 的协方差 $\operatorname{Cov}(\bar{y},\hat{\beta}_1)=0$，假设 $y_1,y_2,\cdots,y_n$ 是彼此条件独立，则有

$$\operatorname{Var}(\hat{\beta}_0)=\operatorname{Var}(\bar{y})+\bar{x}^2\operatorname{Var}(\hat{\beta}_1)=\frac{\sigma^2}{n}+\frac{\sigma^2}{\sum_{i=1}^{n}(x_i-\bar{x})^2}$$

设 $\mathrm{SE}(\hat{\beta}_0)^2=\operatorname{Var}(\hat{\beta}_0)$、$\mathrm{SE}(\hat{\beta}_1)^2=\operatorname{Var}(\hat{\beta}_1)$ 分别是 β_0 和 β_1 的标准误差。通过标准误差，可以计算置信区间，如一个 95%的置信区间可以写成

$$[\hat{\beta}_1-2\mathrm{SE}(\hat{\beta}_1),\hat{\beta}_1+2\mathrm{SE}(\hat{\beta}_1)]$$

它表示有 95%的概率包含 β_1 的真实值。

这里只是对参数 $\hat{\beta}_1$ 和 $\hat{\beta}_0$ 的无偏估计和样本方差进行了详细介绍。由于篇幅有限，没有对这些参数进行假设检验，而且这里也没有介绍对模型精度的估计。如果读者对这些内容感兴趣，可以参考一些线性回归分析的书籍，如由 Douglas C. Montgomery 等所著的 *Introduction to Linear Regression Analysis*。

2.2 多元线性回归

2.2.1 模型及求解

在实际生活中，输入的变量往往是由多个变量组成的向量，假设一个输入向量 $\boldsymbol{x}$ 由 p 个变量组成，即 $\boldsymbol{x}=[x_1,x_2,\cdots,x_p]$，则可根据一元线性回归模型的思想来得到如下的多元线性回归模型，即

$$y=\beta_0+\beta_1x_1+\beta_2x_2+\cdots+\beta_px_p+\varepsilon \tag{2.12}$$

式中，x_j 为第 j 个输入变量，β_j 为第 j 个输入变量的系数。

与一元线性回归类似，如果已知系数向量 $\boldsymbol{\beta}=(\hat{\beta}_0,\hat{\beta}_1,\cdots,\hat{\beta}_p)$，则可以通过 $\hat{y}=\hat{\beta}_0+\hat{\beta}_1x_1+\hat{\beta}_2x_2+\cdots+\hat{\beta}_px_p$ 得到预测的输出结果。对于多元线性回归，也是通过使残差平方和最小来建立模型的目标函数：

$$\min_{\beta}\sum_{i=1}^{n}(y_i-\hat{y}_i)^2=\sum_{i=1}^{n}(y_i-\hat{\beta}_0-\hat{\beta}_1x_{i1}-\hat{\beta}_2x_{i2}-\cdots-\hat{\beta}_px_{ip})^2 \tag{2.13}$$

式(2.13)是一个无约束优化问题，为了得到它的最优值，可通过分别对 $\boldsymbol{\beta}$ 的各个分量分别求偏导，并令偏导为零来得到最优解。

对式(2.13)还有更简洁的表示方法，首先需要将输入数据表示成一个矩阵，矩阵的每一行为一个样本，即

$$\boldsymbol{X}=\begin{pmatrix} x_{11} & x_{12} & \cdots & x_{1p} & 1 \\ x_{21} & x_{22} & \cdots & x_{2p} & 1 \\ \vdots & \vdots & & \vdots & \vdots \\ x_{n1} & x_{n2} & \cdots & x_{np} & 1 \end{pmatrix}$$

将要估计的参数表示成向量，即

$$\hat{\boldsymbol{\beta}}=(\hat{\beta}_1,\hat{\beta}_2,\cdots,\hat{\beta}_p,\beta_0)^{\mathrm{T}}$$

将输出结果也表示成向量，即

$$\boldsymbol{y}=(y_1,y_2,\cdots,y_n)^{\mathrm{T}}$$

注意，$\boldsymbol{X}\in\mathbf{R}^{n\times(p+1)}$，它的最后一列全为 1，这是为了把截距 β_0 也吸收到表达式中，$\boldsymbol{\beta}\in\mathbf{R}^{p+1}$ 是 $p+1$ 维向量，但在后面的公式中，为了简洁，通常不考虑截距 β_0，因此 $\boldsymbol{\beta}$ 是 p 维向量，即 $\boldsymbol{\beta}\in\mathbf{R}^p$。有了这样的表示，则式(2.13)可写成

$$\min_{\boldsymbol{\beta}\in\mathbf{R}^p}\|\boldsymbol{X\beta}-\boldsymbol{y}\|_2^2 \tag{2.14}$$

式中，$\|\cdot\|_2^2$ 表示矩阵的 2 范数，范数(norm)是数学中的一种基本概念，它常被用来度量某个向量或矩阵空间中每个向量的长度或矩阵的大小。常见范数的定义如表 2.2 所示。

表 2.2　常见范数的定义

范　数	定　义
0-范数(0-norm)	向量 x 中非零元素的个数
1-范数(1-norm)	$x \in \mathbf{R}^n, \|x\|_1 = \|x_1\| + \|x_2\| + \cdots + \|x_n\|$
2-范数(2-norm)	$x \in \mathbf{R}^n, \|x\|_2 = \sqrt{x_1^2 + x_2^2 + \cdots + x_n^2}$

通过对式(2.14)求偏导,并令其等于零来得的目标函数的最小值,即

$$2\boldsymbol{X}^{\mathrm{T}}(\boldsymbol{X\beta}-\boldsymbol{y})=0$$

$$\Rightarrow \boldsymbol{X}^{\mathrm{T}}\boldsymbol{X\beta}=\boldsymbol{X}^{\mathrm{T}}\boldsymbol{y} \tag{2.15}$$

假设 $\boldsymbol{X}^{\mathrm{T}}\boldsymbol{X}$ 可逆,则在式(2.15)左、右两边同时乘以 $(\boldsymbol{X}^{\mathrm{T}}\boldsymbol{X})^{-1}$,则可以求得闭解(closed-form,也称为解析解)为

$$\boldsymbol{\beta}=(\boldsymbol{X}^{\mathrm{T}}\boldsymbol{X})^{-1}\boldsymbol{X}^{\mathrm{T}}\boldsymbol{y} \tag{2.16}$$

所以有

$$\hat{\boldsymbol{y}}=\boldsymbol{X\beta}=\boldsymbol{X}(\boldsymbol{X}^{\mathrm{T}}\boldsymbol{X})^{-1}\boldsymbol{X}^{\mathrm{T}}\boldsymbol{y} \tag{2.17}$$

2.2.2　多元线性回归应用举例

这里介绍的多元线性回归应用是基于一个广告数据集来建立商品销售量的预测模型,具体而言,就是要建立在电视、收音机、报纸上投放广告的费用与商品销售量之间的关系,这是一个典型的多元线性回归问题。该数据集有 200 个样本,其中输入变量为 TV、radio 和 newspaper,也称这些变量为样本的特征(feature),输出变量为 sales。要从这些数据中获得如下信息。

(1) 销售量与在各种媒体上投放的广告费之间是否有联系。如果能知道这种联系会很有用,例如,如果销售量与投放的广告费之间没有关系,或关系很弱,则不需要投钱来做广告。

(2) 在各种媒体上投入的费用对销售量的贡献度是多少,或者说对销售的影响程度是多少。如果知道某种媒体对销售量影响比较小,就可以少在这种媒体上投放广告。

(3) 能否根据投入的广告费来预测销售量。

(4) 各个媒体之间是否存在关联性。如在报纸和电视上各投放 10 万元的广告所产生的效果与单独在其中一种媒体(如报纸)上投放 20 万元的广告所产生的效果是否一样。

首先建立散点图(scatter plot)来查看各个特征与输入变量之间的关系。这里使用 Python 的包 seaborn 所提供的 pairplot()函数来绘制散点图。最终绘制的 advertising 数据集中各特征之间的散点图如图 2.2 所示。

从图 2.2 可以看出特征 TV 与输出变量 sales 之间有较为明显的线性关系,这种关系在特征 radio 与输出变量 sales 之间就显得比较弱,这种线性关系在 newspaper 与输出变量 sales 之间就显然不存在。但是为了简单起见,这里都假设这 3 个特征与输入变量之间是线性关系,虽然这种假设有时并不恰当。

在建立模型之前需要创建训练集和测试集,其中训练集用来训练模型,而测试集用来测试模型性能。在 sklearn 的 model_selection 包中提供了一个名为 train_test_split 的函数(如果是 sklearn 0.2 以前的版本,该函数在 cross_validation 包中,在 sklearn 0.2 版本之后,

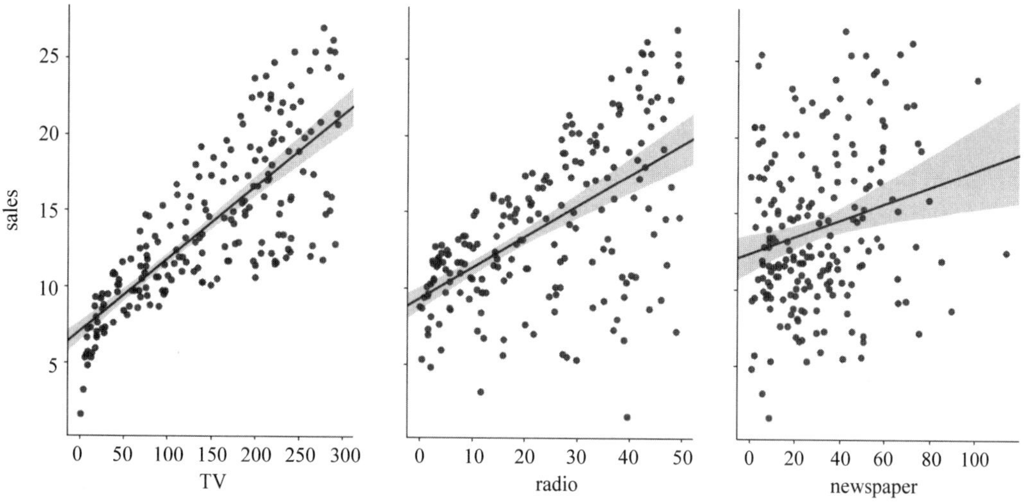

图 2.2　advertising 数据集中各特征之间的散点图

这个包被删除了)，它按一定比例随机地挑选数据集中的样本来创建训练集和测试集。下面是调用该函数的一个例子：

```
tr,te,tr_y,te_y=train_test_split(train_data,train_target,test_size=0.2,random
_state=0)
```

下面先对该函数的参数进行说明。

(1) train_data 是指所要划分的样本数据集。

(2) train_target 表示所要划分的样本输出结果(对于分类问题，就是类标记)。

(3) test_size 用来设置测试样本所占的比例，在这个例子中，它的值为 0.2，这表明训练数据集占 80%，测试数据集占 20%。如果这个参数的值为整数，就表示从数据集中随机选择的测试样本数量。

(4) random_state 指将数据集随机划分为训练数据集和测试数据集的种子，若每次指定一个固定的正整数，则得到的训练数据集和测试数据集是一样的；若指定的正整数值与上一次不一样，则会得到与上一次不同的训练数据集和测试数据集；若指定为 0，则每次得到的训练数据集和测试数据集不一样。

该函数的返回结果分别保存在变量 tr、te、tr_y、te_y 中，它们的含义分别为训练数据集、测试数据集、训练数据集的输出结果(若是分类问题，则是类标记)、测试数据集的输出结果。

sklearn 提供了一个名为 linear_model 的包，在这个包中，有一个类名叫作 LinearRegression，对这个类进行实例化后，可调用该类的 fit()函数来训练线性回归模型(也就是得到线性函数的系数)，下面的代码是通过 LinearRegression 类的构造函数来实例化一个类：

```
regressor:regressor=LinearRegression(fit_intercept=True,normalize=False,copy
_X=True,n_jobs=None)
```

下面对 LinearRegression 类中的参数进行介绍。

(1) fit_intercept：类型为布尔型，是可选参数，默认值为 True；该参数表示模型是否有截距，False 表示模型没有截距。

(2) normalize：表示是否在建立回归模型之前对数据进行归一化，类型为布尔型，是可选参数，默认值为 False。在 fit_intercept 参数设置为 False 时该参数不起作用。如果该参数为 True，则在建立回归模型之前会进行归一化处理。

(3) copy_X：类型为布尔型，是可选参数，默认值为 True。如果为 True，X 将被复制，否则被重写。

(4) n_jobs：类型为整型，是可选参数，默认值为 1。如果设为 1，将启动所有 CPU。

在完成 LinearRegression 类的实例化后，可调用该类的 fit()方法(即 regressor.fit())来得到线性回归模型的系数。在执行完该方法后，线性回归模型的系数分别保存在 regressor 的两个属性 intercept_和 coef_中。具体代码见附录 B。

可通过 regressor. intercept_和 regressor. coef_来得到截距和系数。在广告数据集上得到的 regressor. intercept_和 regressor. coef_分别为 2.769 和[0.044，0.199，0.001]。因此，多元线性回归模型为 $y=2.769+0.044x_1+0.199x_2+0.001x_3$，其中 x_1 为在电视(TV)上的广告投入费用，x_2 为在收音机(radio)上的广告投入费用，x_3 为在报纸(newspaper)上的广告投入费用。从这个结果可以看出，在报纸上投放广告其实对销售量影响是最小的。

当要预测在不同媒体上投放资金对销售量的影响时，可以调用 regressor.predict()方法。如可将测试数据集 te 传递给 predic()方法来得到预测结果，进一步可将预测结果与真实的输出结果 te_y 进行比较来得出模型的性能。

2.2.3 解释线性回归模型

1. 基于投影的解释

投影是线性代数中一个很重要的几何概念。在初等几何中，一个点被投影到一条直线上，则该点与直线上的投影点之间的距离是这个点到直线上所有点的距离中最短的，该距离为垂直距离。在 n 维欧氏空间中，一个高维空间的点 $\boldsymbol{x}$ 被投影到低维空间也有同样的结论。投影其实可以看成是高维空间的点 $\boldsymbol{x}$ 变换到低维空间的点 $\boldsymbol{y}$，使得点 $\boldsymbol{x}$ 和点 $\boldsymbol{y}$ 之间的距离最短，这可通过点 $\boldsymbol{x}$ 与某个矩阵 $\boldsymbol{A}$ 相乘得到，即 $\boldsymbol{y}=\boldsymbol{A}\boldsymbol{x}$。这时称 $\boldsymbol{A}$ 为投影矩阵(project matrix)。在矩阵理论中，矩阵 $\boldsymbol{A}$ 若满足 $\boldsymbol{A}^2=\boldsymbol{A}$，则称为投影矩阵(也称为幂等矩阵)。投影矩阵有很多好的性质。

(1) 所有投影矩阵的秩与迹相等，即 $\mathrm{rank}(\boldsymbol{A})=\mathrm{trace}(\boldsymbol{A})$。

(2) 投影矩阵的特征值只能取 1 或 0。

(3) 除单位矩阵以外，所有投影矩阵都是奇异矩阵。

在式(2.17)中，若令 $\boldsymbol{A}=\boldsymbol{X}(\boldsymbol{X}^{\mathrm{T}}\boldsymbol{X})^{-1}\boldsymbol{X}^{\mathrm{T}}$，则有 $\boldsymbol{A}^2=\boldsymbol{A}$，因此 $\boldsymbol{A}$ 是投影矩阵。在式(2.17)中，有 $\boldsymbol{A}\boldsymbol{y}=\hat{\boldsymbol{y}}$，这可以看成是向量 $\boldsymbol{y}$ 与 $\boldsymbol{A}$ 相乘得到新的向量$\hat{\boldsymbol{y}}$，即$\hat{\boldsymbol{y}}$是 $\boldsymbol{y}$ 到矩阵 $\boldsymbol{X}$ 的列空间的距离最近的点。也就是说，$\boldsymbol{y}$ 投影到 $\boldsymbol{X}$ 的列空间(column space，由矩阵 $\boldsymbol{X}$ 的列向量所张成的空间)的点是$\hat{\boldsymbol{y}}$。这一观点非常重要，后面在学习主成分分析时还会用到。另外，若 $\boldsymbol{X}$ 各列是单位正交向量(即 $\boldsymbol{X}^{\mathrm{T}}\boldsymbol{X}=\boldsymbol{I}$)，则 $\boldsymbol{A}=\boldsymbol{X}\boldsymbol{X}^{\mathrm{T}}$，这时 $\boldsymbol{A}$ 仍然是投影矩阵。

从式(2.17)可以进一步得到 $\boldsymbol{X}^{\mathrm{T}}(\hat{\boldsymbol{y}}-\boldsymbol{y})=0$，也就是说，实际上$\hat{\boldsymbol{y}}$是 $\boldsymbol{y}$ 投影到平面 F(假

设只有二维时)的投影点,这个过程可以由图 2.3 来表示。

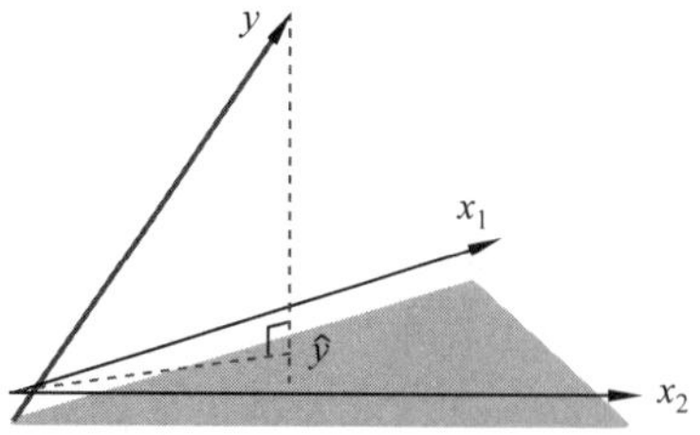

图 2.3　线性回归的投影示意图

2. 基于概率的解释

在最开始介绍线性回归时,假设输入数据与输出结果之间存在一定的随机误差,如式(2.12)。对于第 i 个输入样本 $\boldsymbol{x}_i$ 与相应的输出 y_i 之间的关系可以表示成

$$y_i=\boldsymbol{\beta}^{\mathrm{T}}\boldsymbol{x}_i+\varepsilon_i$$

式中,$\boldsymbol{\beta}=[\beta_1,\beta_2,\cdots,\beta_p]^{\mathrm{T}}$。

若 $\varepsilon_i(i=1,2,\cdots,n)$ 是独立且服从均值为 0,方差为 σ^2 的正态分布,即

$$p(\varepsilon_i)=\frac{1}{\sqrt{2\pi\sigma}}\mathrm{e}^{\left(-\frac{\varepsilon_i{}^2}{2\sigma^2}\right)}$$

这就意味着 $y_i-\boldsymbol{\beta}^{\mathrm{T}}\boldsymbol{x}_i$ 也服从该分布,即对于第 i 个样本 $\boldsymbol{x}_i$,产生输出 y_i 的概率为

$$p(y_i\mid\boldsymbol{x}_i;\boldsymbol{\beta})=\frac{1}{\sqrt{2\pi\sigma}}\mathrm{e}^{\left(-\frac{(y_i-\boldsymbol{\beta}^{\mathrm{T}}\boldsymbol{x}_i)^2}{2\sigma^2}\right)}$$

注意,这里的 $\boldsymbol{\beta}$ 是未知的参数,并不是一个随机变量。现在的目标就是要通过已知的 $\boldsymbol{x}_i$,y_i 来估计法未知的参数 $\boldsymbol{\beta}$。可通过似然(likelihood)估计法来估计,相应的似然函数可以写成

$$L(\boldsymbol{\beta})=\prod_{i=1}^{n}\frac{1}{\sqrt{2\pi\sigma}}\mathrm{e}^{\left(-\frac{(y_i-\boldsymbol{\beta}^{\mathrm{T}}\boldsymbol{x}_i)^2}{2\sigma^2}\right)}$$

再按极大似然估计的原理可建立目标函数,通过极大对数似然估计来简化目标函数,于是可得到如下的目标函数:

$$\begin{aligned}\max_{\boldsymbol{\beta}}L(\boldsymbol{\beta})&=\max_{\boldsymbol{\beta}}\ln L(\boldsymbol{\beta})=\max_{\boldsymbol{\beta}}\ln\prod_{i=1}^{n}\frac{1}{\sqrt{2\pi\sigma}}\mathrm{e}^{\left(-\frac{(y_i-\boldsymbol{\beta}^{\mathrm{T}}\boldsymbol{x}_i)^2}{2\sigma^2}\right)}\\&=\max_{\boldsymbol{\beta}}\sum_{i=1}^{n}\ln\frac{1}{\sqrt{2\pi\sigma}}\mathrm{e}^{\left(-\frac{(y_i-\boldsymbol{\beta}^{\mathrm{T}}\boldsymbol{x}_i)^2}{2\sigma^2}\right)}\\&=n\ln\frac{1}{\sqrt{2\pi\sigma}}-\frac{1}{2\sigma^2}\sum_{i=1}^{n}(y_i-\boldsymbol{\beta}^{\mathrm{T}}\boldsymbol{x}_i)^2\end{aligned}$$

这实际是最小化下面的目标函数

$$\min_{\boldsymbol{\beta}}\sum_{i=1}^{n}(y_i-\boldsymbol{\beta}^{\mathrm{T}}\boldsymbol{x}_i)^2\tag{2.18}$$

式(2.18)和式(2.13)一样。由此可以看到线性回归能从概率的角度来解释。

2.3　线性回归的正则化

式(2.16)成为线性回归的解有一个假设条件:$\boldsymbol{X}^{\mathrm{T}}\boldsymbol{X}$ 可逆。在这个条件不成立时,线性回归有无穷多个解,为了得到其中的一个解,可在多元线性回归的目标函数(见式(2.14))中加入一项 $\lambda\|\boldsymbol{\beta}\|_2^2$,即得到如下的形式:

$$\min_{\beta\in\mathbf{R}^p}\|\boldsymbol{X\beta}-\boldsymbol{y}\|_2^2+\lambda\|\boldsymbol{\beta}\|_2^2\tag{2.19}$$

加入 $\lambda\|\boldsymbol{\beta}\|_2^2$ 通常称为正则化项,它能对原目标函数进行正则化(regularization),其中 λ 称为正则化参数,可通过它来使目标函数有唯一解。式(2.19)的解为

$$\boldsymbol{\beta}=(\boldsymbol{X}^{\mathrm{T}}\boldsymbol{X}+\lambda\boldsymbol{I})^{-1}\boldsymbol{X}^{\mathrm{T}}\boldsymbol{y} \tag{2.20}$$

在实际操作过程中,如果一味追求对训练数据拟合的准确性,所得到的模型往往参数过于复杂,反而对未知数据的预测能力很差,这种现象被称为过拟合(over-fitting)。采用正则化可以减少模型的复杂程度,有效防止过拟合。

式(2.19)的正则化项采用的是 ℓ_2 范数,有时也称为 ℓ_2 正则化项,式(2.19)也称为岭回归(ridge regression),它是 1970 年由 Hoerl 和 Kennard 提出的。除了岭回归以外,常见的正则化线性回归模型还有 Lasso 和弹性网(elastic net)。下面分别介绍这两种线性回归模型。

2.3.1 Lasso

Lasso(least absolute shrinkage and selection operator)是 Robert Tibshirani 在 1996 年首次提出的。在介绍 Lasso 之前,先假定 n 为样本个数;p 为特征数,样本矩阵 $\boldsymbol{X}\in\mathbf{R}^{n\times p}$,第 i 个样本 $\boldsymbol{x}_i$ 为样本矩阵的第 i 行,即该矩阵的每行为一个样本,每列为一个特征。Lasso 的目标函数是在多元线性回归的目标函数(见式(2.14))加入 ℓ_1 正则化项,具体形式为

$$\min_{\boldsymbol{\beta}\in\mathbf{R}^p}\|\boldsymbol{X\beta}-\boldsymbol{y}\|_2^2+\lambda\|\boldsymbol{\beta}\|_1 \tag{2.21}$$

为什么 Lasso 的正则化项是 ℓ_1 范数?这是因为 ℓ_1 范数很特别。如果正则化参数 λ 足够大时,Lasso 经常会产生稀疏的解,即解向量仅有一些分量不为零。若采用 ℓ_q 范数(其中 $q>1$),则不太可能出现这种情况。在 $q<1$ 的情况下,所得的解有可能稀疏,但整个目标函数为非凸函数,求解该目标函数的计算量会很困难。采用 ℓ_1 范数会使式(2.21)成为凸优化(convex optimization)问题,即 $q=1$ 是该问题成为凸优化问题的最小值,凸优化问题会有很多好处,如一定有最小值,求解过程比较简单,而且引入 ℓ_1 范数会使该问题产生稀疏解,这样就能处理具有上百万参数的问题。稀疏解还具有可解释性,这对于多元线性回归也非常重要。准确地说,Lasso 问题属于带有凸约束的二次规划(quadratic programming,QP)。因此,可用许多二次规划方法来求解 Lasso。但有一个特别简单且有效的计算方法,通过它可以进一步理解 Lasso 的工作原理。下面介绍这种简单的求解方法。

首先考虑单个变量的情形,训练样本为 $\{(x_i,y_i)\}_{i=1}^n$(这里的 x_i 是一个标量值)。则 Lasso 问题可以写成如下形式

$$\min_{\beta}\frac{1}{2n}\sum_{i=1}^{n}(y_i-x_i\beta)^2+\lambda\|\beta\|_1 \tag{2.22}$$

式(2.22)是单变量 Lasso(也称为一元 Lasso)的目标函数。对于求解这种单变量目标函数的最小值,其标准的方法是求关于 β 的导数,并令其等于零。但这样做其实还会碰到困难,因为式(2.22)中含有绝对值函数 $|\beta|$,该函数在 $\beta=0$ 处不可导。但可直接对式(2.22)求解,在求解之前,需要让样本的均值和方差为 0,即

$$\frac{1}{n}\sum_{i=1}^{n}x_i=0$$

和

$$\frac{1}{n}\sum_{i=1}^{n}x_i^2=1$$

最后得到的解为

$$\hat{\beta}=\begin{cases}\frac{1}{n}\boldsymbol{x}^{\mathrm{T}}\boldsymbol{y}-\lambda & \frac{1}{n}\boldsymbol{x}^{\mathrm{T}}\boldsymbol{y}>\lambda \\ 0 & \frac{1}{n}\boldsymbol{x}^{\mathrm{T}}\boldsymbol{y}\leqslant\lambda \\ \frac{1}{n}\boldsymbol{x}^{\mathrm{T}}\boldsymbol{y}+\lambda & \frac{1}{n}\boldsymbol{x}^{\mathrm{T}}\boldsymbol{y}<-\lambda\end{cases} \tag{2.23}$$

式中，$\boldsymbol{x}=[x_1,x_2,\cdots,x_n]^{\mathrm{T}}$ 为一个 n 维的向量，$\boldsymbol{y}=[y_1,y_2,\cdots,y_n]^{\mathrm{T}}$ 也为一个 n 维的向量，$\boldsymbol{x}^{\mathrm{T}}\boldsymbol{y}$ 为向量 $\boldsymbol{x}$ 与向量 $\boldsymbol{y}$ 之间的内积。

该结果也可写成如下形式

$$\hat{\beta}=S_\lambda\left(\frac{1}{n}\boldsymbol{x}^{\mathrm{T}}\boldsymbol{y}\right) \tag{2.24}$$

式中，$S_\lambda(\cdot)$为软阈值算子，其定义为

$$S_\lambda(z)=\mathrm{sign}(z)(|z|-\lambda)_+ \tag{2.25}$$

式中，$\mathrm{sign}(z)$为符号函数，它的定义：若标量 $z>0$，则 $\mathrm{sign}(z)=1$；若 $z=0$，则 $\mathrm{sign}(z)=0$；若 $z<0$，则 $\mathrm{sign}(z)=-1$。而$(|z|-\lambda)_+$为通过 λ 来对 z 进行平移。当$|z|-\lambda>0$ 时，则返回$|z|-\lambda$；当$|z|\leqslant\lambda$，则得到 0。图 2.4 中，虚线为软阈值函数；实线是一条通过原点、斜率为 45°的直线。

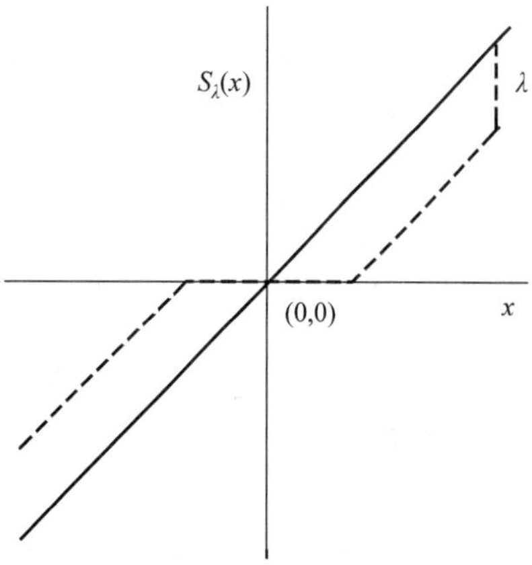

图 2.4　软阈值算子示意图

求解一元 Lasso(即单变量 Lasso)的方法可以扩展到多元的情形，因为多元 Lasso 问题可以分解成多个一元 Lasso 来求解。也就是说，可按依次对 β_j(如 $j=1,2,\cdots,p$)求解，其中第 j 个步骤就是通过最小化在这个坐标下(即固定其他系数$\{\hat{\beta}_k,k\neq j\}$)的目标函数来更新系数 β_j。对于样本矩阵 $\boldsymbol{X}$，其第 j 列表示为 $x_{\cdot,j}$。Lasso 问题的目标函数式(2.21)可改写为

$$\min_{\boldsymbol{\beta}}\frac{1}{2n}\sum_{i=1}^{n}\left(y_i-\sum_{k\neq j}x_{ik}\beta_k-x_{ij}\beta_j\right)^2+\lambda\sum_{k\neq j}|\beta_k|+\lambda|\beta_j| \tag{2.26}$$

若定义 $r_i^{(j)}=y_i-\sum_{k\neq j}x_{ik}\hat{\beta}_k$(也称为偏残差)，它会从输出值中去掉当前所拟合结果除第 j 个变量以外的所有值。可用偏残差来表示每个 β_j 的解，即

$$\hat{\beta}_j=S_\lambda\left(\frac{1}{n}\langle x_{\cdot,j},r^{(j)}\rangle\right) \tag{2.27}$$

总的来说，在求解 Lasso 时，可以先取一个初始向量 β_0，然后通过式(2.26)迭代计算向量 $\boldsymbol{\beta}$，直到最后收敛即可。

这个算法会得到最优解的原因在于式(2.21)是一个凸优化问题，无局部极小值。该算法分别对单个变量求最优化，即每次只对一个变量最小化目标函数。对于这种凸优化问题，

分别对单个变量求解就能收敛到全局最优解。

在实际中,人们通常感兴趣的不是在某个 λ 下所得到的解,而是在 λ 可能取值范围内所有解的路径。当 λ 取下面的值时,最优解为零向量,即

$$\lambda_{\max} = \max_j \left| \frac{1}{n}((\boldsymbol{x}_{\cdot,j})^{\mathrm{T}} y) \right|$$

式中,$\boldsymbol{x}_{\cdot,j}$ 为样本矩阵 $\boldsymbol{X}$ 的第 j 列。

可以先让 λ 为 $\lambda_{\max}$,然后减少 λ,并采用上面的方法求解;再次减少 λ,并用上一次的解作为热启动(warm start),然后进行求解。通过这种方式,可对一系列的取值进行有效求解。

Lasso 中的正则参数 λ 能很好地控制模型的复杂度,当 λ 较小时,各个参数的取值范围就越大,从而会让模型更能拟合训练数据;若 λ 值越大,参数的取值范围会缩小,从而使模型更加稀疏,这会让模型有更好的可解释性。在考虑可解释性时,为了得到最好的预测精度,需要选择恰当的 λ。λ 太大会使得 Lasso 难以获得数据中的主要信息,而 λ 太小又会导致过拟合。若出现过拟合现象,则说明模型在拟合了训练数据集中的有用信息时,也拟合了无用的噪声,这种情况都会让预测误差偏大。因此,在这两种情况下进行权衡,以便选择合适的 λ 值。

为了估计最恰当的 λ 值,可将数据集随机划分为训练集和测试集,并且采用交叉验证来获得不同的 λ 值在测试集上的表现。具体而言,先随机将整个数据集分成若干组,假设组数为 $K>1$。一般 K 可以选择 5 或者 10。将其中一组作为测试集,并指定剩下 $K-1$ 组为训练集。然后在训练集上用不同 λ 值来对 Lasso 进行训练,并用测试集来测试训练好的模型响应值,同时记录下不同 λ 值的均方预测误差(mean-squared prediction error)。这个过程共重复 K 次,以便能让每组数据均有机会作为测试数据,并让其他 $K-1$ 组作为训练数据。对于一系列的 λ 值,可通过这种方式来获得 K 个不同的预测误差估计。对每个 λ 值,将这 K 个预测误差估计平均,从而得到交叉验证的一条误差曲线。

这里介绍求解 Lasso 问题的方法特别快,因为每个变量的最小值可由式(2.27)得到。其次,这种方法有利于得到问题的稀疏解:对于足够大的 λ,大多数系数将为零。

除了以上方法,同伦(homotopy)法也是一类求解 Lasso 问题的方法。这种方法从 0 开始,以连续方式得到解的整体路径。最小角回归(least angle regression,LARS)算法就是一种同伦法,该方法能有效构建分段的线性路径。

Lasso 回归与岭回归非常相似,它们的区别在于使用了不同的正则化项,它们的目标都是为了约束参数的范围,以防止过拟合的发生。但是 Lasso 回归比岭回归更重要,其原因是 Lasso 回归能够获得稀疏解。采用 Lasso 模型可在训练模型的过程中实现降维的目的,这个过程也可以看成是在进行特征选择。

2.3.2 Lasso 的应用举例

在介绍如何使用 sklearn 所提供的 Lasso 包来进行数据拟合之前,需要先介绍如何生成拟合所需的数据。sklearn 的 DataSet 包中提供了一个 make_regression()函数,它可用来生成线性回归所需的数据。该函数有 3 个重要参数。

(1) n_samples:表示要生成的样本数量,默认为 100。

(2) n_feature：表示要生成的特征数量，默认为 100。

(3) n_informative：表示起作用的特征数量，默认为 10。

make_regression()函数会返回数据集和相应的标记信息。

在 sklearn 的 linear_model 包中提供了 Lasso 类，该类实现了 Lasso 模型。该类的 fit()方法可以用来得到(拟合)模型的参数；predict()方法可用来预测新的样本的输出结果。下面通过一个例子来介绍这些函数的使用。

```
from sklearn.linear_model import Lasso
import numpy as np
from sklearn.datasets import make_regression
#得到数据集和各个样本对应的标记，也就是样本对应的输出结果
train,trainLables=make_regression(n_samples=200, n_features=20, n_informative=20)
#初始化 Lasso 类
lasso=Lasso()
#用数据集中的所有数据来拟合 Lasso 模型，即得到 Lasso 模型的参数
lasso.fit(train,trainLables)
#统计模型中的非零参数
n=np.sum(lasso.coef_ !=0)
print('Lasso 回归后系数不为 0 的个数：' +str(n))
```

另外，还可以在数据集上用 LassoCV 类来进行交叉验证，选择出比较好的正则参数。下面的例子是以前面的数据集和相应的样本标记为例来介绍 LassoCV 类的用法。

```
#初始化 LassoCV 类，并给出正则参数 alphas 的取值范围是[1, 0.1, 0.001, 0.0005]
selectModel=LassoCV(alphas=[1, 0.1, 0.001, 0.0005])
#确定了正则参数后，再通过数据集找模型的最优解
selectModel.fit(train,trainLables)
#输出最佳的正则参数
Print(selectModel.alpha_)
```

注意：*在初始化 LassoCV 类时，不需要给定正则参数的范围，它会使用默认的范围。*

2.4 弹性网

在 2006 年，Hui Zou 和 Trevor Hastie 在期刊 *Journal of Computational and Graphical Statistics* 上发表的论文中首次引入弹性网，它是在经典的线性回归模型上同时引入 ℓ_2 范数与 ℓ_1 范数相结合，相应的目标函数为

$$\min_{\boldsymbol{\beta}\in\mathbf{R}^p}\frac{1}{2}\|\boldsymbol{X\beta}-\boldsymbol{y}\|_2^2+\lambda\left(\frac{1}{2}(1-\alpha)\|\boldsymbol{\beta}\|_2+\alpha\|\boldsymbol{\beta}\|_1\right)\tag{2.28}$$

式中，$\alpha\in[0,1]$为 ℓ_1 范数所占的比例；$\boldsymbol{X}$ 为样本矩阵；$\boldsymbol{y}$ 为样本对应的标记。

在高度相关的特征中，Lasso 回归有时表现得并不是很好。主要是系数路径会不稳定，有时会出现一些奇怪的行为。有如下一个简单的例子：一个变量x_j 在某个λ 下所拟合的模型参数为$\hat{\beta}_j>0$。如果在原数据上增加一个相同的副本，则它们之间可用无数种组合方式来共享系数，其中一种为$\widetilde{\beta_j}+\widetilde{\beta_j}=\hat{\beta}_j$，这两部分都为正，这与损失函数和惩罚项无关。所以

这一对变量的系数不确定。另一方面,一个 ℓ_2 正则项会精确地将 $\hat{\beta}_j$ 平分给这两个变量。事实上,不可能有一对完全相同的变量,但是通常会有非常相关的变量组。实验表明在这种情况下 Lasso 估计并不能反映出变量的重要性。

在单个参数上的弹性网正则化项为 $\frac{1}{2}(1-\alpha)\beta_j^2+\alpha|\beta_j|$。当 $\alpha=1$ 时,正则化项为 $|\beta_j|$,这时目标函数就成了 Lasso 回归;当 $\alpha=0$ 时,正则化项为 $\frac{1}{2}\beta_j^2$,目标函数就成了岭回归。

弹性网是将参数 $\boldsymbol{\beta}$ 的 ℓ_2 范数和 ℓ_1 范数作为正则化项,这样做会自动控制每组变量间的关联强度。另外,对于任意的 $\alpha<1$ 和 $\lambda>0$,基于弹性网的正则化项的目标函数(见式(2.28))都是凸优化问题。

图 2.5 在三维空间中比较了弹性网和 Lasso 的约束区域。从图 2.5 中可以看出弹性网的约束区域拥有 Lasso 约束区域的特性,即用于进行特征选择的尖角和边,弯曲的轮廓会共享系数。

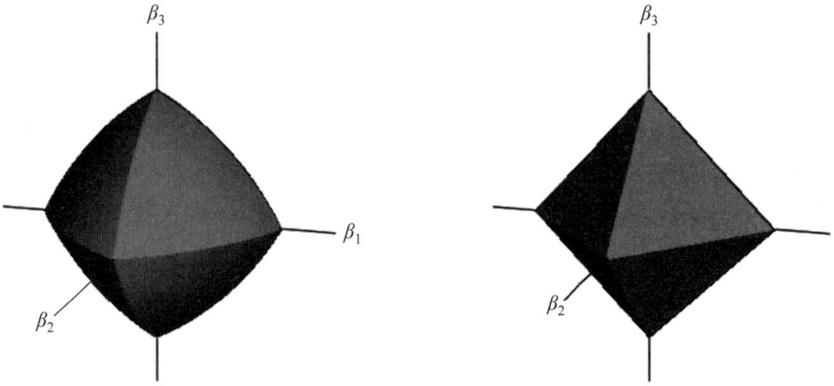

(a) 弹性网　　(b) Lasso

图 2.5　弹性网和 Lasso 的约束区域

与 Lasso 回归和岭回归相比,弹性网多了一个参数 α。通常该参数可以主观设定,也可以通过交叉验证得到。在交叉验证中,α 取值的间隔都比较粗糙。

基于参数对 $(\beta_0,\boldsymbol{\beta})\in\mathbf{R}\times\mathbf{R}^p$ 的弹性网线性回归模型是凸优化问题,有许多算法可用求解它。在这些方法中,每次针对一个变量进行优化是一种非常有效的方法,这种方法借鉴了 Lasso 的求解方法。为了求解方便,模型通常不考虑截距。对初始变量 x_{ij} 进行简单的归一化处理,然后得到最优的截距为 $\hat{\beta}_0=\bar{y}=\frac{1}{n}\sum_{j=1}^{n}y_j$。求解出最优截距 $\hat{\beta}_0$ 后,需要计算最优向量 $\hat{\boldsymbol{\beta}}=(\hat{\beta}_1,\hat{\beta}_2,\cdots,\hat{\beta}_p)$。在第 j 次迭代时,其系数为

$$\hat{\beta}_j=\frac{S_{\lambda r}\left(\sum_{i=1}^{n}r_{ij}x_{ij}\right)}{\sum_{i=1}^{n}x_{ij}^2+\lambda(1-\alpha)} \tag{2.29}$$

式中，$S_{\lambda r}(z)=\text{sign}(z)(z-u)_+$ 为一个软阈值因子，$r_{ij}=y_i-\hat{\beta}_0-\sum_{k\neq j}x_{ij}\hat{\beta}_k b$ 为部分残差。按式(2.29)进行迭代，直到收敛。

弹性网结合了岭回归和 Lasso 回归的很多优点，具体而言，就是将 ℓ_2 范数和 ℓ_1 范数线性组合在一起作为正则化项，从而让线性回归模型的目标函数是一个凸函数。弹性网在特征数大于训练集样本数或特征之间高度相关时比 Lasso 回归更加稳定。

2.5　总结

线性回归模型有着极其广泛的应用，如经济预测、疾病预测等，是统计机器学习的重要组成部分。本章主要介绍了一元线性回归模型、多元线性回归模型及它们对应的目标函数和求解这些目标函数的方法。按投影和概率的方式对线性回归模型进行了解释。在某些情况下，线性回归模型的目标函数有唯一的解；在目标函数有无穷多个解时，可以通过正则化方法使目标函数有唯一解。通常线性模型的正则化有 3 种方式，即对线性模型的目标函数分别加上 ℓ_2 范数、ℓ_1 范数、ℓ_2 范数与 ℓ_1 范数相结合，这些模型分别称为岭回归、Lasso 回归、弹性网。本章还重点介绍了 Lasso 的基本原理和求解方法。Lasso 能得到稀疏解，能选择重要的特征。Lasso 中的正则化参数能控制模型的复杂性。选择恰当的正则化参数值对于 Lasso 非常重要。

2.6　习题

(1) 证明式(2.8)和式(2.9)成立。

(2) 证明式(2.11)成立。

(3) 数据归一化与标准化的作用是什么？它们有什么不同？举例说明。

(4) 推导出式(2.20)。

(5) 在 Boston 数据集上分别用岭回归和不带正则项的线性回归来建立房价的预测模型，并比较这两种模型的差异性。

(6) 证明式(2.23)成立。

(7) 编程实现在 Boston 数据集上用 Lasso 建立房价预测模型，并测试模型的预测精度。

参考文献

[1] James G, Witten D, Hastie T, et al. An introduction to statistical learning: with applications in R[M]. New York, USA: Springer, 2013.

[2] Montgomery D C, Peck E A, Vining G G. Introduction to linear regression analysis[M]. New York, USA: Wiley, 2012.

[3] Boyd S, Vandenberghe L. Convex optimization[M]. Cambridge, UK: Cambridge University Press, 2004.

[4] 刘波，景鹏杰. 稀疏统计学习及其应用[M].北京：人民邮电出版社，2018.

[5] Izenman A J. Modern multivariate statistical techniques: regression, classification, and manifold learning[M]. 2nd ed. New York, USA: Springer, 2013.

[6] Kleinbaum D G, Kupper L L, Muller K E. Applied regression analysis and other multivariable methods [M]. 5th ed. Singapore: Cengage Learning, 2013.

[7] William W. Applied multivariate statistics with R[M]. New York, USA: Wiley, 2019.

第3章

感　知　机

本章重点

- 掌握分类的基本概念。
- 理解评价分类模型的指标。
- 了解感知机的发展历史。
- 掌握建立感知机模型的方法。
- 掌握求解感知机的方法。
- 能证明感知机方法的收敛性。
- 了解多层感知机的结构。

微课视频

分类问题是监督学习的重要内容。本章首先介绍分类的基本概念和评价分类模型的指标,然后介绍最简单的分类模型——感知机(perceptron)。它是一种线性二分类模型,能通过超平面将数据分开。二分类模型是指样本的类标记只取两种值,如只取0或1。它与第2章介绍的线性回归模型不同,线性回归模型输出的值为实数,而分类模型输出的值为整数。尽管感知机算法非常简单,但当前流行的很多机器学习算法(如深度神经网络)都受它的思想影响。

本章介绍感知机的发展历史、模型结构和相应的算法,包括详细证明感知机的收敛性,最后介绍与深度神经网络密切相关的多层感知机。

3.1　分类的定义及应用

线性回归模型通常是用来预测一个连续值,例如一个城市的房价、投资的收益等,其输出变量是连续型变量。这种回归问题在某些情况下可以用概率理论来解释,即可以假设输入变量与输出变量之间的差异服从正态分布。但是在实际应用中,预测问题的结果并不都是一个实数值,例如,预测一个城市的房价是涨还是跌,明天的天气是晴、阴还是下雨等。这类问题的输出变量就变成了一个离散型变量,这种变量的取值称为类标记,这类应用问题称为分类问题(classification problem)。分类问题又分为以下两种类型。

(1) 二分类问题。大量的应用都属于二分类问题,如生物学中鉴定是癌细胞还是正常细胞;网页浏览分析中的点击和未点击;在信息安全领域,可以根据用户的信息来判断对其是否有入侵网站的可能;在工业生产领域,可以结合工程实际项目对机械分类,从而构建一个机械故障诊断模型,这有助于提高作业效率。

(2) 多分类问题。多分类是指样本的类标记有两个以上,属于这种分类问题的应用也很多,如图像分类、手写数字识别问题(具体见 3.4 节中的多层感知机);在银行金融业务中,可以根据客户现有的资产和资金活动记录构建一个客户分类模型,对客户按照贷款风险等因素进行分类。同时,多分类模型在图像处理与识别、互联网搜索等领域都有广泛应用。文本分类是多分类问题中最常见的一种,文本可以是日常可见的新闻报道、网页、杂志期刊、电子邮件、广告传单、学术论文、小说等。文本分类是指用计算机对文本集中的数据按照一定的分类体系或标准进行分类标记,输入是文本的特征向量,输出是文本的类别(或类标记)。输出的类别大致与文本内容相关,如政治、军事、体育、经济等;也可以是文本中的某些观点,如正面意见、反面意见;还可以根据不同的应用场景确定类标记,如垃圾邮件、非垃圾邮件等。文本分类通常要先对文章中的单词进行划分,每个单词对应一个特征,再根据不同的分类要求建立不同的分类模型。这些多分类问题可以用多项式分布建立模型。

分类问题与线性回归问题类似,但也有一点区别。假定有一系列训练数据集($\boldsymbol{x}_1,y_1$),($\boldsymbol{x}_2,y_2$),…,($\boldsymbol{x}_n,y_n$),从数据中得到一个分类模型或一个分类决策函数,被称为分类器(classifier)。分类器对新输入的数据进行输出的预测,此过程称为分类。分类问题与线性回归问题的主要区别在于输出变量的取值不同,在线性回归问题中,输出变量的值为实数,是连续值;而在分类问题中,输出变量的值为整数,是离散值。这一区别导致建立线性回归模型和分类模型的方法有比较大的不同。

下面通过具体例子来解释不能用线性回归模型来解决分类问题。对于二分类问题,其类标记 y 的取值为

$$y=\begin{cases}0, & \text{输出为第一类}\\ 1, & \text{输出为第二类}\end{cases}$$

然后,可以对类标记 y 建立线性回归模型。当将样本 $\boldsymbol{x}$ 输入给所建立的模型,模型的输出结果如果大于 0.5,$\boldsymbol{x}$ 为第二类;反之,则预测为第一类。这样的做法是可行的,得到的结果可视为一个粗略估计,仍具有意义。

但是对于两个以上的类标记,这种方法就无能为力了。类标记 y 的输出值有 3 种取值,即

$$y=\begin{cases}1, & \text{输出为第一类}\\ 2, & \text{输出为第二类}\\ 3, & \text{输出为第三类}\end{cases}$$

这类情况有时无法通过线性回归模型来预测 y 的类别。如银行预测下一个客户所办理的业务为存款、取款和挂失,若要预测这 3 种业务之间严格的逻辑顺序和可量化的区间,要用线性回归模型进行处理会非常困难。

3.2 评价分类模型的指标

分类问题是监督学习中的重要组成部分,它主要由特征选择、模型学习(训练)、模型评估、对输入数据进行类标记预测等组成。在建立分类模型时,首先根据已知的训练数据集选择有效的学习方法训练出一个分类器(分类模型),再利用得到的分类器对新的输入数据进行类标记预测。对于训练得到的分类模型,需要通过各项指标来对其进行评价。下面将详

细介绍评价分类模型的指标。

对于二分类模型，假设其类标记分为正的(positive)类标记和负的(negative)类标记，如可以将为1的标记看成是正的类标记，将为0的标记看成是负的类标记。

在介绍二分类的评价指标之前，先介绍与之相关的4个概念。

(1) 真正例(true positive，TP)：样本的实际类标记为正，模型预测的类标记也为正，这是对具有正标记样本的正确预测。

(2) 伪反例(false negative，FN)：样本的实际类标记为正，模型预测的类标记为负，这是对具有正标记样本的错误预测。

(3) 伪正例(false positive，FP)：样本的实际类标记为负，模型预测的类标记为正，这是对具有负标记样本的错误预测。

(4) 真反例(true negative，TN)：样本的实际类标记为负，模型预测的类标记也为负，这是对具有负标记样本的正确预测。

评价分类模型的常见指标有精确率(precision)、召回率(recall)、F_1 值、PR曲线以及ROC曲线等。

(1) 精确率：在预测为正的类标记中，真正为正标记的样本所占的比例。其计算公式为

$$P=\frac{\mathrm{TP}}{\mathrm{TP}+\mathrm{FP}}$$

(2) 召回率：在所有为正的类标记的样本中，被预测为正标记的样本所占的比例。其计算公式为

$$R=\frac{\mathrm{TP}}{\mathrm{TP}+\mathrm{FN}}$$

(3) F_1 值是精确率和召回率的调和均值，具体定义为

$$\frac{2}{F_1}=\frac{1}{P}+\frac{1}{R}$$

这个公式可以简化为

$$F_1=\frac{2\mathrm{TP}}{2\mathrm{TP}+\mathrm{FP}+\mathrm{FN}}$$

在某些应用中，可能需要精确率越高越好；而在有些应用中，需要召回率越高越好；例如，对嫌疑人定罪，其原则是不错怪一个好人，这种情况就需要FP要尽量小，即本身没有犯罪(类标记为负)，尽量不要预测成犯罪(类标记为正)。而在地震的预测中，若不发生地震为正标记，发生地震为负标记，需要FN要尽量小。

(4) PR曲线：以召回率 R 为横轴、以精确率 P 为纵轴绘制的曲线。PR曲线反映了召回率与精确率之间的关系。在实际应用中，经常需要对这两个指标进行权衡，PR曲线对此有很大帮助。为了绘制PR曲线，需要先计算 P 和 R。具体的计算方法：对于给定的测试集，先用模型计算测试集中每个样本的预测值(或概率)；然后对这些值按从小到大排序，将排序后的值取一部分作为阈值数组，将数组中每个元素作为阈值；再将测试数据集中每个样本的预测值与阈值比较，大于或等于这个阈值的样本被认为是正样本，小于该阈值的样本被认为是负样本；分别计算出TP、TN、FN、FP；最后计算出召回率和精确率。在sklearn中有一个metrics包，该包提供了一个名为precision_recall_curve()的函数来计算召回率和精确

率,然后绘制 PR 曲线。绘制的 PR 曲线如图 3.1 所示。

PR 曲线有时可以用来比较模型的好坏,如分类器 A 的 PR 曲线始终在分类器 B 的 PR 曲线上方,则表明分类器 A 要比分类器 B 好;另外一种比较模型好坏的方法是利用 PR 曲线的平衡点(平衡点是指召回率与精确率相等的地方),通常认为,如果分类器 A 的平衡点比分类器 B 的平衡点大,则表明分类器 A 要比分类器 B 好。

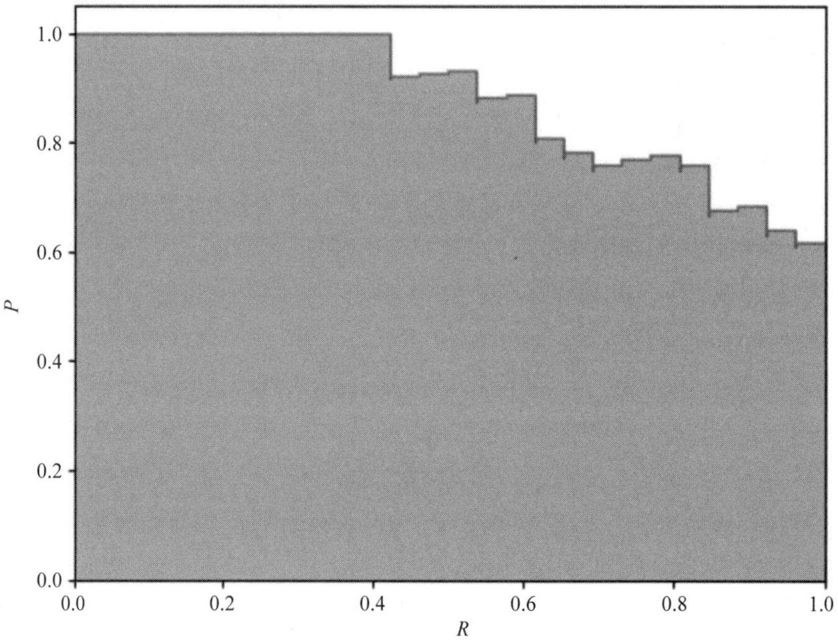

图 3.1 PR 曲线

(5) ROC 曲线:ROC 是受试者操作特征(receiver operator characteristic)的简称。在二分类问题中,也常用该曲线进行模型比较,曲线的横坐标是召回率,纵坐标是假正例率(false positive rate,FPR)。FPR 为

$$\text{FPR}=\frac{\text{TP}}{\text{TN}+\text{FP}}$$

对于有限个测试样本,其绘制 ROC 曲线与绘制 PR 曲线类似。当一个分类器的 ROC 曲线被另一个分类器的 ROC 曲线包住时,就表明后者的性能要好于前者。若两个分类器的 ROC 曲线发生交叉,则很难比较两个分类器的好坏。也可以通过 ROC 曲线下面积(area under the curve,AUC)来判断分类器的好坏。假设 ROC 曲线是由下面 n 对坐标绘制而成,即

$$(\boldsymbol{x}_1,y_1),(\boldsymbol{x}_2,y_2),\cdots,(\boldsymbol{x}_n,y_n)$$

则估算 AUC 的公式为

$$\text{AUC}=\frac{1}{2}\sum_{i=1}^{m-1}(\boldsymbol{x}_{i+1}-\boldsymbol{x}_i)(y_i+y_{i+1})$$

(6) 正确率(accuracy):被模型预测正确的样本(包括真正例和真反例)数占整个样本的比例,具体计算公式为

$$ACC=\frac{TP+TN}{TP+TN+FN+FP}$$

(7) 错误率(error rate)：被模型预测错误的样本(包括伪正例和伪反例)数占整个样本的比例，具体计算公式为

$$ERR=\frac{FP+FN}{TP+TN+FN+FP}$$

对于多分类模型(多分类器)，正确率和错误率可以作为其评价指标。而其他的指标通常不会作为评价多分类模型的指标。

3.3　感知机原理

1943 年，心理学家 Warren McCulloch 和数理逻辑学家 Walter Pitts 提出人工神经网络的基本概念以及人工神经元的数学模型，从而开创了人工神经网络研究的时代。1949 年，心理学家 Donald Hebb 在论文中提出了神经心理学理论，Hebb 认为神经网络的学习过程最终是发生在神经元之间的突触部位，突触(synapse)的连接强度随着突触前后神经元的活动而变化，变化量与两个神经元的活性之和成正比。

心理学家 Frank Rosenblatt 受到 Hebb 思想的启发，在 *New York Times* 上发表名为 *Electronic 'Brain' Teaches Itself* 的文章，首次提出了可以模拟人类感知能力的机器，并称其为感知机，并于 1958 年提出了感知机模型，该模型是当时人工智能项目的一部分，该项目主要研究分类问题。Frank Rosenblatt 研究的内容在 20 世纪 50 年代被称为神经动力学，并在 1961 年被公布。当时正是第一波人工智能的高潮，人们对人工智能充满了热情，甚至可以用狂热来形容，感知机的出现，刺激了人们对人工智能的期待。最初的感知机是在硬件中实现的，采用 400 个光电传感器来构造一个光栅图像，其中每个光电传感器连接到一个电位器，通过调整权重因子进行控制，从而实现原始单层神经模型。这种模型没有层次特征，没有固定大小的局部感受野(local receptive field)，因为所有 400 个光电传感器就代表感受野。感知机不只是进行前馈(feed-forward)调整，还可以通过横向和反向的一些反馈来强化正和负。感知机安装在一个机柜中，有一个电缆板，用于手动将光电传感器连接到具有权重的电位器上，从而形成感受野。为了调整权重，可在软件的控制下连接到每个电位器的电动机上，或通过旋转按钮进行调节。

在神经网络中有一个重要概念：局部感受野。它在深度神经网络中也非常重要。局部感受野的概念受神经生物学的启发。在神经生物学观察到神经元处理的局部区域之间存在局部竞争，有人推测神经元触发的激活函数与一些线性函数相似，如空间相邻像素之间的局部直方图均衡。因此人们实现这种激活函数是为了在人工神经网络模型中模仿这种竞争。此外，可通过在输入上重叠的局部感受野(或对输出池化)模拟这种竞争。可将输入数据建模成视觉感受野的形式。其中，注意区域能按方向跨图像移动，例如，扫描图像，直接注意某个位置，或通过扫视运动来抖动以获得更好的分辨率。

卷积神经网络实现的局部感受野基于神经学的概念。在二维图像上使用 $n\times m$ 个滑动窗口模拟人类视觉系统中的局部感受野。虽然卷积神经网络可以使用平铺(非重叠的)窗口，但也可以使用重叠窗口，这种情形下卷积窗的步长可为 1(或更大)。局部感受野通常按

独立、无序(即与其他窗口或特征无关)方式进行处理和存储,并在空间上没有关系。卷积神经网络简单地学习和记录特征,并且分类器会根据特征强度进行判别。

感知机是大多数前馈神经网络的基础,对神经网络的发展起着关键性作用。单层感知机在线性可分数据集上才有较好的表现,正是如此,使得当年许多研究人员放弃多年的人工神经网络研究,从而使当时的人工智能热潮退去。后来人们发现多层感知机(multi layer perceptron,MLP)模型能克服单层感知机的许多限制,并且在 20 世纪 80 年代使用反向传播方法进行改进。感知机模型共包含 3 个部分:结构、数学表示、算法。

3.3.1 感知机的结构

感知机结构有 3 层:激励单元(*S* 单元),相关单元(*A* 单元)和响应单元(*R* 单元)。整个结构如图 3.2 所示。

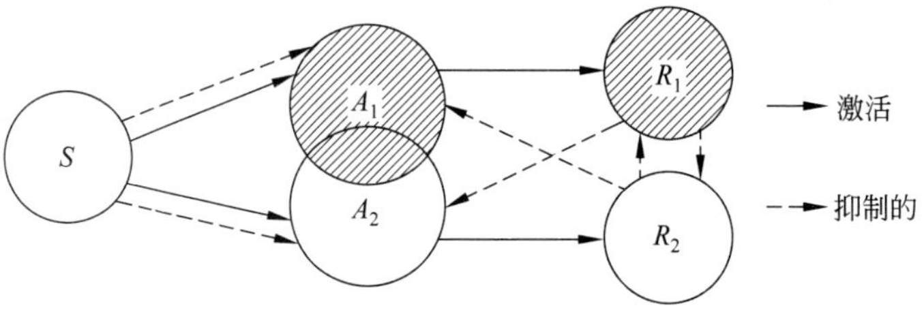

图 3.2 感知机模型的结构

S 单元是输入信号,如呈现给视网膜的图像,输入信号的密度或数量会随着离中心点越远而呈指数下降,这样做是依据径向递减视网膜神经分布的生物学原理。一些著名的计算机视觉的特征描述符(feature descriptor)也是基于这种分布模型,如 FREAK。*S* 单元相当于感受野。

A 单元是相关单元,这是受相关联细胞理论的启发。*A* 单元连接前面的感受野 *S*。这种相关联的单元被称为投影区域。

R 单元能从一组具有半随机的 *A* 单元中接收输入。二值输出是最好的输出形式,这也是受神经生物学的启发。将几个 *R* 单元组合在一起进行目标识别,其效果要比数量较少的 *R* 单元好。但触发事件的二元性质意味着感知机可以很好地建模 AND 函数,而不是 XOR 函数,这让分类能力受到严重限制。

3.3.2 感知机模型的数学表示

假设训练样本集 $\mathbf{X}\subseteq\mathbf{R}^n$,输出空间是 $y=\{1,-1\}$。输入 $\boldsymbol{x}$ 表示一个训练样本,$\boldsymbol{x}$ 的类标记 y。感知机模型可由下面函数来表示,即

$$f(\boldsymbol{x})=\mathrm{sign}(\boldsymbol{w}^{\mathrm{T}}\boldsymbol{x}+b) \tag{3.1}$$

式中,$\boldsymbol{w}$ 和 b 为感知机模型参数,$\boldsymbol{w}\in\mathbf{R}^n$ 为权重向量,$b\in\mathbf{R}$ 为偏置(bais),$\boldsymbol{w}^{\mathrm{T}}\boldsymbol{x}$ 为 $\boldsymbol{w}$ 和 $\boldsymbol{x}$ 的内积;sign(x)是符号函数,即

$$\mathrm{sign}(x)=\begin{cases}1, & x\geqslant 0\\ -1, & x<0\end{cases} \tag{3.2}$$

感知机模型是由参数 $\boldsymbol{w}$ 和 b 决定的。求解感知机模型，就是为了得到模型的参数 $\boldsymbol{w}$ 和 b。感知机模型的数学表示如图 3.3 所示。

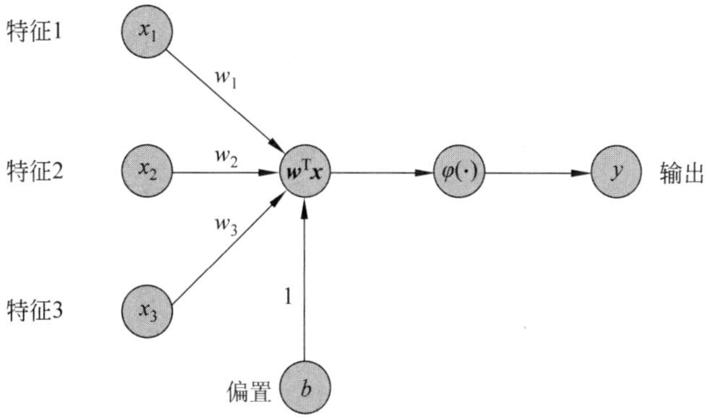

图 3.3　感知机模型的数学表示

从图 3.3 可以看出，整个感知机就是只有一个神经元的简单神经网络。其中，$\varphi(\cdot)$表示激活函数(active function)，对于感知机而言，$\varphi(x)=\mathrm{sign}(x)$；$\boldsymbol{w}^{\mathrm{T}}\boldsymbol{x}$ 表示一个神经元。激活函数是神经网络中最重要的组件之一，在深度学习中经常被使用。

激活函数可以是线性的，如简单的 sign(·)或 ramp 函数；也可以是非线性的，如 sigmoid 函数。在卷积神经网络中，卷积结果会传递给激活函数来执行非线性阈值化。非线性的目标是将纯线性卷积运算转换到非线性解空间中，这样做可以提升性能。此外，非线性可能会让基于反向传播的训练收敛得更快，即能加快从平坦地方移向局部最小值。

人们在研究中还发现非线性有助于解决数据饱和问题，在图像处理中，由于光照不良或非常强的光照引起的数值溢出。例如，如果相关输出是 0～255 中的 255，则精心设计的非线性函数将在某些范围内重新分配极限值 255，以克服饱和限制。激活函数产生的非线性值会受输入数据所使用的数值调节函数(如归一化或白化，也称为局部响应归一化(LRN))的影响。一些研究人员认为局部响应规一化并不会增加计算的时间。有些研究人员认为激活函数的基本目标是分解(break apart)数据，并以非线性方式变换到其他空间，以便每个空间可以提供更好的方式来表示和匹配特征。

综上所述，可将激活函数(或转移函数)的作用归纳如下。

(1) 将非线性引入神经函数。

(2) 防止值饱和。

(3) 确保神经网络的目标函数是可微分的，以支持基于梯度下降的反向传播方法。

(4) 非线性激活函数将纯线性卷积运算变换到非线性解空间，这样可以提高性能。

(5) 非线性可在反向传播训练期间带来更快的收敛，即它能通过梯度更快地移向局部最小值。

下面介绍一些常见的激活函数。

(1) sigmoid 函数。

在第 4 章介绍 logistic 回归时，还会介绍 sigmoid 函数。该函数的定义为

$$\sigma(x)=\frac{1}{1+e^{-x}}$$

其导数为

$$\sigma'(x)=(1-\sigma(x))\sigma(x)$$

(2) tanh 函数。

tanh 函数又称为双曲正切函数,其定义为

$$\tanh(x)=\frac{\sinh(x)}{\cosh(x)}=\frac{\exp(x)-\exp(-x)}{\exp(x)+\exp(-x)}$$

该函数的导数为

$$[\tanh(x)]'=1-[\tanh(x)]^2=(1+\tanh(x))(1-\tanh(x))$$

sigmoid 函数和 tanh 函数如图 3.4 所示。

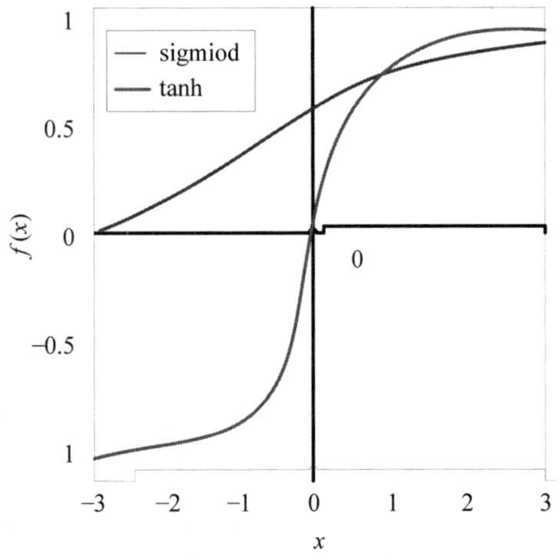

图 3.4 sigmoid 函数和 tanh 函数

sigmoid 函数和 tanh 函数都是非线性函数,对中间区域的信号增益较大(**兴奋区小**),对两侧更大的区域的信号增益较小(**双侧抑制**)。

(3) softplus 函数。

Dugas 等将 softplus 函数作为神经元的激活函数,该函数与神经科学领域提出的脑神经元激活频率函数很相似。softplus 函数的定义为

$$\text{softplus}(x)=\log(1+e^x)$$

若直接使用指数函数作为激活函数,会导致后面的神经网络层的梯度太大,难以训练,所以通过 log 函数来减缓上升趋势,加 1 是为了保证非负性。

softplus 函数的导数就是 sigmoid 函数,即

$$[\text{softplus}(x)]'=\sigma(x)=\frac{1}{1+e^{-x}}$$

(4) ReLU 激活函数。

最近,Nair 等提出一种称为修正线性单元(rectified linear unit,ReLU)的激活函数,其定义为

$$\text{ReLU}(x)=\max(0,N(0,\sigma))$$

式中,$N(0,\sigma)$是均值为 0、方差为 σ 的正态分布。

另外,在卷积神经网络中,还有一个称为修正非线性函数(也称为强制非负矫正激活函

数),它可看成是修正线性单元的一个扩展,其定义为

$$\mathrm{ReLU}(x)=\max(0,x)$$

softplus 函数可以看作是这个函数的平滑近似版本。

修正非线性函数的导数为

$$[\mathrm{ReLU}(x)]'=\begin{cases}0, & x<0\\ 1, & x>0\end{cases}$$

这 4 个激活函数的相同之处：单侧抑制、相对宽阔的兴奋边界、稀疏激活性。

3.3.3 感知机算法

在感知机模型中,$\boldsymbol{w}$ 和 b 是未知的参数,这组参数可由训练数据集得到。在训练好模型后,可用感知机模型进行预测,也就是通过学习得到的感知机模型,可以对新的输入实例给出其对应的类别。

假设训练数据集 $\boldsymbol{X}=\{(\boldsymbol{x}_1,y_1),(\boldsymbol{x}_2,y_2),\cdots,(\boldsymbol{x}_n,y_n)\}$ 其中,$\boldsymbol{x}_i\in\mathbf{R}^p$,$y_i\in\{1,-1\}$,$i=1,2,\cdots,n$。对于训练数据集 $\boldsymbol{X}$,若存在一个超平面 W:$\boldsymbol{w}^{\mathrm{T}}\boldsymbol{x}+b=0$ 将类标记为 1 和 −1 的训练数据集样本分开,则称该训练数据集为线性可分数据集(见图 3.5),否则称为线性不可分数据集(见图 3.6)。

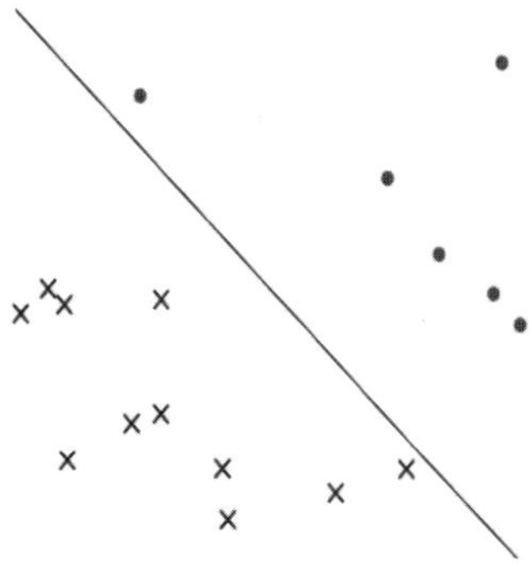

图 3.5 线性可分数据集

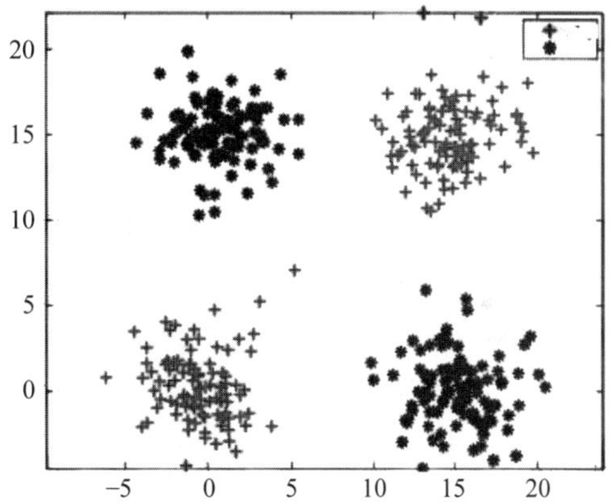

图 3.6 线性不可分数据集

下面介绍如何得到感知机模型中的参数 $\boldsymbol{w}$ 和 b,即确定超平面 W。假定训练数据集 $\boldsymbol{X}$ 都是可分的。

找到能将类标记为 1 和 −1 的样本点完全正确分开的分离超平面,就是要找到一个平面 W,使误分类的样本的数量要尽量少,因此可以建立如下的目标函数

$$\min_{\boldsymbol{w},b}-\sum_{\boldsymbol{x}_i\in S}y_i(\boldsymbol{w}^{\mathrm{T}}\boldsymbol{x}_i+b) \tag{3.3}$$

式中,S 为误分类点的集合。

下面介绍如何求解式(3.3)。

最初,无法确定超平面,也就不知道哪些样本被误分类。为了解决这个问题,可以随机选取一个超平面 W_0(其参数为 $\boldsymbol{w}_0$,b_0)对训练数据集中的样本进行分类,从而得到误分类的样本集 S_0。然后通过迭代方式用梯度下降法求下面这个目标函数的最优解。

$$\min_{w,b} L(\boldsymbol{w},b) = -\sum_{\boldsymbol{x}_i \in S_0} y_i(\boldsymbol{w}^{\mathrm{T}}\boldsymbol{x}_i + b)$$

该目标函数的梯度为

$$\nabla_w L(\boldsymbol{w},b) = -\sum_{\boldsymbol{x}_i \in S_0} y_i \boldsymbol{x}_i$$

$$\nabla_b L(\boldsymbol{w},b) = -\sum_{\boldsymbol{x}_i \in S_0} y_i$$

但在实际的迭代过程中,不会选择所有误分类样本来得到梯度,而是一次随机选取一个误分类样本$(\boldsymbol{x}_i, y_i)$,即

$$\boldsymbol{w} \leftarrow \boldsymbol{w} + \eta y_i \boldsymbol{x}_i \tag{3.4}$$

$$b \leftarrow b + \eta y_i \tag{3.5}$$

式(3.4)和式(3.5)中,$\eta>0$为步长。这种随机选择样本来计算梯度的方法称为随机梯度法。在训练深度神经网络模型时,采用得最多的方法就是随机梯度法。随机梯度法有很多种,如随机梯度下降法、Adam等。这些方法对训练深度学习模型起着至关重要的作用。

在式(3.4)和式(3.5)中$\eta(0<\eta\leqslant 1)$是梯度下降中的步长,也称为学习率。在这次迭代中会得到新的$\boldsymbol{w}$、b,然后用它们构成超平面,并得到新的误分类样本集S_1,然后重复上面的步骤。后面证明每次迭代会让损失函数减小,直到为0。

综上所述,可得到如算法3.1的感知机算法的实现。

算法3.1 感知机算法的实现

输入:训练数据集$\boldsymbol{X}=\{(\boldsymbol{x}_1,y_1),(\boldsymbol{x}_2,y_2),\cdots,(\boldsymbol{x}_n,y_n)\}$,其中,$\boldsymbol{x}_i\in\mathbf{R}^p$,$y_i\in\{+1,-1\}$,$i=1,2,\cdots,n$;学习率$\eta(0<\eta\leqslant 1)$。

输出:感知机模型$f(x)=\mathrm{sign}(\boldsymbol{w}^{\mathrm{T}}\boldsymbol{x}+b)$中的$\boldsymbol{w}$、$b$。

步骤:

(1) 选取初值w_0、b_0。

(2) $t=0$。

(3) 由$\boldsymbol{w}_t$、b_t确定的超平面得到误分类的集合S_t,从S_t中选择一个样本对$(\boldsymbol{x}_i,y_i)$按下面的公式更新$\boldsymbol{w}_t$、b_t,即

$$\boldsymbol{w}_{t+1} \leftarrow \boldsymbol{w}_t + \eta y_i \boldsymbol{x}_i$$

$$b_{t+1} \leftarrow b_t + \eta y_i$$

(4) $t=t+1$。

(5) 如查训练数据集中没有误分类样本,则算法停止,否则转至步骤(3)。

这种学习算法有如下直观的解释:对于某个被误分类的样本,可通过调整$\boldsymbol{w}$、b的值,使新得到的超平面能对该样本正确分类。

结论:感知机学习算法在线性可分数据集上是收敛的,即在经过有限次迭代后,会找到一个超平面将训练数据集完全分开。

为了便于叙述和推导,将偏置b并入权重向量$\boldsymbol{w}$,记作$\hat{\boldsymbol{x}}=(\boldsymbol{x}^{\mathrm{T}},1)^{\mathrm{T}}$。这样,$\hat{\boldsymbol{x}}\in\mathbf{R}^{p+1}$,$\hat{\boldsymbol{w}}\in\mathbf{R}^{p+1}$。显然,$\hat{\boldsymbol{w}}^{\mathrm{T}}\hat{\boldsymbol{x}}=\boldsymbol{w}^{\mathrm{T}}x+b$。

由于训练数据集是线性可分的，即存在超平面可将训练数据集完全正确分开，取此超平面为$\hat{\boldsymbol{w}}_{\text{opt}}^{\text{T}}\hat{\boldsymbol{x}}=\boldsymbol{w}_{\text{opt}}^{\text{T}}\boldsymbol{x}+b_{\text{opt}}=0$，使$\|\hat{\boldsymbol{w}}_{\text{opt}}\|=1$，对于任意的样本 $\boldsymbol{x}_i, i=1,2,\cdots,n$，均有

$$y_i(\hat{\boldsymbol{w}}_{\text{opt}}^{\text{T}}\hat{\boldsymbol{x}})=y_i(\boldsymbol{w}_{\text{opt}}^{\text{T}}\boldsymbol{x}_i+b_{\text{opt}})>0$$

所以存在

$$\gamma=\min_i\{y_i(\hat{\boldsymbol{w}}_{\text{opt}}^{\text{T}}\boldsymbol{x}_i+b_{\text{opt}})\}$$

使

$$y_i(\hat{\boldsymbol{w}}_{\text{opt}}^{\text{T}}\hat{\boldsymbol{x}}_i)=y_i(\boldsymbol{w}_{\text{opt}}^{\text{T}}\boldsymbol{x}_i+b_{\text{opt}})\geqslant\gamma \tag{3.6}$$

令$\hat{\boldsymbol{w}}_{k-1}$是第 $k-1$ 次迭代后得到的权重向量，即

$$\hat{\boldsymbol{w}}_{k-1}=(\boldsymbol{w}_{k-1}^{\text{T}},b_{k-1})^{\text{T}}$$

对于一个误分类样本 $\boldsymbol{x}_i$，则有下面不等式成立：

$$y_i(\hat{\boldsymbol{w}}_{k-1}^{\text{T}}\hat{\boldsymbol{x}}_i)=y_i(\boldsymbol{w}_{k-1}^{\text{T}}\boldsymbol{x}_i+b_{k-1})\leqslant 0 \tag{3.7}$$

若$(\boldsymbol{x}_i,y_i)$是被$\hat{\boldsymbol{w}}_{k-1}=(\boldsymbol{w}_{k-1}^{\text{T}},b_{k-1})^{\text{T}}$误分类的数据，并用这个样本来更新 $\boldsymbol{w}$ 和 b，则有

$$\boldsymbol{w}_k\leftarrow\boldsymbol{w}_{k-1}+\eta y_i\boldsymbol{x}_i$$

$$b_k\leftarrow b_{k-1}+\eta y_i$$

即

$$\hat{\boldsymbol{w}}_k=\hat{\boldsymbol{w}}_{k-1}+\eta y_i\hat{\boldsymbol{x}}_i \tag{3.8}$$

由式(3.6)及式(3.8)得

$$\hat{\boldsymbol{w}}_k^{\text{T}}\hat{\boldsymbol{w}}_{\text{opt}}=\hat{\boldsymbol{w}}_{k-1}^{\text{T}}\hat{\boldsymbol{w}}_{\text{opt}}+\eta y_i\hat{\boldsymbol{w}}_{\text{opt}}^{\text{T}}\hat{\boldsymbol{x}}_i\geqslant\hat{\boldsymbol{w}}_{k-1}^{\text{T}}\hat{\boldsymbol{w}}_{\text{opt}}+\eta\gamma \tag{3.9}$$

由此递推即得

$$\hat{\boldsymbol{w}}_k^{\text{T}}\hat{\boldsymbol{w}}_{\text{opt}}\geqslant\hat{\boldsymbol{w}}_{k-1}^{\text{T}}\hat{\boldsymbol{w}}_{\text{opt}}+\eta\gamma\geqslant\hat{\boldsymbol{w}}_{k-2}^{\text{T}}\hat{\boldsymbol{w}}_{\text{opt}}+2\eta\gamma\geqslant\cdots\geqslant k\eta\gamma \tag{3.10}$$

由式(3.7)及式(3.8)得

$$\begin{aligned}\|\hat{\boldsymbol{w}}_k\|^2&=\|\hat{\boldsymbol{w}}_{k-1}\|^2+2\eta y_i\hat{\boldsymbol{w}}_{k-1}^{\text{T}}\hat{\boldsymbol{x}}_i+\eta^2\|\hat{\boldsymbol{x}}_i\|^2\\&\leqslant\|\hat{\boldsymbol{w}}_{k-1}\|^2+\eta^2\|\hat{x}_i\|^2\\&\leqslant\|\hat{\boldsymbol{w}}_{k-1}\|^2+\eta^2R^2\\&\leqslant\|\hat{\boldsymbol{w}}_{k-2}\|^2+2\eta^2R^2\leqslant\cdots\\&\leqslant k\eta^2R^2\end{aligned} \tag{3.11}$$

式中，$\|\cdot\|^2$ 为向量的 2 范数的平方，$R=\max\|\boldsymbol{x}_i\|$，其中 $i=1,2,\cdots,n$。结合式(3.10)及式(3.11)可得

$$k\eta\gamma\leqslant\hat{\boldsymbol{w}}_k^{\text{T}}\hat{\boldsymbol{w}}_{\text{opt}}\leqslant\|\hat{\boldsymbol{w}}_k\|\|\hat{\boldsymbol{w}}_{\text{opt}}\|\leqslant\sqrt{k}\,\eta R$$

$$k^2\gamma^2\leqslant kR^2$$

于是

$$k\leqslant\left(\frac{R}{\gamma}\right)^2$$

以上推导表明：迭代次数 k 是有上界的，即经过有限次迭代后就可以找到将训练数据集完全正确分开的超平面。这也说明感知机的迭代求解过程是收敛的。

3.4 多层感知机

感知机仅对线性可分的数据进行正确的分类,但它对线性不可分问题就显得无能为力了。1969 年,Marvin Minsky 和 Seymour Papery 仔细分析了单层感知机在计算能力上的局限性,证明感知机不能解决异或(XOR)等线性不可分问题,但 Frank Rosenblatt 和 Marvin Minsky 及 Seymour Papery 等人在当时已经意识到多层神经网络可能会解决线性不可分的问题。他们设想在单层感知机的输入层和输出层之间加入隐藏层,从而形成多层感知机来解决该问题。

进一步研究表明,随着隐藏层的层数增多,这种网络结构可以解决任何复杂的分类问题。表面上看多层感知机是非常理想的分类器,但是训练这样的网络在当时却是一件非常困难的事情。Marvin Minsky 和 Seymour Papery 的进一步研究表明将感知机模型扩展到多层网络的物理意义不明确。他们的这一结论使当时的神经网络的研究走向低潮。一时间人们仿佛感觉以感知机为基础的人工神经网络的研究突然走到尽头。于是,很多专家纷纷放弃了这方面课题的研究。但仍有一些研究人员没有放弃,坚持在这方面继续研究。在这个过程当中,有两个比较有影响力的模型:认知机(cognitron)和神经认知机(neocognitron)。这两个模型可以看成是卷积神经网络的先驱,也是当前大多数深度神经网络的基础。

3.4.1 认知机

认知机是 Fukushima 在 1975 年提出的,这是第一个真正意义上的多层感知机。Fukushima 在基本的感知机模型上加入了深层结构。如果从实际的效果来看,认知机还是很原始,它不支持低级特征的许多不变性,如低级特征中较小感受野的平移不变性或尺度不变性,但是对于较高级的特征,能得到更多的不变性,其原因在于当进行卷积次采样时,较高级的特征会覆盖较大的感受野。认知机受神经生物学的启发,Fukushima 给出了几个关于神经生物学的有趣结果,如分层的 Hubel 和 Wiesel 模型不适用于所有类型的视觉推理,但可表示神经系统中主要的视觉通路。Fukushima 还注意到,Hubel 和 Wiesel 模型没有在复杂或超复杂的细胞上指定更高级细胞,但是更高级的细胞(称为祖母细胞)是存在的,它对具有各种不变性(例如,尺度不变性和形变不变性)的较大特征有很好的响应。认知机是 Fukushima 提出的第一代模型,几年后,人们在其上增加平移不变性等功能,这种模型称为神经感知机。

认知机的学习规则体现了动态平衡的概念(该概念由 Fukushima 提出),即增加最强特征匹配的权重使匹配变得更强,为了进行抑制,需减少其他权重,从而平衡兴奋性和抑制性之间的权重。但认知机设置很难平衡兴奋性和抑制性因子。兴奋性和抑制性权重的调整规则会让兴奋性权重不断增长而且不受控制,因此 Fukushima 引入权重限制器函数。如果权重被正确设置,重叠模式可能比感知机有更好的识别效果。此外,如果权重被正确设置,认知机也可能较好地区分二值模式和灰度模式。

3.4.2 神经认知机

神经认知机是 Fukishma 在 1980 年首次提出的，它是对认知机进行扩展。神经认知机对认知机的一个主要改进是让其具有平移不变性。在每层输出时，神经认知机能对次电路比较器输出的局部区域进行或(OR)操作，因此能在多个位置检测到相同的特征，仅受特征重叠范围限制。神经认知机是卷积神经网络的先驱。神经认知机具有自组织(self-organization)能力，这种能力现在称为无监督学习能力。学习方法能捕获每个特征的几何特性，并能通过具有平移不变性的几何相似性进行模式匹配。神经认知机是一种前馈神经网络，它的结构开始为输入层，后面两层与常规 Hubel 和 Wiesel 模型相似，然后是包含来自简单单元的复杂单元，这些复杂单元含有较高级的概念。每个输入(Fukishma 称为突触)是传入的(afferent)、可塑的并可通过权重来修改。训练之后，最后一层是一组通过训练得到的分类器，它仅响应高级概念(或特征)，这种特征具有形变不变性和平移不变性。

Fukishima 指出：兴奋性细胞和抑制性细胞之间的分裂具有侧向抑制(lateral inhibition)的形式，这是一种受神经生物学启发而得到的概念，因为抑制性权重因子将倾向于让特征模式在位置上移动，但从位置到位置仍能被识别，因为兴奋性权重将在各个位置产生强响应。神经认知机使用简单细胞(S 细胞)作为卷积特征，复杂细胞(C 细胞)会池化(pooling)成 S 细胞，V 细胞将汇总 C 细胞的活性，这会用来为 S 细胞卷积提供增益控制。

神经认知机不需要对输入归一化，但大多数的值都是 0～1(有时大于 1)浮动，神经元的输出(或 C 细胞)也未归一化。但在卷积神经网络中是比较注重数据归一化的，以使数据与在零均值归一化范围中操作的各种激活函数相对应。Fukishima 本来计划用更多的实验测试和完善神经认知机，但这需要有足够的计算能力才可能实现，因此在当时只能放弃。整个神经认知机是在早期的计算机上模拟的，这种计算机的内存通常会小于 64 000 字节。神经认知机架构的主要创新如下。

(1) 输入窗口的滤波器会使用 $n \times n$ 大小的核。

(2) 卷积层由层次集合上的滤波器(特征)组成。

(3) 为了进行并行卷积，在每层上进行权重复制和共享，减少参数数量。

(4) 由卷积层传递给次采样层，以得到平移不变性。次采样会使用局部空间特征，通过权重调整来进行学习。

LeCun 等研究人员在神经认知机的基础上提出了卷积神经网络。这就是为什么在卷积神经网络上能看到神经认知机的特性。

1982 年，美国加州理工学院的物理学家 JohnJ.Hopfield 博士提出的 Hopfield 网络重新激起了人们对神经网络的研究兴趣，重新点燃了人们对通过模仿脑信息处理构建智能计算机的希望。Hopfield 网络是最早实现内容可寻址记忆的神经网络，从现在的观点来看，它其实是一种循环神经网络(recurrent neural network，RNN)

1981 年，Werbos 提出了一种反向传播的方法，该方法使用特殊的梯度下降来调整神经网络的权重。人们也对具有非线性连续变换函数的多层感知机的反向传播(back propagation，BP)进行了详尽的分析，实现了 Minsky 当年关于多层感知机网络的设想。反向传播算法在 20 世纪 80 年代是神经网络的主流算法。人们将采用反向传播算法的神经网络称为反向传播神经网络，反向传播神经网络在当时非常流行，但它带来的一个问题：基于局部梯度下降对权值进行调整容易出现梯度弥散(gradient diffusion)现象,这种现象产生的根源在于非凸目标函数导致求解陷入局部最优。而且,随着网络层数的增多,这种情况会越来越严重。这一问题的产生制约了神经网络的发展。

直至2006年,加拿大多伦多大学Geoffrey Hinton教授对深度学习的提出以及模型训练方法的改进打破了反向传播神经网络发展的瓶颈。Geoffrey Hinton在世界顶级学术期刊*Science*上的一篇论文中提出了两个观点:一是多层人工神经网络模型有很强的特征学习能力,深度学习模型学习得到的特征数据对原始数据有更本质的代表性,这将便于分类和可视化问题;二是对于深度神经网络很难训练达到最优的问题,可以采用逐层训练方法解决。将上层训练好的结果作为下层训练过程中的初始化参数,并在深度模型的训练过程中采用无监督学习方式来逐层初始化深度神经网络。Geoffrey Hinton的新观点重新点燃了人工智能领域对于神经网络的热情,由此掀起了一波深度学习的狂潮。

可以将多层感知机模型看成是深度神经络的基础。图3.7中的多层感知机含有两个隐藏层。从中可以看出,多层感知机有3个输入样本,每个隐藏层有5个神经元,输入样本与第一个隐藏层之间是全连接(fully connection),两个隐藏层之间的神经元也是全连接,整个多层感知机最后只有一个输出。

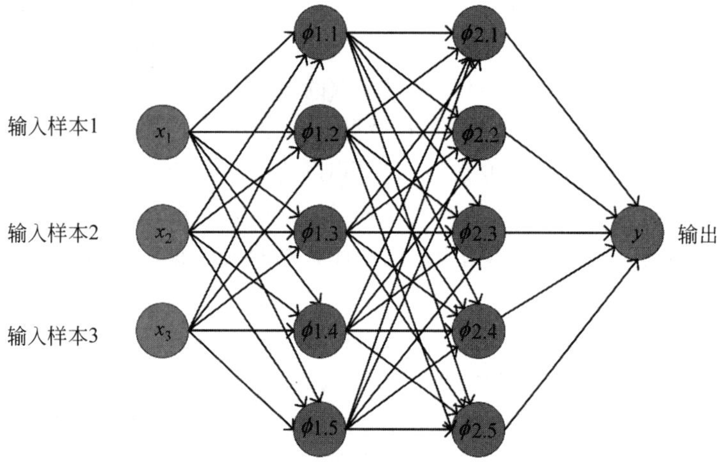

图3.7 多层感知机

3.5 实例应用

在sklearn的linear_model中提供了一个名为Perceptron的类。在实例化该类时,可以指定感知机迭代停止的条件。迭代停止的条件可以是迭代次数,即迭代几次之后就停止;也可以是收敛精度,即误差小于某个给定值之后就停止。如要在迭代100次之后停止,可以进行如下初始化:

```
perceptron=Perceptron(max_iter=100)
```

若要在误差精度小于0.001之后就停止迭代,则可设置如下:

```
perceptron=Perceptron(tol=1e-3)
```

在实例化类之后，可以调用 fit()方法训练模型，该函数采用随机梯度下降法训练模型，它至少需要两个参数：训练数据和样本的类标记。以上面实例化之后的变量 perceptron 为例，其调用 fit()方法如下：

```
perceptron.fit(X,y)
```

其中，X 是由样本构成的训练数据；y 为每个样本的类标记。

为了得到模型的精度，可以将测试数据传递给 score()方法。

3.5.1 感知机对线性可分数据集进行分类

对于一个数据集，要知道它是否为可分数据集是一件很困难的事情。为了能直观地观察到感知机的分类结果，可以构造一些可分数据集。例如，下面的数据集就是可分的。

```
samples=np.array([[3, -2], [4, -3], [0, 1], [2, -1], [2, 1], [1, 2]])
labels=np.array([-1, -1, 1, -1, 1, 1])
```

感知机对线性可分数据集的分类结果如图 3.8 所示。

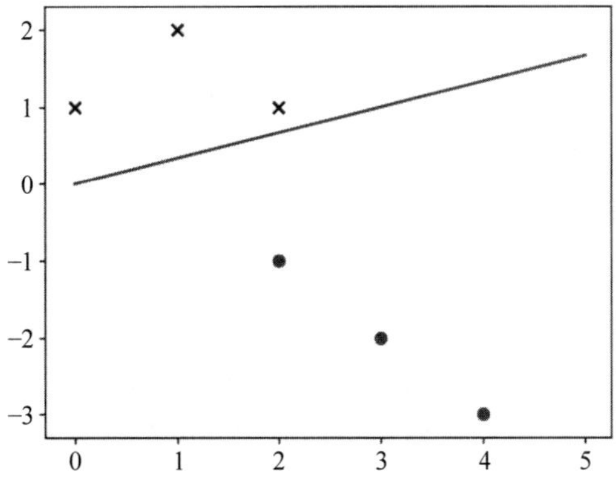

图 3.8 感知机对线性可分数据集的分类结果

3.5.2 感知机对线性不可分数据集进行分类

绝大多数数据集都是线性不可分的。为了简单起见，这里用 sklearn 自带的 make_classification()函数来随机生成二分类样本，再使用 sklearn 中的感知机模型进行训练，通过感知机类的 score()方法可以显示出分类的正确率。make_classification()函数的用法与第 2 章介绍过的 make_regression()函数的用法类似，因此这里不再对其进行介绍。图 3.9 为感知机对线性不可分数据集的分类结果。

注意：由于数据集是随机生成的，因此每次得到的结果都可能会不同。

3.5.3 用多层感知机进行图像分类

用多层感知机进行图像分类，采用的数据集为 mnist，该数据集来自美国国家标准与技术研究院(National Institute of Standards and Technology，NIST)。整个数据集由 250 个人的手写数字图像(每幅图像的大小为 28×28 像素)所构成，其中 50%是高中学生，50%是

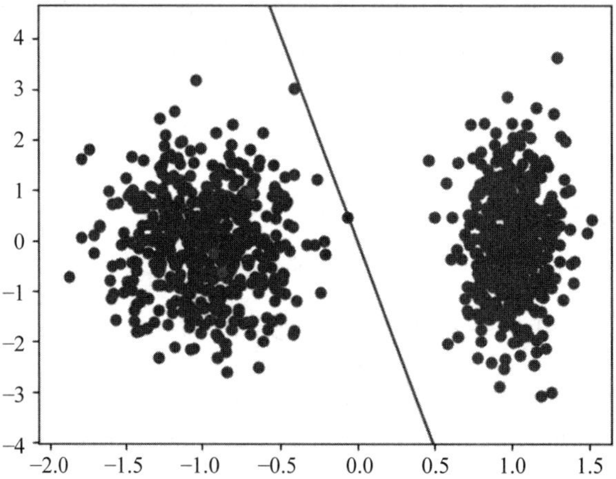

图 3.9 感知机对线性不可分数据集的分类结果

来自人口普查局(Census Bureau)的工作人员，总共有 70 000 个样本，通常会随机地将 60 000个样本划分为训练数据集，将 10 000 个样本划分为测试数据集。在训练数据集和测试数据集中，每个样本都占一行。该数据集有 10 个类别，相应的类标记为 0～9。

由于 mnist 数据集比较大，因此没有集成在 sklearn 中，但可以通过 sklearn 提供的 fetch_openml 包来下载该数据集。具体下载方法如下：

```
from sklearn.datasets import fetch_openml
X,y=fetch_openml('mnist_784',version=1,return_X_y=True)
```

返回的 $\boldsymbol{X}$ 是一个 70 000×784 的数组，每行为一个样本，类标记 $\boldsymbol{y}$ 是一个 70 000×1 的列向量。第一次下载这些数据会因网速不同所花的时间也会不同。

可调用 train_test_split()函数将数据集划分为训练数据集和测试数据集。例如：

```
trainX,testX,trainY,testY=train_test_split(X,y,train_size=60000)
```

然后可以调用 neural_network 包中的 MLPClassifier 类构建多层感知机。

对 MLPClassifier 类进行实例化时会涉及比较多的参数。其中最重要的几个参数分别如下。

(1) hidden_layer_sizes：元组(tuple)类型。第 i 个元素的值表示第 i 个隐藏层的神经元个数。如 hidden_layer_sizes=(30,20)表示第 1 个隐藏层有 30 个神经元，第 2 个隐藏层有 20 个神经元。该参数的默认值为(100)，这表示只有一个隐藏层，其神经元的个数为 100。

(2) activation：指定激活函数。该参数的取值分别为'identity'、'logistic'、'tanh'、'relu'，这些值对应的激活函数分别为 identity 函数(形式为 f(x)=x，其实相当于没有激活函数)、logistic 函数、tanh 函数和 ReLU 函数。该参数的默认值为 relu，即默认情况下选择的是 ReLU 函数。

(3) max_iter：最大迭代次数。通常迭代次数越大，模型的分类精度就越好，但所花的时间也会越多。该参数的默认值为 200。

(4) solver：在迭代过程中采用的优化方法。该参数的取值分别为'lbfgs'、'sgd'、'adam',

这些参数值分别对应的优化方法为拟牛顿法、随机梯度下降法和 Adam 方法。这几种方法都是求解无约束优化问题的经典方法，后面两种算法属于随机梯度算法，它们在深度学习中也被大量使用。

下面给出实例化 MLPClassifier 和进行训练的例子：

```
#实例化 MLPClassifier
mlp=MLPClassifier(hidden_layer_sizes=(100, 100), max_iter=400, solver='sgd')
#训练模型
mlp.fit(trainX, trainY)
```

在训练过程中，系统会给出迭代次数和损失函数值。其结果如下：

```
Iteration 1,loss=2.60149505
Iteration 2,loss=1.84237602
Iteration 3,loss=1.76594906
…
Iteration 238,loss=0.19614038
```

从上面的结果可以看出，随着迭代次数的增加，损失函数的值在不断减少。整个例子的具体实现可以参照附录 D。

3.6 总结

分类问题是机器学习领域的重要研究内容。通常的分类问题分为二分类问题和多分类问题，它们有非常广泛的应用。有多种指标可以用来评价二分类模型，如精确率、召回率、F_1 值、PR 曲线等。本章介绍了最简单的分类器——感知机。感知机有很悠久的历史，随着最初人工智能大潮的兴起，它得到了很好的发展，但随着对感知机的深入研究，人们发现它的分类能力受限，但感知机仍是一种重要的分类模型。本章重点介绍了感知机模型的基本原理，以及求解感知机的方法。在这里需要注意的是，求解感知机所采用的方法是随机梯度下降法，这种方法在深度神经网络(深度学习)中大量使用。若能理解感知机中梯度下降法的基本思想，对进一步学习深度神经网络有很大的帮助。本章还介绍了多层感知机模型，很多深度神经网络都是以多层感知机为基础来构建的。最后，本章通过具体的应用，介绍了多层感知机的使用方法，这为进一步学习深度神经网络打下了坚实的基础。

3.7 习题

(1) 在 iris 数据集上，编程绘制 PR 曲线。

(2) 编程实现 ROC 曲线的计算方法。

(3) 简述精确率、召回率、F_1 值的定义。

(4) 举例说明感知机不能表示异或。

(5) 自己构建一个可分数据集，用感知机在该数据集上实现分类，绘制感知机每次迭代时的超平面。

(6) 在 sklearn 的 dataset 包中,可以用 load_digit()函数加载一个训练数据集。用该数据集训练具有两个隐藏层的多层感知机,并通过测试数据集验证所训练模型的分类精度。

(7) 用 mnist 数据集训练具有两个隐藏层的多层感知机,可视化这两个隐藏层的权重。

参考文献

[1] McCulloch W S,Pitts W. A logical calculus of the ideas immanent in nervous activity[J]. Bulletin of Mathematical Biophysics,1943,5(4): 115-133.

[2] Hebb D O. The organization ofbehavior[M]. New York,USA: Wiley,1949.

[3] Mohamed A,Dahl G E,Hinton G. Deep belief networks for phone recognition[C]. Nips Workshop on Deep Learning for Speech Recognition and Related Applications,2009,1(9): 39.

[4] Rosenblatt F. The perceptron: a probabilistic model for information storage and organization in the brain[J]. Psychological Review,1958,65(6): 386.

[5] Orbach J. Principles of neurodynamics: Perceptrons and the theory of brain mechanisms[J]. Archives of General Psychiatry,1962,7(3): 218-219.

[6] Minsky M L,Papert S A. Perceptrons[M]. Cambridge,MA: The MIT Press,1969.

[7] Rumelhart D E,Hinton G E,Williams R J. Learning representations by back-propagating errors[J]. Nature,1988,323: 533-536.

[8] Hinton G E, Osindero S, Teh Y W. A fast learning algorithm for deep belief nets[J]. Neural Computation,2006,18(7): 1527-1554.

[9] 李航. 统计学习方法[M]. 北京: 清华大学出版社,2012.

[10] Nair V,Hinton G E. Rectified linear units improve restricted Boltzmann machines Vinod Nair[C]. Haifa,Israel: Proceedings of the 27th International Conference on Machine Learning (ICML-10), 2010.

[11] Fukushima K. Cognitron: a self-organizing multilayered neural network[J]. Biological Cybernetics, 1975,20(3-4): 121-136.

第 4 章

logistic 回归

本章重点

- 理解线性回归与 logistic 回归的关系。
- 理解建立 logistic 回归模型的方法。
- 理解最大熵原理与 logistic 回归的关系。
- 理解贝叶斯原理与 logistic 回归的关系。
- 理解建立 softmax 回归模型的方法。

微课视频

logistic 回归是一种常见的二分类模型,它在社会学、生物统计学、临床、数量心理学、计量经济学、市场营销等领域有着广泛的应用。例如,在研究疾病的发病原因时,需要根据症状预测某种疾病是否发生(见表 4.1),或者根据存在的条件来推测某些结果是否会发生。

表 4.1　根据疾病症状预测疾病是否发生

疾病症状($\boldsymbol{X}$)	疾病是否发生($\boldsymbol{y}$)	
	发生	不发生
$x_1, x_2, \cdots, x_m$	$y=1$	$y=0$

具体而言,可以通过高血压史、高血脂史、吸烟史预测是否患有冠心病,如表 4.2 所示。

表 4.2　通过高血压史、高血脂史、吸烟史预测是否患有冠心病

因　素			是否患有冠心病
高血压史(x_1)	高血脂史(x_2)	吸烟史(x_m)	有或无
有或无	有或无	有或无	

logistic 回归能够预测每种情况发生的概率。

4.1　线性回归与 logistic 回归的关系

线性回归是比较简单的机器学习模型,由它可以演变出很多其他的机器学习模型。建立线性回归是让模型的预测值逼近真的输出值,但也可以让预测值逼近真实值的对数,这样建立的回归模型称为对数线性回归(log-linear regression),其目标函数为

$$\ln y = \boldsymbol{w}^{\mathrm{T}} \boldsymbol{x} + b + \varepsilon$$

式中,ε 是误差项。也就是说,该模型试图用 $\mathrm{e}^{\boldsymbol{w}^{\mathrm{T}} \boldsymbol{x} + b}$ 去逼近真实的输出值 y。这种模型是在

样本与输出结果之间建立了非线性的函数映射,但其本质与线性回归模型类似。其实在统计学里,对数线性回归属于广义线性模型(generalized linear model,GLM)。广义线性模型的范围很广,只要须满足下面的条件,即

$$y=g^{-1}(\boldsymbol{w}^{\mathrm{T}}\boldsymbol{x}+b) \tag{4.1}$$

式中,函数 $g(\cdot)$称为联系函数(link function),它必须是单调可微的函数。在对数线性回归中,$g(\boldsymbol{x})=\ln(\boldsymbol{x})$。

在分类问题中,输出的类标记是离散值,如二分类的类标记可以取$\{1,-1\}$,前面介绍的感知机模型是为了寻找一个超平面 $\boldsymbol{w}^{\mathrm{T}}\boldsymbol{x}+b=0$,将训练样本分开。假设通过训练确定了超平面的参数 $\boldsymbol{w}$、b,把一个样本 $\boldsymbol{x}_0$ 输入到模型中(即 $\boldsymbol{w}^{\mathrm{T}}\boldsymbol{x}_0+b$),得到一个实数,在感知机中,取返回值的符号作为分类标记。这种做法显得有些粗糙,因为有些样本离超平面近,有些样本离超平面远,通常离超平面越远,属于这一类的可能性越大(或者说被误分类的可能性越小)。为了更好地刻画分类结果,可以将输出结果转换为概率,即模型输出的结果是样本属于某类的概率,这就需要将超平面的输出结果(其取值范围是$(-\infty,+\infty)$)映射成样本属于某类的概率(其取值范围是$(0,1)$)。可通过对数概率函数建立这种映射关系,该函数的定义为

$$g(x)=\ln\left(\frac{x}{1-x}\right)$$

可以验证这个函数定义域为$(0,1)$,值域为$(-\infty,+\infty)$,而且该函数是单调可微的。对数概率函数如图 4.1 所示。

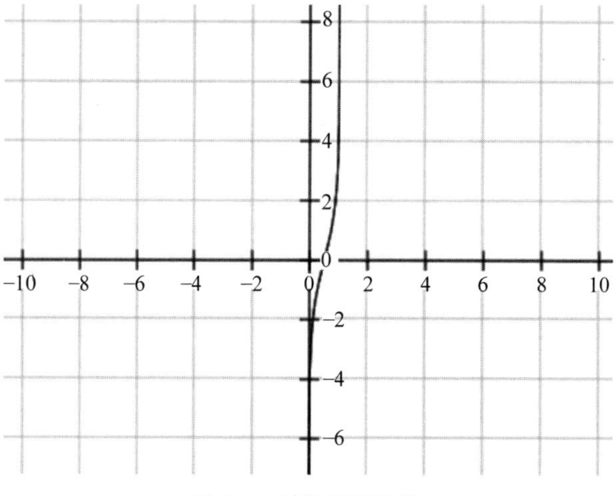

图 4.1 对数概率函数

将对数概率函数作为联系函数,并按式(4.1)来定义一个广义线性模型为

$$\ln\left(\frac{y}{1-y}\right)=\boldsymbol{w}^{\mathrm{T}}\boldsymbol{x}+b \tag{4.2}$$

下面对式(4.2)进行具体介绍。

(1) 对于二分类问题,若将 y 看成是样本 $\boldsymbol{x}$ 属于某类的概率,则 $1-y$ 表示样本 $\boldsymbol{x}$ 不属于某类的概率,它们的比值为

$$\frac{y}{1-y}$$

这种比值称为概率(odds),对概率取对数则得到对数概率(log odds,也称为 logit):

$$\ln \frac{y}{1-y}$$

因此,式(4.2)可以看成是通过线性回归进行近似真实标记的对数概率。由式(4.2)得到的广义线性模型被称为 logistic 回归或 logit 回归,也有些文献称其为对数概率回归。

(2) 在式(4.2)中,可以反解 y 得到如下的形式

$$y=\frac{1}{1+\mathrm{e}^{-(\boldsymbol{w}^{\mathrm{T}}\boldsymbol{x}+b)}} \tag{4.3}$$

式(4.3)称为 sigmoid 函数,该函数的值域为(0,1),定义域为(−∞,+∞)。假设把一个样本 $\boldsymbol{x}_0$ 输入由($\boldsymbol{w}$,b)所确定的超平面中(即 $\boldsymbol{w}^{\mathrm{T}}\boldsymbol{x}_0+b$),这时会计算出一个值,如果这个值为正数且比较大,则表明它的类别为 1 的可能性较大;如果该值为正数且比较小,则表明它的类别为 1 的可能性较小。式(4.3)可以将超平面输出的结果映射成概率。事实上,sigmoid 函数就是一个多元的概率分布函数,也称为 logistic 分布。这个概率分布有很多好的性质。为了便于理解,下面将详细介绍一元 logistic 分布。

设 x 是连续随机变量,一元 logistic 分布的定义为

$$h(x)=p(X\leqslant x)=\frac{1}{1+\mathrm{e}^{-(x-\mu)/\gamma}}$$

$$f(x)=h'(x)=\frac{\mathrm{e}^{-(x-\mu)/\gamma}}{\gamma\,(1+\mathrm{e}^{-(x-\mu)/\gamma})^2}$$

式中,μ 为分布的位置参数;γ 为分布的形状参数。

分布函数 $h(x)$的图像形状如图 4.2 所示。

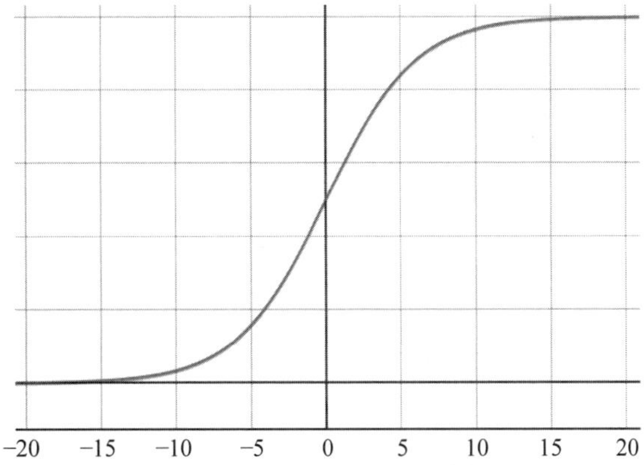

图 4.2　分布函数 $h(x)$的图像形状

分布函数 $h(x)$的图像是一条 S 形的曲线(见图 4.2),并且以点$\left(\mu,\frac{1}{2}\right)$为中心对称,即满足

$$h(-x+\mu)-\frac{1}{2}=-h(x-\mu)+\frac{1}{2}$$

曲线在中心附近增长速度较快,两端的变化速度较慢,主要受到形状参数 γ 的影响,γ 越小,曲线在中心的增长速度越快。如果 $\mu=0,\gamma=1$,就会得到下面的结果,即

$$y=\frac{1}{1+\mathrm{e}^{-x}} \tag{4.4}$$

式(4.4)和式(4.3)在形状上类似。

4.2 从统计的角度建立 logistic 回归模型

4.1 节介绍的内容主要是从线性回归出发建立 logistic 回归模型，下面从统计的角度建立该模型。

可以将二分类问题看成是条件概率，如给定样本 $\boldsymbol{x}_0$，要判断它属于哪类，则可以通过判断它属于哪类的概率最大来实现，这可以写成条件概率的形式 $p(y|\boldsymbol{x}_0)$。这个条件概率的分布事先并不知道，但可以假定这个分布为 logistic 分布，这样就得到二分类问题的概率形式为

$$p(y=1 \mid \boldsymbol{x})=\frac{1}{1+\mathrm{e}^{-(\boldsymbol{w}^{\mathrm{T}}\boldsymbol{x}+b)}} \tag{4.5}$$

$$p(y=-1 \mid \boldsymbol{x})=\frac{1}{1+\mathrm{e}^{\boldsymbol{w}^{\mathrm{T}}\boldsymbol{x}+b}} \tag{4.6}$$

式中，$\boldsymbol{x}\in\mathbf{R}^n$ 为样本；$y\in\{1,-1\}$ 为样本的类标记；$\boldsymbol{w}\in\mathbf{R}^n$ 和 $b\in\mathbf{R}$ 是参数，$\boldsymbol{w}$ 为权重向量；b 为偏置；$\boldsymbol{w}^{\mathrm{T}}\boldsymbol{x}$ 为向量 $\boldsymbol{w}$ 与向量 $\boldsymbol{x}$ 的内积。

对于给定的样本 $\boldsymbol{x}_0$，在得到式(4.5)和式(4.6)中的参数 $\boldsymbol{w}$、b 后，可求出 $\boldsymbol{x}_0$ 属于类别 1 的概率(通过 $p(y=1|\boldsymbol{x}_0)$ 计算)，还可以求出 $\boldsymbol{x}_0$ 属于类别 -1 的概率(通过 $p(y=-1|\boldsymbol{x}_0)$ 计算)，通过比较两个条件概率值的大小，就可将 $\boldsymbol{x}_0$ 划分到相应的类别中。

在实际应用中为了方便，也会将权重向量和偏置项合并在一起，即 $\boldsymbol{w}=(w^{(1)},w^{(2)},\cdots,w^{(n)},b)^{\mathrm{T}}$，同时样本 $\boldsymbol{x}$ 也要增加一项，即 $\boldsymbol{x}=(x^{(1)},x^{(2)},\cdots,x^{(n)},1)^{\mathrm{T}}$。这时，基于 logistic 回归的二分类问题可以表示为

$$y=p(y=1 \mid \boldsymbol{x})=\frac{1}{1+\mathrm{e}^{-(\boldsymbol{w}^{\mathrm{T}}\boldsymbol{x})}}$$

$$1-y=p(y=-1 \mid \boldsymbol{x})=\frac{1}{1+\mathrm{e}^{\boldsymbol{w}^{\mathrm{T}}\boldsymbol{x}}}$$

4.3 训练 logistic 回归模型

对于给定的训练数据集 $\boldsymbol{X}=\{(\boldsymbol{x}_1,y_1),(\boldsymbol{x}_2,y_2),\cdots,(\boldsymbol{x}_n,y_n)\}$，其中，$\boldsymbol{x}_i\in\mathbf{R}^p$，$y_i\in\{1,-1\}$，注意，通常情况下 y_i 的取值为 1 或者 0，这里为了后面推导公式方便，将 y_i 的取值设置为 1 或 -1。通常用极大似然估计法估计 $\boldsymbol{w}$、b，使得预测 $\boldsymbol{x}_i$ 的类标记 y_i 的概率尽可能大。在建立似然函数前，需要设

$$p(y_i=1 \mid \boldsymbol{x}_i)=h(\boldsymbol{x}_i)$$

$$p(y_i=-1 \mid \boldsymbol{x}_i)=1-h(\boldsymbol{x}_i)=h(-\boldsymbol{x}_i)$$

似然函数为

$$\prod_{y_i=1}h(\boldsymbol{x}_i)\prod_{y_i=-1}h(-\boldsymbol{x}_i)=\prod_{i=1}^{n}h(y_i\boldsymbol{x}_i)$$

为了便于求解，引入对数似然函数为

$$L(\boldsymbol{w})=\ln\prod_{i=1}^{n}h(y_i\boldsymbol{x}_i)=\ln\prod_{i=1}^{n}\left(\frac{1}{1+\mathrm{e}^{-y_i\boldsymbol{w}^{\mathrm{T}}\boldsymbol{x}_i}}\right)$$

$$=\sum_{i=1}^{n}\ln\left(\frac{1}{1+\mathrm{e}^{-y_i\boldsymbol{w}^{\mathrm{T}}\boldsymbol{x}_i}}\right)=-\sum_{i=1}^{n}\ln(1+\mathrm{e}^{-y_i\boldsymbol{w}^{\mathrm{T}}\boldsymbol{x}_i})$$

对 $L(\boldsymbol{w})$进行极大似然估计，即

$$\max_{\boldsymbol{w}}L(\boldsymbol{w})=-\sum_{i=1}^{n}\ln(1+\mathrm{e}^{-y_i\boldsymbol{w}^{\mathrm{T}}\boldsymbol{x}_i})$$

也就是最小化下面的目标函数，即

$$\min_{\boldsymbol{w}}\sum_{i=1}^{n}\ln(1+\mathrm{e}^{-y_i\boldsymbol{w}^{\mathrm{T}}\boldsymbol{x}_i}) \tag{4.7}$$

求解上面的最优值，就可以得到 $\boldsymbol{w}$ 的估计值。

如果要得到式(4.7)的最小值，$y_i\boldsymbol{w}^{\mathrm{T}}\boldsymbol{x}_i$ 要为正数，并且要尽量大。

(1) y_i 要与 $\boldsymbol{w}^{\mathrm{T}}\boldsymbol{x}_i$ 具有相同的符号，这就要求 $\boldsymbol{w}^{\mathrm{T}}\boldsymbol{x}_i$ 要尽可能对样本 $\boldsymbol{x}_i$ 的类别做出正确的预测。

(2) $\boldsymbol{w}^{\mathrm{T}}\boldsymbol{x}_i$ 要尽量大，这就要求 $\boldsymbol{x}_i$ 尽量远离由 $\boldsymbol{w}$ 所确定的分类超平面。这个距离也称为间隔(margin)，从某种意义上说，logistic 回归就是要让样本与超平面之间的间隔最大化。支持向量机和 AdaBoost(在本书第 7 章介绍)都会涉及间隔的概念。

(3) 在第 3 章介绍的感知机分类模型中，也涉及 $y_i\boldsymbol{w}^{\mathrm{T}}\boldsymbol{x}_i$，只是 $\boldsymbol{x}_i$ 为误分类集合中的样本。

式(4.7)是一个无约束最优化问题，求解这类问题的方法很多，下面介绍两种重要的方法：拉格朗日法和梯度下降法。

4.3.1 拉格朗日法

对于一般的函数，拉格朗日法是指求到目标函数的梯度，并令梯度等于 0 来求解。这个解有可能是局部最优解，但如果目标函数为凸函数，得到的解一定为最优解。式(4.7)的梯度为

$$\nabla L(\boldsymbol{w})=\sum_{i=1}^{n}h(-y_i\boldsymbol{w}^{\mathrm{T}}\boldsymbol{x}_i)(-y_i\boldsymbol{x}_i) \tag{4.8}$$

式中，$\boldsymbol{x}_i$ 为第 i 个样本；y_i 为第 i 个样本的类标记。为了得到 $\boldsymbol{w}$，令$\nabla L(\boldsymbol{w})=0$。可以用割线法和切线法来求解这个方法。

4.3.2 梯度下降法

最优化问题可以分为两大类：约束优化和无约束优化。本书所涉及的优化问题大都是无约束优化，而在另一些机器学习算法，如支持向量机(本书不讨论)，将会涉及约束优化中的一类重要问题——凸优化(convex optimization)，也称为凸规划。对于无约束优化问题，存在很多的求解方法，基于目标函数梯度的方法是最常用的方法，这些方法包括最陡下降法(steepest descent method，也称为梯度下降法)、Newton 法、拟 Newton 法、投影梯度法(projected gradient method)，以及在深度学习中大量使用的随机梯度下降法(stochastic gradient descent method)和批量梯度下降(batch gradient descent method)。所有这些方法都需要先求出目标函数的梯度,然后通过不断迭代来找到目标函数的最优解。下面以最简单的梯度下降法为例介绍如何通过迭代的方式求解目标函数的最优解。

无约束最优化问题是指不对定义域或值域进行任何限制的情况下,求解函数 $f(x)$ 的最小值(或最大值)。无约束优化问题的目标函数通常都有很多局部最优解(见图 4.3),目前大部分无约束最优化算法只能保证求取局部最优解。但若 $f(x)$ 是凸函数,则局部最优解就是全局最优解,这表明该函数一定有全局最优解。

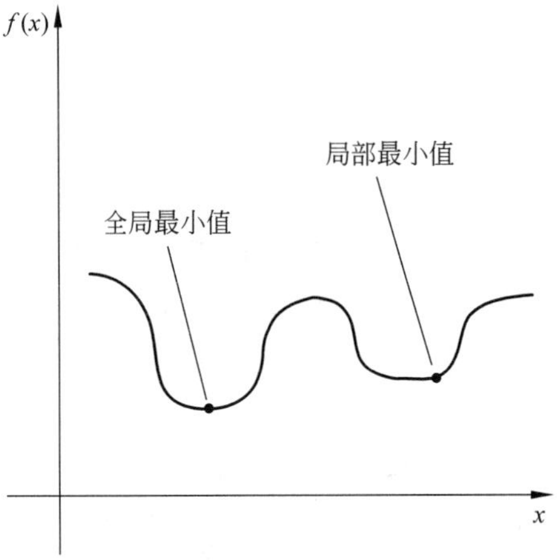

图 4.3　一维函数 $f(x)$ 的全局最小值和局部最小值

基于梯度下降法求解无约束优化问题时主要有两部分。

(1) 迭代的方向,即从给定的开始,朝哪个方向走可以获得最优解(或局部最优解)。

(2) 迭代的步长,即每次迭代沿着给定的方向走多远就停下来。

因此,基于梯度的无约束优化问题的求解过程如算法 4.1 所示。

算法 4.1　基于梯度的无约束优化问题的求解过程

给定初始点 $\boldsymbol{x}_1$,误差精度 ε,$k=1$。

while($\|\nabla f(\boldsymbol{x}_k)\|>\varepsilon$)。

begin

(1) 以 $\boldsymbol{x}_k$ 为起始点,计算要走的方向 $\boldsymbol{p}_k$ 和步长 α。

(2) $\boldsymbol{x}_{k+1}=\boldsymbol{x}_k+\alpha\boldsymbol{p}_k$,$\alpha>0$。

(3) $k=k+1$。

end

通常每次迭代的方向和步长都很重要,它们的好坏直接影响整个算法收敛效率和获得解的质量。梯度下降法、Newton 法、拟 Newton 法都是属于选择方向的方法,这些方法都与目标函数的梯度有关。而确定步长通常会用一维搜索方法。为什么这些算法都是以梯度作为迭代的方向呢? 下面介绍其原因。

若函数 $f:\mathbf{R}^n\to\mathbf{R}$ 的连续可微函数,则它的 Talor 展开式为

$$f(\boldsymbol{x}+\boldsymbol{p})=f(\boldsymbol{x})+\nabla f\ (\boldsymbol{x}+t\boldsymbol{p})^{\mathrm{T}}\boldsymbol{p} \tag{4.9}$$

式中，$t\in(0,1)$。

由式(4.9)可知：$\nabla f(\boldsymbol{x}_k)$是函数 $f(\boldsymbol{x})$在 $\boldsymbol{x}_k$ 处上升最快的方向，而沿着这个方向的反方向移动会使 $f(\boldsymbol{x})$下降最快。因此，为了从点 $\boldsymbol{x}_k$ 出发搜索目标函数的最小值，其方向 $\boldsymbol{p}$ 可以取$-\nabla f(\boldsymbol{x}_k)$。

为了确定每次迭代时的步长，可采用线性搜索(line search)。线性搜索是非常有必要的。如果有了下降方向，随意选择步长有可能搜索不到最优解，例如，对于一个凸函数 $f(x)$（见图 4.4），如果每次迭代选取这样的 $\boldsymbol{x}_k$，使 $f(\boldsymbol{x}_k)=\dfrac{1}{k}$，其中 $k=1,2,3,\cdots$，虽然 $f(x)$是凸函数，但也搜索不到最优解。

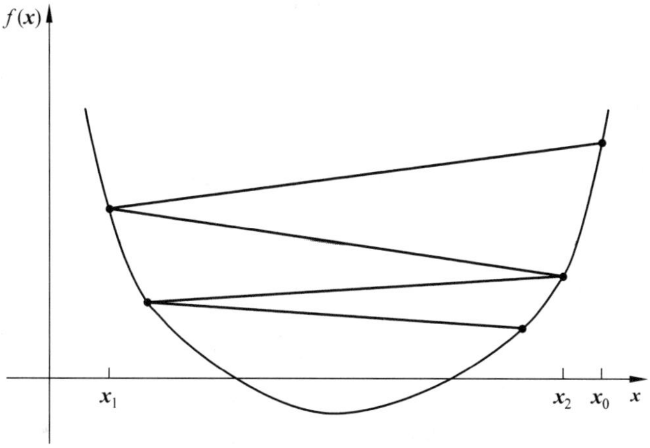

图 4.4　一个凸函数示意图

在已知下降方向的情况下，多少步长才能得到(全局或局部的)最优解呢？答案是必须满足 Wolfe。下面介绍这两个条件。

Wolfe 条件给出步长必须具有以下两个条件才能得到(全局或局部的)最优解。

(1) Armijo 条件。即

$$\phi(\alpha)=f(\boldsymbol{x}_k+\alpha\boldsymbol{p}_k)\leqslant l(\alpha)=f(\boldsymbol{x}_k)=c_1\alpha\,\nabla f_k^{\mathrm{T}}\boldsymbol{p}_k$$

这个条件让所获得的步长使函数$\nabla f\ (\boldsymbol{x}_k+\alpha\boldsymbol{p}_k)^{\mathrm{T}}$ 沿着 $\boldsymbol{p}_k$ 方向能充分下降，c_1 一般取10^{-4}。

(2) 曲率(curvature)条件为

$$f\ (\boldsymbol{x}_k+\alpha\boldsymbol{p}_k)^{\mathrm{T}}\geqslant c_2\,\nabla f_k^{\mathrm{T}}\boldsymbol{p}_k$$

这个条件让步长不能取得太小(让 $f(\boldsymbol{x}_k+\alpha\boldsymbol{p}_k)^{\mathrm{T}}$ 大于 $\alpha=0$ 处的斜率，即排除那些下降很快的点，因为这些点不会成为较好的步长)。关于线性搜索的更多内容，可以参见 Nocedal 所著的 *Numerical Optimization* 第 3 章的内容。

为了得到式(4.7)的最优解，只需要将式(4.8)的反方向作为搜索方向，并按线性搜索方法得到步长，这样就可以用迭代方式得到最优解。为了简化整个迭代过程，步长通常设为 1。

在高维环境(即特征维数 p 远大于样本数 N 的情况下)，logistic 回归模型不能直接使用。当 $p>N$ 时，任何线性模型都会出现参数过多的情况，此时为了拟合得到一个更稳定的模型,必要进行正则化。这种高维模型有着广泛的应用。例如,在文本分类中,其特征通常取两个值(出现或没出现),对于一个预先定义好的字典,相应的 p 会有 20 000 个,有时甚至更多。另一个例子是全基因组关联研究(genome-wide association,GWAS),其基因类型 p 会有 500 000 个,有时还会更多,而输出变量为是否有某种疾病。

对于高维数据,logistic 回归模型通常会采用 ℓ_1 正则化,这种正则化会使获得的解具有稀疏性。基于 ℓ_1 正则化的 logistic 回归模型的对数似然函数为

$$\min_{\boldsymbol{w}} \sum_{i=1}^{n} \ln(1+\mathrm{e}^{-y_i \boldsymbol{w}^{\mathrm{T}} \boldsymbol{x}_i}) + \|\boldsymbol{w}\|_1$$

式中,函数的正则化项不可微,但整个函数是一个凸函数,求解该目标函数的方法有很多种,比较典型的方法有内点法、近点牛顿(proximal-Newton)迭代方法等。

4.4 logistic 回归模型的三种解释

logistic 回归模型有三种解释方式,分别为基于概率的解释、基于最大熵原理的解释、基于贝叶斯的解释。

4.4.1 基于概率的解释

在 4.1 节介绍过概率的概念,它们与 logisitc 回归有紧密的联系,这里再做进一步的总结。对二分类问题,可以用概率来建立 logisitc 回归模型

$$\frac{p(y=1 \mid \boldsymbol{x})}{1-p(y=1 \mid \boldsymbol{x})} = \mathrm{e}^{\boldsymbol{w}^{\mathrm{T}} \boldsymbol{x}+b} \tag{4.10}$$

式中,$\frac{p(y=1|\boldsymbol{x})}{1-p(y=1|\boldsymbol{x})}$ 的值称为概率,取值为 0~∞,其值接近于 0 时表示某事发生的概率非常低,其值很大时表示某事发生的概率非常高。

对式(4.10)两边取对数,得

$$\log_2\left(\frac{p(y=1 \mid \boldsymbol{x})}{1-p(y=1 \mid \boldsymbol{x})}\right) = \boldsymbol{w}^{\mathrm{T}} \boldsymbol{x} + b \tag{4.11}$$

从式(4.11)可以看出:输出 $y=1$ 的对数概率是变量 $\boldsymbol{x}$ 的线性函数。

4.4.2 基于最大熵原理的解释

下面用最大熵(maximum entropy)原理来解释 logistic 回归模型。熵是用来度量随机变量不确定性的,熵越大表明随机变量的不确定性越大。当概率分布为均匀分布时,其熵最大,表明该分布为最不确定的分布。当用最大熵原理来建立分类模型时,就得到最大熵分类模型。

对于一个给定的训练数据集 $\boldsymbol{X}=\{(\boldsymbol{x}_1,y_1),(\boldsymbol{x}_2,y_2),\cdots,(\boldsymbol{x}_n,y_n)\}$,假设分类模型是一个条件概率分布 $p(\boldsymbol{y}|\boldsymbol{x})$,$\boldsymbol{x}\in\mathbf{R}^p$ 表示数据集中的某个样本,向量 $\boldsymbol{y}$ 由数据集中所有类标记构成。对于给定的输入 $\boldsymbol{x}_i$,该模型输出类标记 y_i 的概率为 $p(y_i|\boldsymbol{x}_i)$。目标是找到概率分布 $p(y_i|\boldsymbol{x}_i)$。

首先考虑联合概率分布的先验分布 $\tilde{p}(\boldsymbol{x},y)$ 和 $\tilde{p}(\boldsymbol{x})$。它们可以通过下面的公式从给

定的数据集中计算得到，即

$$\tilde{p}(\boldsymbol{x},y)=\frac{c(\boldsymbol{x},y)}{n}$$

$$\tilde{p}(\boldsymbol{x})=\frac{c(\boldsymbol{x})}{n}$$

式中，$c(\boldsymbol{x},y)$ 为训练数据集中样本 $(\boldsymbol{x},y)$ 出现的频率，$c(\boldsymbol{x})$ 为训练数据集中样本 $\boldsymbol{x}$ 出现的频率，n 为训练数据样本集的数量。

用特征函数(characteristic function)来描述样本 $\boldsymbol{x}$ 和输出 y 之间的关系，当 $\boldsymbol{x}$ 和 y 满足某个事实时，函数取值为 1，否则取值为 0。该函数的定义为

$$f(\boldsymbol{x},y)=\begin{cases}1, & \boldsymbol{x}\text{ 和 }y\text{ 满足某个事实}\\0, & \text{否则}\end{cases}$$

特征函数 $f(\boldsymbol{x},y)$ 在训练数据集上关于先验分布 $\tilde{p}(\boldsymbol{x},y)$ 的期望记为 $E_{\tilde{p}}(f)$，在模型上关于 $p(\boldsymbol{x},y)$ 的期望记为 $E_p(f)$ 即

$$\begin{cases}E_{\tilde{p}}(f)=\sum\limits_{\boldsymbol{x},y}\tilde{p}(\boldsymbol{x},y)f(\boldsymbol{x},y)\\E_p(f)=\sum\limits_{\boldsymbol{x},y}p(\boldsymbol{x},y)f(\boldsymbol{x},y)\\\qquad\quad=\sum\limits_{\boldsymbol{x},y}p(\boldsymbol{x})p(y\mid\boldsymbol{x})f(\boldsymbol{x},y)\end{cases}\tag{4.12}$$

希望特征函数 $f(\boldsymbol{x},y)$ 在训练数据集上得到的期望与在模型上得到的期望是一致的，于是就有

$$E_p(f)=E_{\tilde{p}}(f)$$

在式(4.12)中，只有 $p(y|\boldsymbol{x})$ 未知，这个等式其实是根据给定数据集来对 $p(y|\boldsymbol{x})$ 进行约束。

假如有 n 个特征函数 $f_i(\boldsymbol{x},y)$，$i=1,2,\cdots,n$，就有 n 个约束条件。假设满足所有约束条件 $p(y|\boldsymbol{x})$ 构成的集合为

$$C=\{p(\boldsymbol{x},y)\mid E_p(f_i)=E_{\tilde{p}}(f_i),i=1,2,\cdots,n\}$$

$p(y|\boldsymbol{x})$ 的条件熵为

$$H(p(y\mid\boldsymbol{x}))=-\sum_{\boldsymbol{x},y}\tilde{p}(\boldsymbol{x})p(y\mid\boldsymbol{x})\log_2 p(y\mid\boldsymbol{x})$$

则在 $p(y|\boldsymbol{x})$ 的约束集合 C 上，条件熵 $H(p(y|\boldsymbol{x}))$ 最大的模型称为最大熵模型，即

$$\max_{p(y|\boldsymbol{x})\in C}H(p(y\mid\boldsymbol{x}))=-\sum_{\boldsymbol{x},y}\tilde{p}(\boldsymbol{x})p(y\mid\boldsymbol{x})\log_2 p(y\mid\boldsymbol{x})$$

这是一个带多个约束的优化问题，求解过程非常复杂，这里不再详细介绍，感兴趣的读者可以参考李航老师编写的《机器学习》6.2 节的内容。若训练数据集 $\boldsymbol{X}$ 有 $k\geqslant 2$ 个类，则最后得到的结果为

$$p(y\mid\boldsymbol{x})=\frac{\mathrm{e}^{\sum\limits_{i=1}^{n}w_i f_i(\boldsymbol{x},y)}}{\sum\limits_{y}\mathrm{e}^{\sum\limits_{i=1}^{n}w_i f_i(\boldsymbol{x},y)}}$$

若 $k=2$，然后对 logistic 回归函数的特征函数做一个显示的定义，即

$$f(\boldsymbol{x},y)=\begin{cases}\boldsymbol{x}, & y=1\\\boldsymbol{0}, & y=-1\end{cases}\tag{4.13}$$

式中,$\boldsymbol{0}$ 为零向量。在式(4.13)中,当 $y=1$ 时返回 $\boldsymbol{x}$,当 $y=-1$ 时返回 $\boldsymbol{0}$。

将式(4.13)中的特征函数代入最大熵模型,可以得到当 $y=1$ 时

$$p(y=1\mid\boldsymbol{x})=\frac{e^{\boldsymbol{w}^{\mathrm{T}}\boldsymbol{x}}}{e^{\boldsymbol{w}^{\mathrm{T}}f(\boldsymbol{x},y=0)}+e^{\boldsymbol{w}^{\mathrm{T}}f(\boldsymbol{x},y=1)}}=\frac{e^{\boldsymbol{w}^{\mathrm{T}}\boldsymbol{x}}}{e^{\boldsymbol{w}^{\mathrm{T}}\boldsymbol{0}}+e^{\boldsymbol{w}^{\mathrm{T}}\boldsymbol{x}}}$$

$$=\frac{e^{\boldsymbol{w}^{\mathrm{T}}\boldsymbol{x}}}{1+e^{\boldsymbol{w}^{\mathrm{T}}\boldsymbol{x}}}=\frac{1}{1+e^{-\boldsymbol{w}^{\mathrm{T}}\boldsymbol{x}}}$$

同量,当 $y=0$ 时就有

$$p(y=0\mid\boldsymbol{x})=\frac{e^{\boldsymbol{w}^{\mathrm{T}}f(\boldsymbol{x},y=0)}}{e^{\boldsymbol{w}^{\mathrm{T}}f(\boldsymbol{x},y=0)}+e^{\boldsymbol{w}^{\mathrm{T}}f(\boldsymbol{x},y=1)}}=\frac{e^{\boldsymbol{w}^{\mathrm{T}}\boldsymbol{0}}}{e^{\boldsymbol{w}^{\mathrm{T}}\boldsymbol{0}}+e^{\boldsymbol{w}^{\mathrm{T}}\boldsymbol{x}}}=\frac{1}{1+e^{\boldsymbol{w}^{\mathrm{T}}\boldsymbol{x}}}$$

从表面的推导过程可以看出:logistic 回归只是最大熵模型的特殊形式。从这里也可以看出最大熵模型其实很复杂,可以包含很多分类模型。

4.4.3 基于贝叶斯原理的解释

下面介绍如何通过贝叶斯原理解释 logistic 回归模型。为了学习 $p(y_i|\boldsymbol{x})$的概率分布,根据贝叶斯原理,则有

$$p(y_i\mid\boldsymbol{x})=\frac{p(\boldsymbol{x}\mid y_i)p(y_i)}{p(\boldsymbol{x})}=\frac{p(\boldsymbol{x}\mid y_i)p(y_i)}{\sum_{i=1}^{n}p(\boldsymbol{x}\mid y_i)p(y_i)}$$

对于二分类问题(即 y_i 只取 1 和−1)。由下面的公式得

$$p(y=1\mid\boldsymbol{x})=\frac{p(\boldsymbol{x}\mid y=1)\ p(y=1)}{p(\boldsymbol{x})}$$

$$=\frac{p(\boldsymbol{x}\mid y=1)\ p(y=1)}{p(\boldsymbol{x}\mid y=0)p(y=0)+p(\boldsymbol{x}\mid y=1)\ p(y=1)}$$

$$=\frac{1}{1+\dfrac{p(\boldsymbol{x}\mid y=0)p(y=0)}{p(\boldsymbol{x}\mid y=1)\ p(y=1)}}=\frac{1}{1+e^{-a}}$$

式中,a 为

$$a=\ln\frac{p(\boldsymbol{x}\mid y=1)\ p(y=1)}{p(\boldsymbol{x}\mid y=0)p(y=0)}$$

这时会得到 $p(y=1|\boldsymbol{x})$是一个 sigmoid 函数(见式(4.3))。若假定 $p(y=1|\boldsymbol{x})$和 $p(y=-1|\boldsymbol{x})$都是多元高斯分布,它们有相同的协方差矩阵 $\boldsymbol{\Sigma}$,只是均值向量(mean vector)不一样,分别设为 $\boldsymbol{\mu}_0$ 和 $\boldsymbol{\mu}_1$,样本 $\boldsymbol{x}$ 的维度为 d,则有

$$p(\boldsymbol{x}\mid y=0)=\frac{1}{(2\pi)^{d/2}}\frac{1}{|\boldsymbol{\Sigma}|^{1/2}}e^{\left(-\frac{1}{2}(\boldsymbol{x}-\boldsymbol{\mu}_0)^{\mathrm{T}}\boldsymbol{\Sigma}^{-1}(\boldsymbol{x}-\boldsymbol{\mu}_0)\right)}$$

$$p(\boldsymbol{x}\mid y=1)=\frac{1}{(2\pi)^{d/2}}\frac{1}{|\boldsymbol{\Sigma}|^{1/2}}e^{\left(-\frac{1}{2}(\boldsymbol{x}-\boldsymbol{\mu}_1)^{\mathrm{T}}\boldsymbol{\Sigma}^{-1}(\boldsymbol{x}-\boldsymbol{\mu}_1)\right)}$$

则有

$$p(y=1\mid\boldsymbol{x})=\frac{1}{1+e^{-(\boldsymbol{w}^{\mathrm{T}}\boldsymbol{x}+b)}}$$

式中,$\boldsymbol{w}=(\boldsymbol{\mu}_0-\boldsymbol{\mu}_1)^{\mathrm{T}}\boldsymbol{\Sigma}^{-1}$;$b=-\frac{1}{2}\boldsymbol{\mu}_1^{\mathrm{T}}\boldsymbol{\Sigma}^{-1}\boldsymbol{\mu}_1+\frac{1}{2}\boldsymbol{\mu}_0^{\mathrm{T}}\boldsymbol{\Sigma}^{-1}\boldsymbol{\mu}_0+\ln\frac{p(y=1)}{p(y=2)}$。

从上面的推导过程可以看出，logistic 回归可以通过贝叶斯原理推导出来。

4.5 logistic 回归模型应用举例

本节介绍如何用 logistic 回归来建立预测股票的上涨和下跌的模型。采用的数据集为 Smarket。该数据集包含了从 2001 年年初至 2005 年年底（总共 1250 天）的标准普尔 500（S&P500）股票指数。数据集中的特征 Lag1，Lag2，…，Lag5 记录了前 5 个交易日的每个交易日的投资回报率；特征 Volume 记录了每个交易日的成交量，单位为 10 亿；特征 Today 记录了当日的投资回报率；特征 Direction 给出了市场的走势方向，Up 表示上涨，Down 表示下跌。

在 sklearn 的 linear_model 中提供了 logisticRegression 类，该类封装了与 logistic 回归模型的相关操作（如训练模型等）。为了训练 logistic 模型，需要先实例化 logisticRegression 类，根据实际需要指定一些参数。下面介绍实例化 logisticRegression 类时一些有用的参数及含义。

（1）penalty：正则化项的类型。其类型为字符串，可以取'l1'、'l2'、'elasticnet'、'none'，其中'l1'表示以 ℓ_1 范数作为正则项，'l2'表示以 ℓ_2 范数作为正则项，'elasticnet'表示以弹性网（见第 2 章相关介绍）作为正则项，'none'表示不需要正则项。默认取值为'l2'。

（2）solver：求解目标函数所采用的最优化方法。其取值类型为字符串类型，可取'newton-cg'、'lbfgs'、'sag'、'saga'、'liblinear'，默认取值是'liblinear'。这些取值的具体含义：①'newton-cg'表示采用牛顿共轭梯度（Newton conjugate gradient）法来求解目标函数；②'lbfgs'表示采用限制内的 BFGS（limited memory broyden-fletcher-goldfarb-shanno）法（这是一种拟牛顿方法）求解目标函数；③'sag'表示采用随机平均梯度（stochastic average gradient）法求解目标函数；④'saga'表示采用增加的随机平均梯度法求解目标函数，采用这种方法可以求解基于弹性正则项的目标函数；⑤有一个用来求解大规模正则化分类和回归问题的开源库叫作 liblinear，开源的'liblinear'表示采用 liblinear 来求解目标函数。

（3）dual：是否按目标函数的对偶来求解。只有 ℓ_2 范数作为正则项时才可按对偶形式求解。当样本数大于特征数时，dual=False。

（4）fit_intercept：是否应该向决策函数添加常量（也称为偏差项或截距），它的取值类型为布尔型。

（5）class_weight：与类别相关权重，如果不给，则所有类别的权重都应该是 1。该参数的取值类型为字符串，可能的取值为'dict'或'balanced'，默认值为'none'。如果取值为'balanced'，则会根据输入的数据自动调整权重。

（6）max_iter：最大迭代次数，其取值类型为整型。

Smarket 数据集的特征 Direction（最后一列）是字符串类型，为了便于算法处理，需要将这些字符串替换成数字，我们将'Up'替换成 1，将'Down'替换成 0。Pandas 的 DataFrame 中的 map 方法可以非常方便地完成这种替换，具体操作如下。

① 加载数据

```
data=pd.read_csv('Smarket.csv',sep=',')
```

② 用 map 方法完成替换

```
data['Direction']=data['Direction'].map({'Up':1,'Down':0})
```

将 Smarket 数据集的特征 Direction(最后一列)作为类标记,除特征 Year(第 1 列)以外,用其他列构成样本的特征。在训练股票预测模型前,可以先看一下样本的分布。由于样本由 7 个特征构成(即样本的维数为 7),因此很难展示样本之间的分布。为了简单起见,可挑选两个特征对样本进行可视化。图 4.5 为通过特征 Volume 和 Today 来可视化样本。

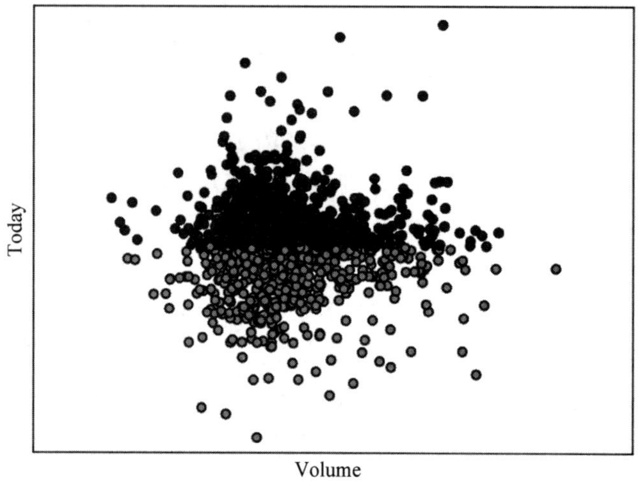

图 4.5　通过特征 Volume 和 Today 来可视化样本

从图 4.5 中可以看出,采用特征 Volume 和 Today 构成的样本能较好地分成两类:颜色深的为一类(上面部分),颜色浅的为另一类(下面部分)。如果采用其他两个特征,如 Lag1 和 Lag2 来构成样本,类别之间的这种区分度不高(见图 4.6)。

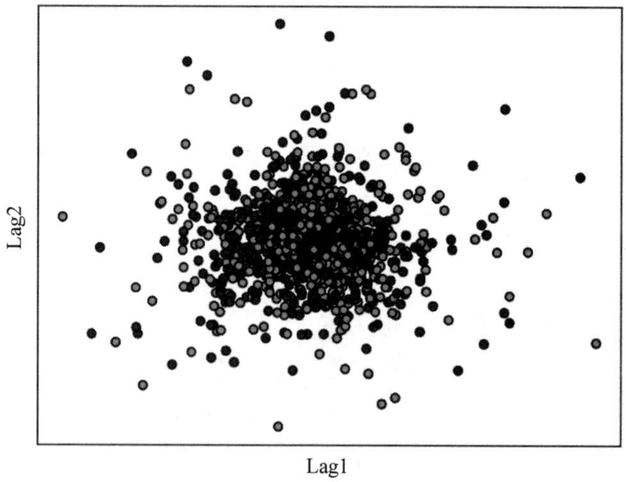

图 4.6　通过特征 Lag1 和 Lag1 来可视化样本

在完成数据的预处理后，可以实例化 LogisticRegression 类，具体代码如下：

```
clf=LogisticRegression(C=1e5,solver='lbfgs')
```

在实例化 logisticRegression 类时，采用 lbfgs 方法求解 logistic 模型的目标函数。

接下来将训练数据和类标记输入给 fit()方法进行训练，具体代码如下：

```
clf.fit(X,y.astype('int'))
```

最后就会得到 logistic 回归模型。若取特征 Volume 和 Today 表示训练样本，则最终得到的分类结果如图 4.7 所示。

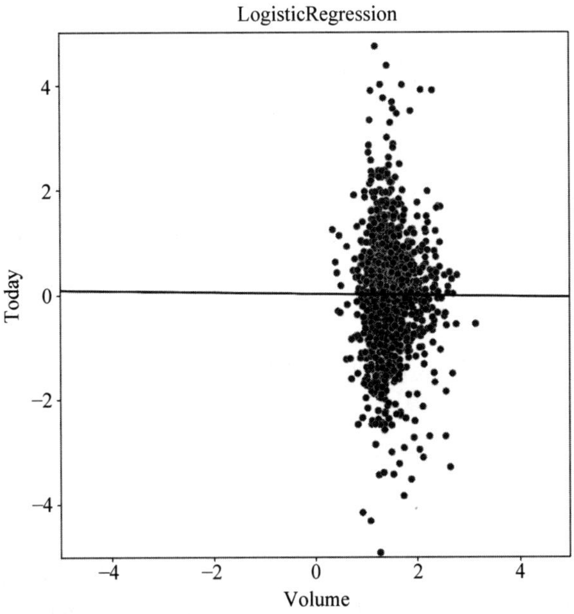

图 4.7　采用特征 Volume 和 Today 得到的分类结果

这里介绍了如何用 logistic 回归建立股票预测模型，从中可以看出在建立模型时，特征会影响模型的质量。

4.6　softmax 回归模型

前面介绍的 logistic 回归模型可以解决二分类问题。为了解决多分类问题，在 logistic 回归模型的基础上提出了 softmax 回归模型。一个给定的训练数据集 $\boldsymbol{X}=\{(\boldsymbol{x}_1,y_1),(\boldsymbol{x}_2,y_2),\cdots,(\boldsymbol{x}_n,y_n)\}$，对于第 i 个样本 $\boldsymbol{x}_i$，属于第 i 类的 softmax 回归模型为

$$p(y=i \mid \boldsymbol{x}_i)=\frac{\mathrm{e}^{w_i^{\mathrm{T}}\boldsymbol{x}_i}}{\sum_{k=1}^{K}\mathrm{e}^{w_k^{\mathrm{T}}\boldsymbol{x}_i}}$$

式中，$K\geqslant 2$ 为训练集 $\boldsymbol{X}$ 中的类别数。

因此，处理 $K\geqslant 2$ 的多分类问题时，softmax 回归模型为

$$h_W(\boldsymbol{x}_i)=\begin{bmatrix}p(y=1\mid\boldsymbol{x}_i)\\p(y=2\mid\boldsymbol{x}_i)\\\vdots\\p(y=K\mid\boldsymbol{x}_i)\end{bmatrix}=\frac{1}{\sum_{j=1}^{K}\mathrm{e}^{\boldsymbol{w}_j^{\mathrm{T}}\boldsymbol{x}_i}}\begin{bmatrix}\mathrm{e}^{\boldsymbol{w}_1^{\mathrm{T}}\boldsymbol{x}_i}\\\mathrm{e}^{\boldsymbol{w}_2^{\mathrm{T}}\boldsymbol{x}_i}\\\vdots\\\mathrm{e}^{\boldsymbol{w}_K^{\mathrm{T}}\boldsymbol{x}_i}\end{bmatrix}$$

式中,$\boldsymbol{W}=[\boldsymbol{w}_1^{\mathrm{T}},\boldsymbol{w}_2^{\mathrm{T}},\cdots,\boldsymbol{w}_k^{\mathrm{T}}]$是 softmax 回归模型的参数矩阵。通过极大似然估计法求该参数矩阵,其极大似然函数为

$$\max_{\boldsymbol{W}} L(\boldsymbol{W})=-\sum_{i=1}^{n}\sum_{j=1}^{K}\mathbf{1}\{y_i=j\}\ln\frac{\mathrm{e}^{\boldsymbol{w}_i^{\mathrm{T}}\boldsymbol{x}_i}}{\sum_{k=1}^{K}\mathrm{e}^{\boldsymbol{w}_k^{\mathrm{T}}\boldsymbol{x}_i}}$$

式中,$\mathbf{1}\{y_i=j\}$表示若 $y_i=j$,则为 1,否则为 0。求解该目标函数的方法与求解 logistic 回归的目标函数一样,只是在计算该函数的梯度时比较复杂。

softmax 回归模型中所涉及的 softmax 函数在监督学习中都有着广泛应用,如 softmax 回归可以用来解决工业设备故障诊断问题。该方法不需要对工业设备的结构和机理有深入了解,只依赖于设备的历史运行数据就可以建立设备故障诊断模型,从而实现对多类设备故障诊断。例如,在某型航空发动机的运行数据中,就可以用 softmax 回归建立发动机故障诊断模型。该航空发动机的原始运行数据由 13 个传感器测量得到,输出结果有 5 种可能的状态:正常状态、风扇部件出现故障、压气机部件出现故障、高压涡轮部件出现故障和低压涡轮部件出现故障。另外,在深度学习中也经常使用该函数作为损失函数。

4.7 总结

半个多世纪以前,在生物医学的研究中就已经用到 logistic 回归模型,目前它被广泛用于各类数据的分析和预测中。本章首先由线性回归出发,介绍了线性回归与 logistic 回归的关系,然后从条件概率分布 $p(y|\boldsymbol{x}_0)$出发建立 logistic 回归模型,通过极大似然估计建立了 logistic 回归模型的目标函数,由此介绍了分类间隔的概念,这一概念在监督学习中经常碰到。本章也给出了求解 logistic 回归的两种方法,其中最重要的方法是梯度下降法,本章对其进行了详细介绍,该方法在整个机器学习领域起着非常重要的作用。

logistic 回归是一种重要的监督学习方法,为了让读者能更好地理解它,本节从三个角度对 logistic 回归模型进行了解释,这三个角度分别是概率的角度、最大熵的角度和贝叶斯原理的角度。这里值得一提的是 logistic 回归其实是最大熵模型的一种特殊情形,这对于深入理解 logistic 回归有非常大的帮助。

logistic 回归模型一般只能解决二分类问题,对于多分类问题,可以用 logistic 回归模型的推广形式——softmax 回归模型。softmax 回归模型在各个领域有着广泛的应用,如在深度学习中会经常用 softmax 函数作为损失函数。

4.8 习题

(1) 对于给定的带有类标记的训练数据集 $\boldsymbol{X}=\{(\boldsymbol{x}_1,y_1),(\boldsymbol{x}_2,y_2),\cdots(\boldsymbol{x}_n,y_n)\}$,其中,$\boldsymbol{x}_i\in\mathbf{R}^p$,$y_i\in\{1,0\}$,若在这个数据集上通过极大似然估计得到 logistic 回归模型的参数,先

推导出目标函数，然后给出目标函数的求解方法。

（2）证明式(4.8)。

（3）证明式(4.7)中的函数是凸函数。（提示：通过目标函数的二阶导数为半正定矩阵来证明）

（4）用 Python 实现 logistic 算法。

（5）熵的定义是什么？熵的取值范围是什么？在什么时候能得到最大熵？给出理由。

（6）在 Smarket 数据集上基于 sklearn 训练一个能预测股票上涨和下跌的模型，要给出模型的精度和正确率，并用程序绘制 PR 曲线和 ROC 曲线。

参考文献

[1] 周志华. 机器学习[M]. 北京：清华大学出版社，2016.

[2] Nocedal J, Wright S J. Numerical optimization[M].2nd ed. New York, USA: Springer, 2006.

[3] Boyd S, Vandenberghe L. Convex optimization[M]. Cambridge, UK: Cambridge University Press, 2004.

[4] Hastie T, Tibshirani R, Wainwright M. Statistical learning with sparsity: The lasso and generalizations[M]. Chapman and Hall/CRC, 2015.

[5] 李航. 统计学习方法[M]. 北京：清华大学出版社，2012.

[6] 刘波，景鹏杰. 稀疏统计学习及其应用[M]. 北京：人民邮电出版社，2018.

[7] Collins M, Schapire R E, Singer Y. Logistic regression, AdaBoost and Bregman distances[J]. Machine Learning, 2002, 48(1-3): 253-285.

[8] Yu Hsiang-Fu, Huang Fang-Lan, Lin Chih-Jen. Dual coordinate descent methods for logistic regression and maximum entropy models[J]. Machine Learning, 2011, 8(2): 41-75.

[9] Gopal Siddharth, Yang Yiming. Distributed training of large-scale logistic models[C]. In Proceedings of the 30th International Conference on Machine Learning, 2013: 289-297.

[10] Kwangmoo Koh, Seung-Jean Kim, Stephen Boyd. An interior-point method for large-scale $\ell 1$-regularized logistic regression[J].Journal of Machine Learning Research, 2007, 8(1): 1519-1555.

[11] Allen-Zhu Zeyuan, Yang Yuan. Improved SVRG for non-strongly-convex or sum-of-non-convex objectives[C].ICML'16: Proceedings of the 33rd International Conference on International Conference on Machine Learning, 2016: 1080-1089.

[12] Bishop C M. Pattern recognition and machine learning (Information science and statistics)[M]. New York: Springer-Verlag, 2006.

[13] Martins A, Astudillo R. From Softmax to Sparsemax: A sparse model of attention and multi-label classification[C]. New York: Proceedings of the 33nd International Conference on Machine Learning, 2016: 1614-1623.

第5章

贝叶斯分类

本章重点

- 最大后验概率的意义。
- 生成方法与判别方法的定义。
- 高斯判别分析的原理。
- 高斯判别分析与线性判别分析的关系。
- 朴素贝叶斯的原理及应用。

微课视频

感知机是从训练数据中学习一个用于分类的超平面，对于新的数据(样本)，可用得到的超平面判断其类别。而 logistic 回归则是将分类当成一个条件概率 $p(y|\boldsymbol{x})$ 问题，通过学习得到相应的概率分布。logistic 回归直接给定了条件概率的分布，这是一种比较简单的情形，更一般的概率分类方法是通过贝叶斯理论得到，即在给定样本 $\boldsymbol{x}$ 时，使得概率 $p(y|\boldsymbol{x})$ 最大，这也称为贝叶斯分类方法(或贝叶斯分类器)，这种方法与贝叶斯决策理论有关。贝叶斯分类器可以给出分类结果的概率。在一些机器学习应用中，给出结果出现的概率会更有意义，如在诊断疾病时，给出病人可能患某种疾病的概率比直接给出他是否患病更有意义。在介绍贝叶斯分类器前，先介绍贝叶斯决策理论。

贝叶斯决策理论(Bayes decision theory)是关于信息不完全的情况下应该如何进行决策的理论，是统计学习中的一个基本方法。它与著名数学家 Thomas Bayes 提出的贝叶斯理论相关。贝叶斯理论是为了解决逆概率问题而提出的，即如何通过发生的事件反推造成该事件发生的原因。该理论在 Thomas Bayes 生前并没有受重视，而是在他去世以后，他的好友在重新翻阅他生前的论文时发现了他提出的这一理论。在贝叶斯决策理论中，决策者会根据历史的数据学习其中的规律，掌握其变化的可能状况及各种状况的分布情况，对部分未知信息进行概率或者期望估计，并根据估计的概率或期望做出最优决策。对于分类问题，贝叶斯决策理论要考虑如何基于已有的概率和误分类损失得到最优的类标记。

贝叶斯分类是贝叶斯学习的一种具体应用。贝叶斯学习是指利用贝叶斯决策理论对未知知识进行学习的过程，这是一种基于概率的学习方法，该方法采用概率表示所有形式的不确定性，通过概率规则实现学习和推理。

不同的贝叶斯分类方法的差异通常在于概率估计方法和风险估计方法的差异。例如，朴素贝叶斯分类和贝叶斯网的主要差别在于对条件概率的估计方法不同。基于贝叶斯决策理论的贝叶斯分类方法是机器学习和模式识别中的一个基本方法，尤其是朴素贝叶斯分类方法，能够有效地对海量数据进行分析建模，构造相应的分类器，能对未知数据进行分类识别。

下面举例说明贝叶斯决策理论在分类中的应用。

假设由 n 个样本构成训练数据集为 $\boldsymbol{X}=[\boldsymbol{x}_1,\boldsymbol{x}_2,\cdots,\boldsymbol{x}_n]$，样本的类标记向量为 $\boldsymbol{y}=[y_1,y_2,\cdots,y_n]$，另外假设这些样本有 k 个类，即 $\boldsymbol{c}=[c_1,c_2,\cdots,c_k]$。若用0-1损失函数(loss function)来度量分类决策函数 $f(\boldsymbol{X})$ 的分类误差，则有

$$L(y_i,f(\boldsymbol{x}_i))=\begin{cases}1, & y_i\neq f(\boldsymbol{x}_i)\\ 0, & y_i=f(\boldsymbol{x}_i)\end{cases}$$

定义分类决策函数 $f(\boldsymbol{X})$ 的期望风险函数：

$$R(f)=E[L(y,f(\boldsymbol{X}))]=\sum_{k=1}^{K}[L(c_k,f(\boldsymbol{X}))p(c_k\mid \boldsymbol{X})]$$

为了让期望风险最小化，只需要对每个样本的期望风险最小化，也就是说，对于任意一个样本 $\boldsymbol{x}$，则要最小化下面的目标函数：

$$\min\sum_{k=1}^{K}[L(c_k,y_i)p(c_k\mid \boldsymbol{x})] \tag{5.1}$$

由式(5.1)可以得到下面的结果

$$\max_{c_k} p(c_k\mid \boldsymbol{x}) \tag{5.2}$$

由式(5.2)可以看出：要让决策函数的期望风险最小，将 $p(c_k|\boldsymbol{x})$ 中最大的 c_k 作为类别。在某些情况下，$p(c_k|\boldsymbol{x})$ 也称为后验概率(posterior probability)。后验概率是统计学上的概念，它与先验分布有关。后验概率是指在给出相关证据或数据后所得到的条件概率，后验概率分布通常是未知的，需要通过数据才能推导出来。

从式(5.2)可知，要让分类决策函数的期望风险最小，首先要得到 $p(c_k|\boldsymbol{x})$ 的分布。通常有两种方法可以用来获得这种概率分布。

(1) 判别方法(discriminative approach)：其对应的模型为判别模型。

(2) 生成方法(generative approach)：其对应的模型为生成模型。

判别方法会直接用决策函数(如感知机等)或 $p(c_k|\boldsymbol{x})$ 的分布函数(如logistic回归等，也称为概率判别模型)来得到预测模型；而生成方法会通过贝叶斯定理来学习 $p(c_k|\boldsymbol{x})$，即

$$p(c_k\mid \boldsymbol{x})=\frac{p(\boldsymbol{x}\mid c_k)p(c_k)}{p(\boldsymbol{x})}$$

式中，$p(c_k)$ 称为先验概率(prior probability)，当训练集中包括足够多的独立同分布样本时，它的分布通常由训练样本中各个类别所占比得到；而 $p(\boldsymbol{x}|c_k)$ 称为后验概率；$p(\boldsymbol{x})$ 是归一化证据因子。在样本给定的情况下，证据因子与类标记无关。典型的生成模型有高斯判别分析、朴素贝叶斯和隐马尔可夫模型等。

判别方法和生成方法都是用来获取后验概率的，它们之间的区别：判别方法直接假定 $p(c_k|\boldsymbol{x})$ 的形式，然后通过一种学习策略(如极大似然估计)来学习该函数的参数；生成方法则不是这样，它通过计算 $p(\boldsymbol{x}|c_k)$，然后通过贝叶斯定理得到 $p(c_k|\boldsymbol{x})$。$p(\boldsymbol{x}|c_k)$ 表示样本 $\boldsymbol{x}$ 是由某个分布函数产成(生成)的，这就是该方法被称为生成模型的原因。生成方法是按不同的类别学习模型，例如，狗和猫是不同的类，它们的特征会有所不同，因此可针对狗和猫分别学习相应的模型，然后在测试时，看测试样本属于哪类的概率大，就将其归到哪类中。简单地说，判别方法和生成方法的区别：判别方法假定了 $p(c_k|\boldsymbol{x})$ 的分布；而生成方法则会通过计算 $p(\boldsymbol{x}|c_k)$ 和 $p(c_k)$，然后通过贝叶斯定理计算 $p(c_k|\boldsymbol{x})$。

本章将介绍两种经典的生成模型：高斯判别分析和朴素贝叶斯。

5.1 高斯判别分析

高斯判别分析(Gaussian discriminant analysis,GDA)是一种生成模型。对于一个二分类问题,假设训练数据集为 $\boldsymbol{X}=[\boldsymbol{x}_1,\boldsymbol{x}_2,\cdots,\boldsymbol{x}_n]$,相应的类标记为 $\boldsymbol{y}=[y_1,y_2,\cdots,y_n]$,$y_i\in\{0,1\}$。假设多元高斯分布为

$$N(\boldsymbol{\mu},\boldsymbol{\Sigma})=\frac{1}{(2\pi)^{d/2}\,|\boldsymbol{\Sigma}|^{1/2}}\mathrm{e}^{\left(-\frac{1}{2}(\boldsymbol{x}-\boldsymbol{\mu})^{\mathrm{T}}\boldsymbol{\Sigma}^{-1}(\boldsymbol{x}-\boldsymbol{\mu})\right)}$$

式中,$\boldsymbol{\Sigma}$ 为协方差矩阵;$|\boldsymbol{\Sigma}|$ 为协方差矩阵的行列式;$\boldsymbol{\mu}$ 为均值向量。定义概率分布为

$$\begin{cases}p(\boldsymbol{x}\mid y=0)=N(\boldsymbol{\mu}_0,\boldsymbol{\Sigma})\\p(\boldsymbol{x}\mid y=1)=N(\boldsymbol{\mu}_1,\boldsymbol{\Sigma})\end{cases}\tag{5.3}$$

从式(5.3)可以看出,这两类数据是由两个多元高斯分布生成的,这两个多元高斯分布的协方差是一样,但均值向量不同。图 5.1 为具有相同协方差矩阵、不同均值的两个二元高斯分布的等高线示意图。

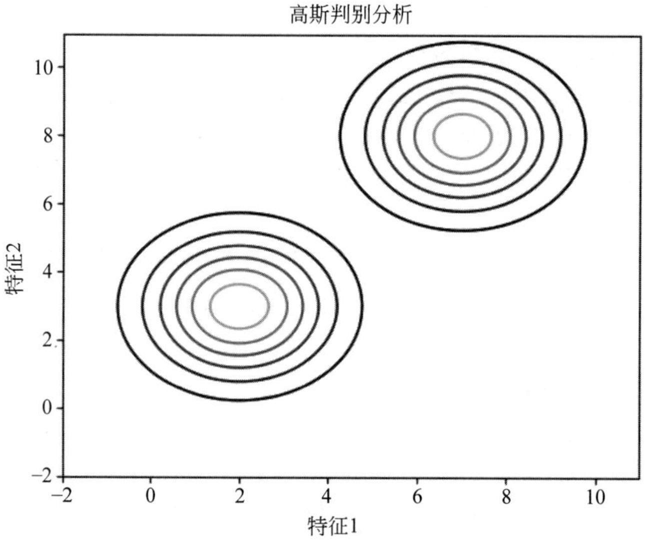

图 5.1　具有相同协方差矩阵、不同均值的两个二元高斯分布的等高线示意图

若假定类标记服从伯努利分布,即 $p(y)=\theta^y(1-\theta)^{1-y}$,其中 θ 为伯努利分布的参数。由贝叶斯定理可知,$p(y|\boldsymbol{x})=\dfrac{p(\boldsymbol{x},y)}{p(\boldsymbol{x})}$,而 $p(\boldsymbol{x})$通常为固定值,为了得到 $p(y|\boldsymbol{x})$,可通过最大后验概率估计得到高斯判别模型的参数,具体的目标函数为

$$\begin{aligned}\max L(\boldsymbol{\mu}_0,\boldsymbol{\mu}_1,\boldsymbol{\Sigma},\theta)&=\ln\prod_{i=1}^{m}p(\boldsymbol{x}_i,y_i,\theta;\boldsymbol{\mu}_0,\boldsymbol{\mu}_1,\boldsymbol{\Sigma})\\&=\ln\prod_{i=1}^{m}p(\boldsymbol{x}_i\mid y_i;\boldsymbol{\mu}_0,\boldsymbol{\mu}_1,\boldsymbol{\Sigma})p(y_i;\theta)\end{aligned}\tag{5.4}$$

对式(5.4)中的各个参数求偏导,并令其为 0,就可得到所估计的参数,即

$$\begin{cases} \hat{\theta}=\dfrac{1}{n}\sum\limits_{i=1}^{n}I(y_i=1) \\ \hat{\boldsymbol{\mu}}_0=\dfrac{\sum\limits_{i=1}^{n}I(y_i=1)\ \boldsymbol{x}_i}{\sum\limits_{i=1}^{n}I(y_i=0)} \\ \hat{\boldsymbol{\mu}}_1=\dfrac{\sum\limits_{i=1}^{n}I(y_i=1)\ \boldsymbol{x}_i}{\sum\limits_{i=1}^{n}I(y_i=1)} \\ \hat{\Sigma}=\dfrac{1}{n}\sum\limits_{i=1}^{n}(\boldsymbol{x}_i-\boldsymbol{\mu}_{y_i})(\boldsymbol{x}_i-\boldsymbol{\mu}_{y_i})^{\mathrm{T}} \end{cases} \tag{5.5}$$

式中，$I(y_i=1)$为当 $y_i=1$ 时，返回为 1，否则返回为 0。$\boldsymbol{\mu}_{y_i}$ 表示与类标记 y_i 一样的 $\boldsymbol{\mu}$，如当 $y_i=1$，则 $\boldsymbol{\mu}_{yi}=\boldsymbol{\mu}_1$。

在得到高斯判别模型的所有参数后，可以通过下面的公式预测新样本 $\boldsymbol{x}$ 的类别，即

$$\begin{aligned} p(y_k \mid \boldsymbol{x}) &= p(\boldsymbol{x} \mid y_k)p(y_k)=N(\boldsymbol{\mu}_k,\boldsymbol{\Sigma})\hat{\theta} \\ &= \left(\frac{1}{(2\pi)^{d/2}\mid\boldsymbol{\Sigma}\mid^{1/2}}\mathrm{e}^{\left(-\frac{1}{2}(x-\mu)^{\mathrm{T}}\boldsymbol{\Sigma}^{-1}(x-\mu)\right)}\right)\hat{\theta} \end{aligned} \tag{5.6}$$

将式(5.5)的结果代入式(5.6)，然后取对数，并去掉常量，则有

$$\ln p(y_k \mid \boldsymbol{x})=\boldsymbol{x}^{\mathrm{T}}\hat{\boldsymbol{\Sigma}}^{-1}\hat{\boldsymbol{\mu}}_k-\frac{1}{2}\hat{\boldsymbol{\mu}}_k\hat{\boldsymbol{\Sigma}}^{-1}\hat{\boldsymbol{\mu}}_k-\frac{1}{2}\boldsymbol{x}\hat{\boldsymbol{\Sigma}}^{-1}\boldsymbol{x}+\ln\hat{\theta} \tag{5.7}$$

可用式(5.7)计算样本 $\boldsymbol{x}$ 属于 y_k 的概率，将 $\boldsymbol{x}$ 归入概率最大的那一类。在式(5.7)中，$\hat{\boldsymbol{\Sigma}}^{-1}\hat{\boldsymbol{\mu}}_k$是一个向量，可以令其等于 $\boldsymbol{w}_k$；$-\frac{1}{2}\hat{\boldsymbol{\mu}}_k\hat{\boldsymbol{\Sigma}}^{-1}\hat{\boldsymbol{\mu}}_k-\frac{1}{2}\boldsymbol{x}\hat{\boldsymbol{\Sigma}}^{-1}\boldsymbol{x}+\ln\hat{\theta}$为常量，也可以令其等于 b_k，则式(5.7)可以改写为

$$\ln p(y_k \mid \boldsymbol{x})=\boldsymbol{w}_k\boldsymbol{x}^{\mathrm{T}}+b_k \tag{5.8}$$

从式(5.8)可以看出，对样本 $\boldsymbol{x}$ 的分类问题，最终转换成通过一个超平面进行判断，因此该方法称为线性判别分析(linear discriminant analysis，LDA)。

这里讨论的是二分类问题，因此只需要一个超平面。如果有 K 个类，则需要 $K-1$ 个超平面。图 5.2 是用线性判别分析对数据分类，白色的斜线为分类超平面，这两类数据是由相同协方差、不同均值的高斯分布生成的，给出了一个用线性判别分析进行分类的示意图。

讨论上面的问题，假定两个类别的数据分别由两个多元高斯函数生成，这两个高斯函数的协方差矩阵一样，只是均值向量不一样。若它们的协方差矩阵不一样，均值向量也不一样，所得到的方法称为二次判别法(quadratic discriminant analysis，QDA)。

在 sklearn 的 discriminant_analysis 包中，提供了一个可以执行线性判别分析的类：LinearDiscriminantAnalysis。可用下面的方法来实例化该类：

```
lda=LinearDiscriminantAnalysis(solver="svd")
```

在实例化这个类后，要以调用 fit()方法训练模型，并用 predict()方法预测样本的类别。具体的调用例子如下：

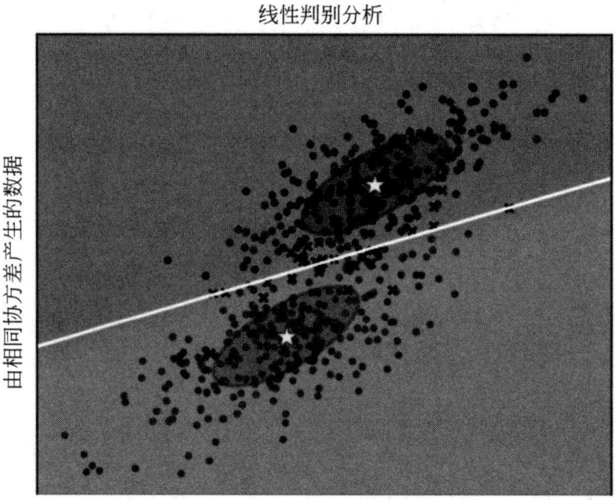

图 5.2 用线性判别分析对数据分类

```
y_pred=lda.fit(X,y).predict(X)
```

在 sklearn 的 discriminant _ analysis 包中也提供用于执行二次判别分析的类：QuadraticDiscriminantAnalysis。其具体使用方法与 LinearDiscriminantAnalysis 类一样。

从上面介绍的内容可以看出：可由高斯判别分析推导出线性判别分析，但无法从线性判别分析推导出高斯判别分析。高斯判别分析是一种生成方法，而线性判别分析是一种判别方法，这说明生成方法和判别方法在某些情况下是有联系的。在第 4 章介绍 logistic 回归时，通过高斯判别模型和贝叶斯公式推导出了 logistic 回归。这也说明在某些情况下生成方法和判别方法会有联系。若假设 $p(\boldsymbol{x}|y=1)$ 和 $p(\boldsymbol{x}|y=0)$ 为两个不同的泊松分布，则通过类似的方式也可以得到 logistic 回归。这就说明 logistic 回归可用来对由高斯分布和泊松分布所产生的数据进行分类。而高斯判别分析只能对基于高斯分布的数据进行有效分类，不能对基于泊松分布的数据进行有效分类。但需要注意的是通过 logistic 回归却得不到高斯判别模型。

5.2 朴素贝叶斯

通过贝叶斯定理学习 $p(c_k|\boldsymbol{x})$ 时，最重要的一步是计算后验概率 $p(\boldsymbol{x}|c_k)$，5.1 节在介绍高斯判别模型时，假定 $p(\boldsymbol{x}|c_k)$ 的分布为多元高斯分布，但在很多情况下并不知道 $p(\boldsymbol{x}|c_k)$ 的真实分布，这时只有直接求 $p(\boldsymbol{x}|c_k)$。假设样本 $\boldsymbol{x}$ 包含 m 个特征，即 $\boldsymbol{x}=[f_1,f_2,\cdots,f_m]$，则有

$$p(\boldsymbol{x} \mid c_k)=p(f_1,f_2,\cdots,f_m \mid c_k) \tag{5.9}$$

式(5.9)是一个联合概率分布，并不知道这些特征之间的关系，因此要得到相应的概率分布是一件非常困难的事情。假设这些特征都是相互独立(也称为属性条件独立性假设(attribute conditional independence assumption))，则有

$$p(\boldsymbol{x} \mid c_k)=\prod_{i=1}^{m} p(f_i \mid c_k)$$

在这种假设条件下计算 $p(c_k|\boldsymbol{x})$ 的方法称为朴素贝叶斯(naive Bayes)方法。所得到的分类器称为朴素贝叶斯分类器(naïve Bayes classifier)。在这种假设条件下，式(5.2)为

$$\max_{c_k} p(c_k \mid \boldsymbol{x}_i)=\max_{c_k} p(c_k)\prod_{i=1}^{m} p(f_i \mid c_k) \tag{5.10}$$

从式(5.10)可以看出，若要得到朴素贝叶斯分类器，则必须要从训练数据集中估计先验概率 $p(c_k)$，同时还需要针对每个特征计算相应的条件概率 $p(f_i|c_k)$。下面介绍计算这两种概率的方法。

假设训练数据集 $\boldsymbol{X}=[(\boldsymbol{x}_1,y_1),(\boldsymbol{x}_2,y_2),\cdots,(\boldsymbol{x}_n,y_n)]$，其中第 i 个样本 $\boldsymbol{x}_i$ 有 m 个特征，即

$$\boldsymbol{x}=[f_1,f_2,\cdots,f_m]$$

第 i 个特征可能的取值为 $f_i\in\{v_{i1},v_{i2},\cdots,v_{iS_i}\}$，训练数据集中的样本总共有 K 个类，因此第 i 个类标记的可能值为 $y_i\in\{c_1,c_2,\cdots,c_k\}$。

(1) 计算先验概率的公式为

$$p(c_k)=\frac{\sum_{i=1}^{n} I(y_i=c_k)}{n},\quad k=1,2,\cdots,K \tag{5.11}$$

计算第 i 个特征的条件概率为

$$p(f_i=v_{il} \mid c_k)=\frac{\sum_{i=1}^{n} I(f_i=v_{il},y_i=c_k)}{\sum_{i=1}^{n} I(y_i=c_k)} \tag{5.12}$$

式中，$k=1,2,\cdots,K;i=1,2,\cdots,n;l=1,2,\cdots,S_i$。

(2) 计算给定样本 $\boldsymbol{x}$ 属于第 c_k 类的概率

$$p(\boldsymbol{x} \mid c_k)=p(c_k)\prod_{i=1}^{m} p(f_i \mid c_k)$$

式中，$k=1,2,\cdots,K$。

(3) 根据最大后验概率确定样本 $\boldsymbol{x}$ 的类别，即

$$y=\arg\max_{c_k} p(c_k \mid \boldsymbol{x})=\max_{c_k} p(c_k)\prod_{i=1}^{m} p(f_i \mid c_k)$$

上面介绍朴素贝叶斯分类器的具体实现过程时，假定特征的取值是离散型。但在实际应用中，特征经常取连续值，如将人的身高作为特征时，其取值的类型为连续型。对于这种取连续值的特征，在计算其条件概率时，可以假设相应的分布，例如，若第 i 个特征 f_i 取连续值，则可假设其条件概率密度为

$$p(f_i \mid c_k)=\frac{1}{\sqrt{2\pi\sigma_k^2}}\mathrm{e}^{\frac{-(f_i-\mu_k)^2}{2\sigma_k^2}}$$

式中，μ_k 为类别为 c_k 时所对应的特征 f_i 的样本均值，而 σ_k 则为相应的样本方差。下面举例说明 μ_k 和 σ_k 的计算方法。

假设有一个训练数据集，样本的类别为"男性"和"女性"，构成每个样本的特征分别为身高和体重，具体信息如表 5.1 所示。

表 5.1 身高和体重数据

性别	身高/cm	体重/kg
男性	178	90
男性	183	85
男性	170	75
男性	165	63
女性	160	55
女性	165	60
女性	162	55
女性	158	50
女性	163	58

计算每个类别对应的不同特征的均值和方差,其结果如表 5.2 所示。

表 5.2 计算得到的均值与方差

性别	身高的均值/cm	身高的方差/cm	体重的均值/kg	体重的方差/kg
男性	174	64.66	78.25	142.25
女性	161.6	7.3	55.6	14.3

在计算 p(身高|男性)的条件概率时,其均值和方差分别为 174cm 和 64.66cm。

上面介绍的这种朴素贝叶斯称为高斯朴素贝叶斯(Gaussian naive Bayes),在 sklearn 的 naive_bayes 包中有一个 GaussianNB 类,实例化这个类后就可以训练高斯朴素贝叶斯模型。朴素贝叶斯还有其他一些变种,如假定第 i 个特征 f_i 只取两种值:0 和 1。取 0 的概率为 p,则会得到伯努利朴素贝叶斯。这时计算条件概率的公式为

$$p(f_i=0 \mid c_k)=p(c_k)p$$

$$p(f_i=1 \mid c_k)=p(c_k)(1-p)$$

同样在 sklearn 的 naive_bayes 包中有一个 BernoulliNB 类,实例化这个类后就可以训练伯努利朴素贝叶斯模型。

下面的示例介绍如何用朴素贝叶斯根据天气情况预测用户是否外出爬山。样本主要由两个特征组成:天气和气温。具体数据如表 5.3 所示。

表 5.3 天气与人们是否爬山的数据

天气	气温	爬山	天气	气温	爬山
天晴	高	否	多云	中	是
多云	中	是	天晴	中	是
下雨	中	否	多云	低	是
下雨	低	否	下雨	高	否
多云	高	否			

这两个特征涉及的内容都是文字，需要将其转换成数值才能传递给朴素贝叶斯算法处理。在 sklearn 中，有一个名为 preprocessing 的包，这里面有一个 LabelEncoder 类，可对这个类进行实例化，然后调用 fit_transform()方法将每个特征中的不同文字转换成数字。例如：

```
weather=['高','中','中','低']
LabEncoder=preprocessing.LabelEncoder()
W=LabEncoder.fit_transform(weather)
```

变量 W 为列表(list)类型，相应的值为

```
[2 0 0 1]
```

按上面的方式可将表 5.3 中两个特征转换成数字，然后用 Python 的 zip()函数将它们合并成数字表示的样本。zip()函数能将两个列表合并成元组(tuple)。例如：

```
A=[1,2,3]
B=[4,5,6]
Zipped=zip(A,B)
```

可通过 list(Zipped)查看变量 Zipped 的值，其运行的结果如下：

```
[(1, 4), (2, 5), (3, 6)]
```

再将类别也转换为数字，这样就可以调用 naive_bayes 包中的相关算法进行学习。由于这个例子中的数据很简单，因此也可以手工来实现朴素贝叶斯。其计算步骤如下。

(1) 分别计算爬山和不爬山的先验概率。

$$p(\text{爬山}=\text{是})=\frac{4}{9}$$

$$p(\text{爬山}=\text{否})=\frac{5}{9}$$

(2) 针对两个特征的不同取值，分别计算在爬山和不爬山的条件下相应的概率：

$$p(\text{天晴}\mid\text{爬山}=\text{是})=\frac{1}{4}\qquad p(\text{天晴}\mid\text{爬山}=\text{否})=\frac{1}{5}$$

$$p(\text{多云}\mid\text{爬山}=\text{是})=\frac{3}{4}\qquad p(\text{多云}\mid\text{爬山}=\text{否})=\frac{1}{5}$$

$$p(\text{下雨}\mid\text{爬山}=\text{是})=0\qquad p(\text{下雨}\mid\text{爬山}=\text{否})=\frac{3}{5}$$

$$p(\text{气温}=\text{高}\mid\text{爬山}=\text{是})=0\qquad p(\text{气温}=\text{高}\mid\text{爬山}=\text{否})=\frac{3}{5}$$

$$p(\text{气温}=\text{中}\mid\text{爬山}=\text{是})=\frac{3}{4}\qquad p(\text{气温}=\text{中}\mid\text{爬山}=\text{否})=\frac{1}{5}$$

$$p(\text{气温}=\text{低}\mid\text{爬山}=\text{是})=\frac{1}{4}\qquad p(\text{气温}=\text{低}\mid\text{爬山}=\text{否})=\frac{1}{5}$$

要预测给定样本(天晴，气温低)是否会爬山，则可通过下面的方式来计算：

$$p(\text{爬山}=\text{是})p(\text{天晴}\mid\text{爬山}=\text{是})p(\text{气温}=\text{低}\mid\text{爬山}=\text{是})=\frac{4}{9}\times\frac{1}{4}\times\frac{1}{4}=\frac{4}{144}=\frac{1}{36}$$

$$p(\text{爬山}=\text{否})p(\text{天晴}\mid\text{爬山}=\text{否})p(\text{气温}=\text{低}\mid\text{爬山}=\text{否})=\frac{5}{9}\times\frac{1}{5}\times\frac{1}{5}=\frac{5}{225}=\frac{1}{45}$$

由于 $p(\text{爬山}=\text{是})p(\text{天晴}|\text{爬山}=\text{是})p(\text{气温}=\text{低}|\text{爬山}=\text{是})$大,因此预测的结果为“要爬山”。

在计算上面的各种条件概率时,有可能出现概率值为 0 的情况,这会影响后面的分类结果。为了解决这个问题,可以将式(5.11)和式(5.12)分别修改为

$$p(c_k)=\frac{\sum_{i=1}^{n}I(y_i=c_k)+\lambda}{n+K},\quad k=1,2,\cdots,K$$

和

$$p(f_i=v_{il}\mid c_k)=\frac{\sum_{i=1}^{n}I(f_i=v_{il},y_i=c_k)+\lambda}{\sum_{i=1}^{n}I(y_i=c_k)+S_i\lambda}$$

当 $\lambda=1$ 时,称为拉普拉斯光滑(Laplace smoothing);当 $\lambda=0$ 时,则就是经典的朴素贝叶斯的计算方法。

这里给出了朴素贝叶斯的简单实现过程。目前,贝叶斯分类已被广泛地应用于垃圾邮件分类、拼写纠正和医疗诊断等,并获得了不错的效果。

5.3 改进的朴素贝叶斯

朴素贝叶斯假设各个特征之间是条件独立的,但在现实应用中,这种假设通常很难成立。假设特征之间存在各种关系就得到了各种改进的朴素贝叶斯方法。下面简单介绍这些改进的方法。

(1) 半朴素贝叶斯分类器(semi-naive Bayes classifiers)。它就是一种改进的朴素贝叶斯分类器,它的基本思想是考虑一部分特征之间的相互依赖关系。经典的半朴素贝叶斯分类器会假定每个特征最多依赖一个其他特征,这种假设称为独依赖估计(one-dependent estimator,ODE)。独依赖估计又分很多种情形,如所有特征都依赖同一个特征,这种方法称为超父独依赖估计(super parent ODE)。

(2) 贝叶斯网(Bayes network),也称为信念网(belief network),由 Judea Pearl 在 1985 年首先提出,它通过有向无环图来描述特征之间的关系。贝叶斯网是一种概率图模型(probability graph model,PGM),它通常由两部分组成:贝叶斯网的结构和贝叶斯网的参数。若特征之间有依赖关系,则用一条边连接起来,参数用来描述这种依赖关系。贝叶斯网的困难在于无法完全知道网络结构,因此,贝叶斯网的学习首先要找出与训练数据集样本结构一致的网络结构。贝叶斯网结构学习算法主要有 3 种:①基于依赖统计分析的方法。该方法通常利用统计或信息论的方法分析特征之间的依赖关系,从而获得最优的网络结构。而节点之间的依赖关系通常由两点的互信息或者条件互信息决定。②基于评分搜索的方法。该方法由评分函数和搜索算子两部分构成,评分函数评价网络结构与训练样本结构的相似程度,搜索算子决定对网络结构空间的搜索过程。③混合方法。这种方法将上述两种

方法结合在一起,通过统计分析缩小网络结构空间,再对缩小后的网络结构空间进行评分搜索,从而得到最优的网络结构。

人们通常称有固定结构的贝叶斯网为静态贝叶斯网,还有一类贝叶斯网的结构会不断变化,人们称其为动态贝叶斯网(dynamic Bayesian network)。隐马尔可夫模型(hidden Markov model,HMM)是结构最简单的动态贝叶斯网,这是一种著名的有向图模型,主要用于时序数据建模,在自然语言处理、语音识别等领域有着广泛的应用。

5.4 总结

本章首先以贝叶斯决策理论为基础,得出分类问题的期望风险最小其实就是最大化后验概率,然后介绍了计算后验概率的两种方法:判别方法和生成方法。本章介绍了两种典型的生成方法:高斯判别分析和朴素贝叶斯。高斯判别分析方法假设似然函数服从多元正态分布,这些正态分布有相同的协方差矩阵,不同的均值向量,然后通过最大似然估计得到正态分布的参数。由高斯判别分析可以得到线性判别分析,这表明生成方法和判别方法有时会有一定联系。朴素贝叶斯方法假设特征之间是条件独立的,在这个假设下计算后验概率。这是一个很强的假设条件,后来研究人员适当放宽了这个假设条件,得到了多种改进的朴素贝叶斯方法,如半朴素贝叶斯方法等。朴素贝叶斯方法在邮件分类、拼写纠正等领域有着广泛的应用。

5.5 习题

(1) 如何得到式(5.2)?

(2) Fisher 线性判别分析(FLDA)是一个著名的监督学习方法。这种方法的基本思想:将样本点投影到一条直线或超平面上,使得投影后同类样本尽量靠在一起,而不同类的样本之间尽量分开。对于一个分类问题,FLDA 方法会先将样本投影到向量 $\boldsymbol{w}$ 上,然后分别计算类间(between-class)散度矩阵 $\boldsymbol{S}_{\mathrm{B}}$ 和类内(within-class)散度矩阵 $\boldsymbol{S}_{\mathrm{W}}$,然后求解下面这个目标函数来得到 $\boldsymbol{w}$,即

$$\max_{\boldsymbol{w}} f(\boldsymbol{w})=\frac{\boldsymbol{w}^{\mathrm{T}}\boldsymbol{S}_{\mathrm{B}}\boldsymbol{w}}{\boldsymbol{w}^{\mathrm{T}}\boldsymbol{S}_{\mathrm{W}}\boldsymbol{w}} \tag{5.13}$$

① 写出 $\boldsymbol{S}_{\mathrm{B}}$ 和 $\boldsymbol{S}_{\mathrm{W}}$ 的具体形式。

② 给出式(5.13)的求解方法

③ 假设有一个训练数据集,它的样本总共分为两类,每个样本的特征数为 2,第一类总共有 5 个样本,具体数据为

$$C_1=\{(1,2),(1,2),(2,3),(3,3),(4,5)\}$$

第二类总共有 6 个样本,具体数据为

$$C_2=\{(1,0),(2,1),(3,1),(3,2),(5,3),(6,5)\}$$

绘制这些训练样本的散点(scatter)图,不同类别的样本要用不同颜色标示出来。在这个训练数据集上用 Fisher 线性判别分析找到分类超平面。

(3) 通过表 5.4 中的数据学习一个朴素贝叶斯分类器,并确定样本 $\boldsymbol{x}=(2,D)$ 的类别。

表 5.4 中的样本有两个特征 f_1、f_2，其中 f_1 的取值为{1,2,3}，f_2 的取值为{B,C,D}，类标记的取值为{0,1}。

表 5.4 用于训练朴素贝叶斯分类器的数据

样本	f_1	f_2	类标记
样本 1	1	B	0
样本 2	1	C	0
样本 3	1	D	1
样本 4	2	D	0
样本 5	2	C	0
样本 6	3	D	0
样本 7	3	D	0
样本 8	3	C	0
样本 9	3	C	1

(4) heart 数据集收集了 303 个心脏病人的信息，该数据集上有 14 个特征，最后一个特征(AHD)表示是否有心脏病，可将其作为样本的类标记。从这些特征中选择 4 个特征：胸痛型(chest pain type)、静息血压(resting blood pressure)、空腹血糖(fasting blood sugar)、最大心率(maximum heart rate)作为训练样本的特征，然后随机选择 80%的样本来训练朴素贝叶斯分类器，用剩下 20%的样本测试模型的精度。给出训练模型的精确率、正确率，并绘制 PR 曲线。

参考文献

[1] Bishop C M. Pattern recognition and machine learning (Information science and statistics)[M]. New York: Springer, 2006.

[2] Hastie T, Tibshirani R, Friedman J. The elements of statistical learning [M]. Springer Series in Statistics, 2001.

[3] Duda R O, Hart P E, Stork D G. Pattern classification [M]. 2nd ed. New York, USA: Wiley-Interscience, 2000.

[4] Fisher R A. The use of multiple measurements in taxonomic problems [J]. Annals of Human Genetics, 1936, 7(2): 179-188.

[5] Mika S, Ratsch G, Weston J, et al. Fisher discriminant analysis with kernels[C]. Neural Networks for Signal Processing IX, Proceedings of the 1999 IEEE Signal Processing Society Workshop, 1999: 41-48.

[6] Zhang G P. Neural networks for classification: a survey[J]. IEEE Transactions on Systems Man and Cybernetics Part C (Applications and Reviews), 2000, 30(4): 456-461.

[7] Kononenko I. Semi-naive Bayesian classifier[C]. European Working Session on Learning, 1991: 206-219.

[8] Friedman N, Geiger D, Goldszmidt M. Bayesian network classifiers[J]. Machine Earning, 1997, 29(2-3): 131-163.

[9] Jensen F V. Bayesian networks and decision graphs [M]. New York: Springer-Verlag, 2001.
[10] Chow C K, Liu C N. Approximating discrete probability distributions with dependence trees[J]. IEEE Transactions on Information Theory, 1968, 14(30): 462-467.
[11] Cooper G F. The computational complexity of probabilistic inference using Bayesian belief networks [J]. Artificial Intelligence, 1990, 42(2-3): 393-405.
[12] Bielza C, Larrañaga P. Discrete Bayesian network classifiers: a survey[J]. ACM Computing Surveys, 2014, 47(1): 1-43.
[13] 李航. 统计学习方法[M]. 北京: 清华大学出版社, 2012.
[14] 周志华. 机器学习[M]. 北京: 清华大学出版社, 2016.

第 6 章

决　策　树

本章重点

- 理解决策树的基本原理。
- 了解不纯度函数的定义。
- 理解信息增益的定义及作用。
- 理解基尼指数的定义及作用。
- 掌握 CART 算法的实现。
- 了解决策树的停止标准和剪枝技术。

微课视频

6.1　决策树的基本概念

决策树是一种通过树状结构进行决策的机器学习方法，它是以训练样本为基础的归纳方法，能有效地模拟人类处理问题时的决策机制。决策树是一种监督学习方法。随着大数据和人工智能的兴起，决策树作为一种构建决策系统、归纳推理的有力工具越来越受到人们的重视。

决策树有非常广泛的应用，如机械制造、生物工程、销售经营、数据挖掘、商业分析和决策等领域都会经常使用决策树。如果是用于分类的决策树，则称其为分类树；如果是用于回归分析的决策树，则称其为回归树。回归树主要进行回归预测，如可以通过回归树预测房价或者预测人寿命等。

在详细介绍决策树的理论之前，需要先简单介绍决策树的基本概念。

不管是在工作、学习或商业活动中，人们随时都需要做出决定，以明确下一步干什么。假设有一位种植苹果的果农，新收获了一批苹果，他想出售这批苹果。但这批苹果在大小、色泽、形状、质感等方面存在着显著的差异，这使得它们在价格上也应当有所不同。一种自然的做法是把这批苹果分成不同的等级，然后再按对应的等级出售。采用什么方法来划分等级呢？一种常见且简单的方法是为苹果确定几个不同的等级，如好、中、次，这些等级可以看成是苹果类别。当然也可以规定出更详细的等级，如分为 A、B、C、D、E 5 个等级。接下来选一小堆苹果，根据每个苹果的实际等级，标记出好、中、次（这堆标好等级的苹果可以看成是训练样本）；同时确定苹果的属性（为了与本书的术语一致，后面统称为特征），如苹果的大小、色泽、形状、质感等，而每个特征又可取不同的值，如尺寸可以取大、中、小，色泽可以取鲜艳、红润、青绿、暗淡等。可以通过下面的步骤对苹果分类。

（1）从这些特征中先确定出一个特征，并依据这一特征的取值对苹果分类。

（2）从剩下的特征中选出一个特征，在第一步分好的各个类中用选择的特征再次分类。

(3) 重复这个过程,直到满足停止条件为止,停止条件包括所有事先确定的特征被使用完毕,或者每堆中包含的大多数苹果属于同一类。

上述过程如图 6.1 所示,三角形中的圆圈大小代表了苹果的等级数量,圆圈越大,表示这一等级的苹果数量越多。

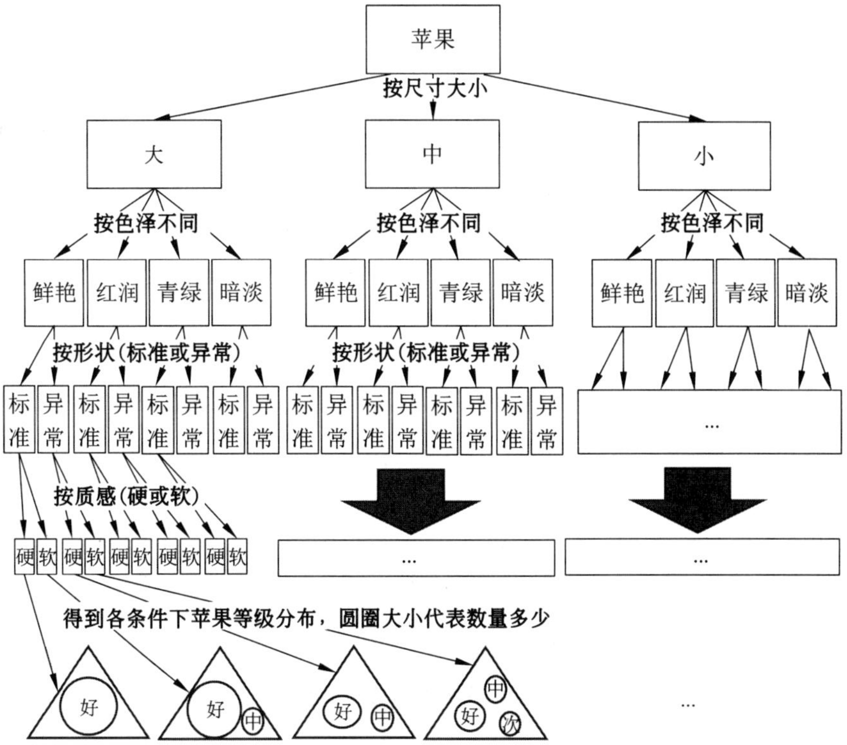

图 6.1 苹果等级划分示意图(苹果的分类决策树)

在图 6.1 中的最后几个三角形代表了每个苹果按由上至下路径得到的类别,每个苹果只能归类于一个三角形;每个三角形只有唯一的一条路径返回起点,因此每个三角形都对应着唯一的一组特征,例如,左边的第二个三角形对应的特征组合为[大,鲜艳,标准,软]。同时,每个三角形中包含不同等级苹果的比例可能各不相同,某个等级的苹果数量占优势,则表示该等级就是所有苹果的等级。例如,在第二个三角形中,等级为"好"的苹果比等级为"中"的苹果数量多,因此可将具备有特征[大,鲜艳,标准,软]的苹果等级确定为"好",这表明第二个三角形的苹果等级为"好"。

上述利用苹果已知的类别和特征来建立划分苹果等级(类别)的模型就是典型的决策树模型。从图 6.1 可以看出决策树模型具有树状结构。有了这棵树,就可以根据苹果的特征划分苹果的等级。对于一个苹果,只需根据它的特征,由上到下在决策树中顺着特征对应的路径就可以找到该苹果对应的等级。从机器学习的角度来看,决策树就是一种利用样本归纳学习的方法。上面用于划分苹果等级的决策树,就是利用苹果已知的等级和特征推理来归纳出划分等级的规则。

决策树采用单向递归方式进行归纳推理,因此简单明了,不需要使用者了解很多相关的背景知识,只要训练决策树的样本能够表示特征与类别的关联性即可,而且推理结构层次分明,推理过程灵活多变,适应性强,符合人类理性思维的自然习惯,因此广受欢迎。

图 6.2 也是一棵决策树,它的各个分支(或路径)都是从节点开始的,起始节点称为根节点,最后的各个节点称为叶节点(在图 6.2 中以圆形表示),其他节点称为内部节点或分支节点(在图 6.2 中以矩形框表示)。叶节点代表样本的类别,而内部节点是特征,这些特征的取值决定了该节点的分支数量和分支标准。决策树除根节点和叶节点外,每个节点都有一个唯一的上级节点,称为父节点;同时可能有多个子节点。当然有时各分支所包含的层数不一定相同,层数称为树的深度,因此分支越多、深度越深、叶节点越多,其包含的特征和类别数也越多,这说明决策树越复杂。

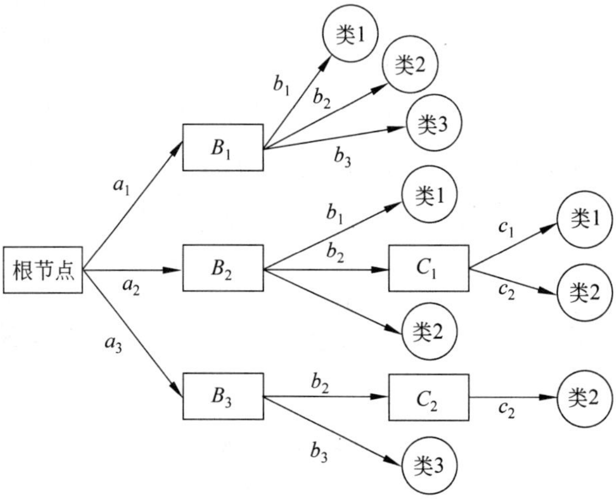

图 6.2 决策树的另一个例子

下面对决策树进行说明。

(1) 每个节点可能有两个或多个分支,这与特征的取值范围相关;如果每个内部节点只有两个分支,则称其为二叉决策树。

(2) 特征的取值可能是数字类型,也可能是类别(category)类型,如性别的取值为"男"或"女"。数字类型的值可以是离散的,也可以是连续的。

(3) 分类结果(各叶节点所代表的类别)既可以是两类,也可以是多类;如果是二叉树,则分类结果只有两类,人们常称其为布尔决策树。

从上面的例子可以看出决策树其实是一个 if-then 的规则集合。

上面已经介绍了为划分苹果等级而构建的分类决策树,下面再举例说明回归决策树的应用。

回归的预测值(也称输出值)为连续的实数,它是对产生这些数据的未知函数进行拟合,使所得的函数尽量逼近真实函数。假设有 n 个样本的训练数据集 $\boldsymbol{X}=[\boldsymbol{x}_1,\boldsymbol{x}_2,\cdots,\boldsymbol{x}_n]$,输出值 $\boldsymbol{y}=[y_1,y_2,\cdots,y_n]$,其中第 i 个样本 $\boldsymbol{x}_i$ 对应的类标记值 y_i。为了简化问题,假设每个样本只有一个特征 x,这些样本数据和输出值是由函数 $y=x^2$ 产生的,并限定 x 的取值范围为$[-1,1]$,y 的取值范围为$[0,1]$。可以把 x 的取值范围再分成不同的小区间,每个区间取平均值作为阈值来进行离散化。具体而言,将从根节点开始,在 0 处将 x 的取值分开,然后再各分为 4 个区间，如 x 大于 0 的部分分成的 4 个区间为[0,0.25]、[0.25,0.5]、[0.5,0.75]、[0.75,1]。在回归决策树中，每个叶节点的值就是叶节点的样本所对应的 y 的平均值。因此，可通过上面的分析建立一棵回归树，如图 6.3 所示，其中 y 的均值是指 y 的平均值。

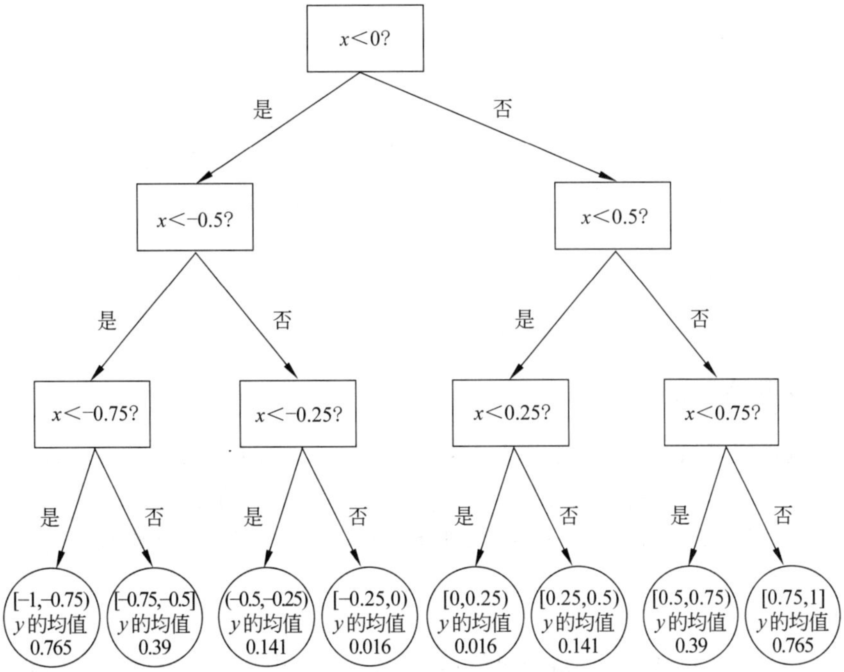

图 6.3　回归树的例子

例如，对 x 为正的数据，再看其是否大于 0.5，如果大于，则看其是否大于 0.75，这样一直进行下去，最后计算 x 落入哪个叶节点，则将 y 的均值作为对 x 的输出值的预测。每个叶节点中 y 的均值是先计算叶节点的区间平均值，将得到的平均值代入式 $y=x^2$ 而得到，如最左边的叶节点的区间为[−1,−0.75)，则平均值为 −0.875，因此 y 的平均值为 −0.765。若将其作为纵坐标，再将 x 的取值作为横坐标，得到图 6.4，虚线表示 x、y 之间的实际函数曲线，折线是回归树拟合的结果所示的回归折线图。

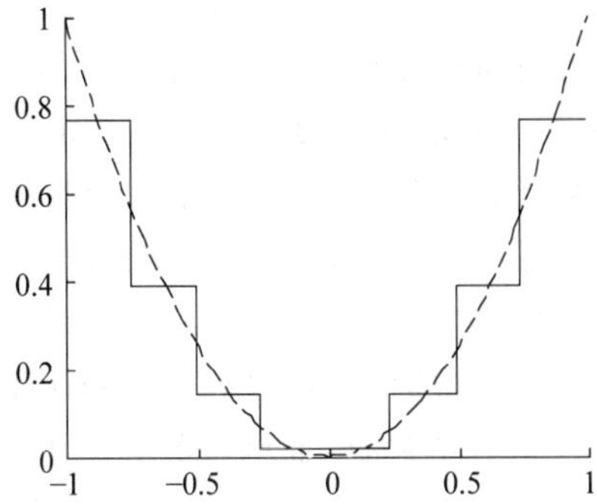

图 6.4　由回归树得到的回归折线

图 6.4 得到的回归折线虽然较为粗糙，但能大致地反映出原曲线的整体走势。如果把区间划得更小，则拟合的折线会更逼近曲线；当然这样做会要求更多的测试数据，还需要将各区间划分得更小，这会导致叶节点数量更多，从而使回归树更复杂。

6.2 构建决策树

如何构建决策树是决策树模型的关键问题，本节重点讨论决策树的构建原理。由前面构建对苹果进行分类的决策树和曲线回归树的过程可知，决策树的构建总是由根节点开始，依据特征的值分裂出各子节点。因此，除叶节点外，每个节点都有一个阈值，某个特征的取值若小于给定的阈值时就归入一个分支，若大于给定的阈值时就归入另一个分支。当一个节点需要进一步划分成多个子节点时，就要找到一个合适的特征属性，并取一个合适的阈值作为划分的依据。通常大多数决策树的内部节点在分裂时只选择一个特征。选取哪个特征合适呢？例如，我们在构建对苹果进行分类的决策树时，先选择的是尺寸这个特征，其取值是大、中、小；但也可以先采用色泽这个特征。显然，如果在划分子节点时采用的属性及其取值不同，得到的分类结果也不相同。因此需要一个标准来评价选取特征的优劣，最常使用的评价标准是不纯度函数(impure function)。

6.2.1 不纯度函数的定义

不纯度函数不是指某个具体的函数，而是指满足一定约束条件的某类函数，其作用是用于判断节点分裂时所选择特征的好坏。下面给出不纯度函数的定义：设特征 x 可取 k 个不同的值，相应概率为 $P=[p_1,p_2,\cdots,p_k]$；如果满足以下 5 个条件，则函数 $L:[0,1]^k\to\mathbf{R}$ 就称为不纯度函数。

(1) $L(P)\geqslant 0$。

(2) $\exists i$，使 $p_i=1$，则 $L(P)$取极小值；x 只取 k 个值中的某个值(概率为 1)。

(3) $\forall i\in\{1,2,\cdots,k\}$，$p_i=\dfrac{1}{k}$，则 $L(P)$取极大值；x 的 k 个值出现的概率相同。

(4) $L(P)$对元组具有交换对称性，即 $L(\cdots,p_i,\cdots,p_j,\cdots)=L(\cdots,p_j,\cdots,p_i,\cdots)$。

(5) $L(P)$是光滑的，即处处可微。

条件 1 使得不纯度函数的返回值是非负数。条件 2 和 3 是很重要的约束，如果苹果的尺寸都可以用属性“大”来标记(苹果为“大”的概率为 1)，利用尺寸的大小来划分苹果也就失去了意义，不纯度函数取极小值理所应当；另一方面，如果大、中、小苹果的出现概率相同或接近，则说明按尺寸大小来分类是可行的。条件 4 也明显需要，因为对同一堆苹果，如果可以按大小分类，把大的苹果从小的苹果中分离出来与把小的苹果从大的苹果中分离出来得到的结果应当保证一致，也就是不纯度函数应当给出同样的判别结果。至于需要条件 5 的理由也很简单，有时不单要利用不纯度函数 $L(P)$实现判断，有可能还需要函数的增量 $\Delta L(P)$作为判据，而函数的可微可以保证其增量(即导函数)的连续性。

对于给定的训练数据集 $\boldsymbol{X}$，其某类标记 y(回归也称为输出值)的取值范围为$\{c_i\}$，$i=1,2,\cdots,k$，则其类标记的概率向量定义为

$$P_y(\boldsymbol{X})=\left(\frac{|\boldsymbol{X}_{y=c_1}|}{|\boldsymbol{X}|},\frac{|\boldsymbol{X}_{y=c_2}|}{|\boldsymbol{X}|},\cdots,\frac{|\boldsymbol{X}_{y=c_k}|}{|\boldsymbol{X}|}\right)$$

式中，$|\boldsymbol{X}|$为训练数据集样本总数；$|\boldsymbol{X}_{y=c_i}|$为样本中类标记 y 的值为 c_i 的数量。同时，假设训练数据集 $\boldsymbol{X}$ 的特征集为 $\boldsymbol{f}=\{f_i\}$，$i=1,2,\cdots,l$，属性 f_i 的值域为 $f_i=\{a_{i,1},a_{i,2},\cdots,$

$a_{i,m}\}$，则根据特征 f_i 及其取值 $a_{i,j}$ 来划分 $\boldsymbol{X}$，由此产生的类标记 y 的不纯度所减少的值 $\Delta\Phi(f_i,\boldsymbol{X})$ 作为评估此次分割的好坏指标。

$$\Delta\Phi(f_i,\boldsymbol{X})=L(P_y(\boldsymbol{X}))-\sum_{j=1}^{m}\frac{|\boldsymbol{X}_{f_i=a_{i,j}}|}{|\boldsymbol{X}|}L(P_{a_{i,j}}(\boldsymbol{X}))\tag{6.1}$$

式中，$|\boldsymbol{X}_{f_i=a_{i,j}}|$ 为训练数据集 $\boldsymbol{X}$ 中属性 f_i 取值为 $a_{i,j}$ 的数量；$L(P_y(X))$ 为分裂前 $\boldsymbol{X}$ 的不纯度函数值的大小；$L(P_{a_{i,j}}(\boldsymbol{X}))$ 为分割后属性取值为 $a_{i,j}$ 的样本集对应的不纯度函数。一般来说，若分割后不纯度有明显的降低，则说明此次划分是有效的；若不纯度变化较小，甚至增加，则说明选择特征 f_i 进行分类不好，可考虑另选其他特征或不再继续进行划分。

6.2.2 常用不纯度函数

由不纯度函数的定义可知只要满足上述 5 个条件，任何函数都可以当作不纯度函数，这样的函数有很多，其中常用的不纯度函数有信息增益和基尼指数(Gini index)两种。

1. 信息增益

设 $\boldsymbol{X}$ 是训练数据集，总共包含 k 个类别，p_i 为第 i 类样本所占的比例，则 $\boldsymbol{X}$ 的信息熵定义为

$$\mathrm{Ent}(\boldsymbol{X})=-\sum_{i=1}^{k}p_i\log_2 p_i\tag{6.2}$$

从信息熵的定义可以看出，如果 $\boldsymbol{X}$ 中所有样本只属于一个类别，则说明这些样本很纯，$\mathrm{Ent}(\boldsymbol{X})=0$，这是最小值；如果每个类别的样本数量相同，则 $p_i=1/k$，这说明各类数据混杂在一起，此时 $\mathrm{Ent}(\boldsymbol{X})$ 为最大值。这说明信息熵符合不纯度函数的要求，可用于评价节点的划分。但它有一个不足之处，如果类别数较大(k 值较大)，则容易受到样本数量相对较多的类别的影响，不宜直接作为判断指标，此时可以引入信息增益。由式(6.1)可知，对于训练数据集 $\boldsymbol{X}$，判断特征 f_i 是否可以作为划分特征的标准为

$$\mathrm{Egain}(\boldsymbol{X},f_i)=\Delta\Phi(f_i,\boldsymbol{X})=\mathrm{Ent}(\boldsymbol{X})-\sum_{j=1}^{m}\frac{|\boldsymbol{X}_{f_i=a_{i,j}}|}{|\boldsymbol{X}|}\mathrm{Ent}(\boldsymbol{X}_{f_i=a_{i,j}})\tag{6.3}$$

式(6.3)称为信息增益，它反映了信息熵在节点划分前后的变化。在式(6.3)中，$\mathrm{Ent}(\boldsymbol{X}_{f_i=a_{i,j}})$ 表示特征 f_i 为 $a_{i,j}$ 的集合的信息熵，在 f_i 中，取值为 $a_{i,j}$ 的样本可能来自多个类别，此时就可以按式(6.2)计算。

信息增益也有一个缺点：当某个特征的取值很多时，其信息熵变得很小，从而使信息增益变大，这种情况如果采用信息增益来选取划分的特征，则取值较多的特征会更容易被选上，这样的效果往往并不一定好。例如，在前面苹果的例子中，尺寸大小这个属性有 3 个取值[大，中，小]，而色泽有 4 个取值[鲜艳，红润，青绿，暗淡]，此时若用信息增益来选取分割属性，色泽就比尺寸好。

下面举一个例子来说明如何通过信息增益建立决策树。为简单记，设训练数据集 $\boldsymbol{X}$ 的样本数为 12，其类别属性 y 仅有两个取值$\{c_1,c_2\}$，其中 $|\boldsymbol{X}_{y=c_1}|=7$，$|\boldsymbol{X}_{y=c_2}|=5$；则训练数据集 $\boldsymbol{X}$ 的熵为

$$\mathrm{Ent}(\boldsymbol{X})=-\sum_{i=1}^{2}p_i\log_2 p_i=-\frac{7}{12}\log_2\frac{7}{12}-\frac{5}{12}\log_2\frac{5}{12}\approx 0.98$$

又假设 $\boldsymbol{X}$ 的特征集为 $F=\{f_i\}$，$i=1,2$，特征 f_1 的取值为 $f_1=\{a_{1,1},a_{1,2}\}$；特征 f_2 可取

3 个值 $f_2=\{a_{2,1},a_{2,2},a_{2,3}\}$。

表 6.1 给出了 12 个样本在不同类别和特征取值下的分布情况。若要用这 12 个样本训练决策树,首先需要从特征 f_1、f_2 中选择一个作为根节点。假设选择特征 f_1,从表 6.1 中可知,在特征 f_1 中,取值为 $a_{1,1}$ 的样本个数为 3,其中有 3 个是第一类,第二类为 0 个;取值为 $a_{1,2}$ 的样本有 9 个,其中第一类为 4 个,第二类为 5 个。由式(6.4)可得在特征 f_1 下的两个分支节点的信息熵为

$$\begin{cases}\mathrm{Ent}(\boldsymbol{X}_{f_1=a_{1,1}})=-\dfrac{3}{3}\log_2\dfrac{3}{3}-\dfrac{0}{3}\log_2\dfrac{0}{3}=0\\[2ex]\mathrm{Ent}(\boldsymbol{X}_{f_1=a_{1,2}})=-\dfrac{5}{9}\log_2\dfrac{5}{9}-\dfrac{4}{9}\log_2\dfrac{4}{9}=0.991\end{cases}\tag{6.4}$$

表 6.1 不同特征取值下的样本数及其类别

样本数	c_1	c_2	样本数	c_1	c_2
$a_{1,1}$	3	0	$a_{2,2}$	2	2
$a_{1,2}$	4	5	$a_{2,3}$	3	2
$a_{2,1}$	2	1			

再由式(6.3)可得根据特征 f_1 进行划分时产生的信息增益为

$$\mathrm{Egain}(\boldsymbol{X},f_1)=0.98-\left(\frac{3}{12}\times 0+\frac{9}{12}\times 0.991\right)=0.2368$$

同理可计算出根据特征 f_2 进行分支时产生的 3 个分支信息熵及信息增益为

$$\mathrm{Ent}(\boldsymbol{X}_{f_2=a_{2,1}})=0.918$$

$$\mathrm{Ent}(\boldsymbol{X}_{f_2=a_{2,2}})=1$$

$$\mathrm{Ent}(X_{f_2=a_{2,3}})=0.971$$

$$\mathrm{Egain}(X,f_2)=0.98-\left(\frac{3}{12}\times 0.918+\frac{4}{12}\times 1+\frac{5}{12}\times 0.971\right)=0.0126$$

由上面的计算可知,选用特征 f_1 时产生的信息增益大于选用特征 f_2 时产生的信息增益,按信息增益最大化的原则,应先选择 f_1 来构建决策树。由此得到的决策树如图 6.5 所示,4+5 表示第一类样本数为 4、第二类样本为 5,以此类推。

由图 6.5 及前面的计算可知,取值为 $a_{1,1}$ 的分支节点中有 3 个样本,且均属类别 c_1,其信息熵为 0,说明数据纯度已经达到 100%,无须再进行分割;取值为 $a_{1,2}$ 的分支节点中有 9 个样本,4 个属类别 c_1,5 个属类别 c_2,其信息熵为 0.991,说明数据不纯度较高,有必要再分支,此时仅有特征 f_2 可用。此时可将 $\boldsymbol{X}_{f_1=a_{1,2}}$ 所在节点的样本集看作新的根节点(父节点),记为 $\boldsymbol{X}'$ 重复上述算法,即可得到 3 个新的子节点。新节点中的样本数为 9,其分布如表 6.2 所示。

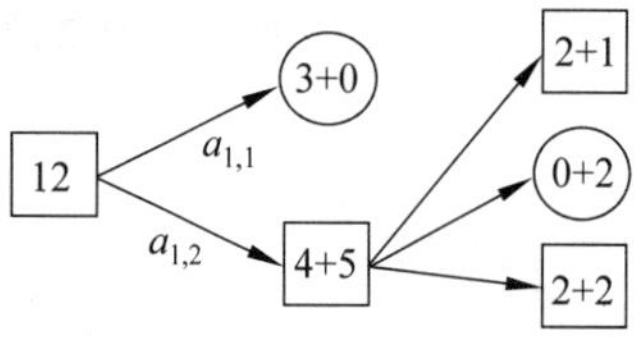

图 6.5 基于信息增益的决策树

表 6.2 新节点中各属性值下的样本数及其类别

样本数	c_1	c_2
$a_{2,1}$	2	1
$a_{2,2}$	0	2
$a_{2,3}$	2	2

特征 f_2 在各个取值上的信息熵分别为

$$\text{Ent}(\boldsymbol{X}'_{f_2=a_{2,1}})=-\frac{2}{3}\log_2\frac{2}{3}-\frac{1}{3}\log_2\frac{1}{3}=0.918$$

$$\text{Ent}(\boldsymbol{X}'_{f_2=a_{2,2}})=-\frac{0}{2}\log_2\frac{0}{2}-\frac{2}{2}\log_2\frac{2}{2}=0$$

$$\text{Ent}(\boldsymbol{X}'_{f_2=a_{2,3}})=-\frac{2}{4}\log_2\frac{2}{4}-\frac{2}{4}\log_2\frac{2}{4}=1$$

划分分支后的信息增益则为

$$\text{Egain}(\boldsymbol{X}',f_2)=0.991-\left(\frac{3}{9}\times 0.918+\frac{2}{9}\times 0+\frac{4}{9}\times 1\right)=0.241$$

新分割出来的 3 个分支中，第 1、3 分支不纯度较高，还需利用其他特征做进一步分割；而第 2 分支不纯度为 0，则无须分割，直接标记为叶节点。

2. 基尼指数

基尼指数是另一个常用的不纯度函数，对于给定的训练数据集 $\boldsymbol{X}$，某个类标记（回归称为输出变量）用 y 来表示，其取值范围为 $\{c_i\}$，$i=1,2,\cdots,k$，则其基尼指数定义为

$$\text{Gini}(y,\boldsymbol{X})=1-\sum_{i=1}^{k}p_i^2=1-\sum_{j=1}^{k}\left(\frac{|\boldsymbol{X}_{y=c_j}|}{|X|}\right)^2$$

与式(6.3)类似，当根据特征 f_i 来划分时，相应的判断指标可表示为

$$\text{Ggain}(\boldsymbol{X},f_i)=\text{Gini}(y,\boldsymbol{X})-\sum_{j=1}^{m}\frac{|\boldsymbol{X}_{f_i=a_{i,j}}|}{|\boldsymbol{X}|}\text{Gini}(\boldsymbol{X}_{f_i=a_{i,j}})$$

需要注意的是，无论信息增益还是基尼指数，其值越小表明数据纯度越高，其计算不纯度的公式在形式上没有什么不同，例如，在上面针对训练数据集 $\boldsymbol{X}$ 的决策树构建中，如果采用基尼指数来计算，只需将信息熵改换成对应的基尼指数，即

$$\text{Gini}(\boldsymbol{X})=1-\left[\left(\frac{7}{12}\right)^2+\left(\frac{5}{12}\right)^2\right]=0.486$$

$$\text{Gini}(\boldsymbol{X}_{f_1=a_{1,1}})=1-\left[\left(\frac{3}{3}\right)^2+\left(\frac{0}{3}\right)^2\right]=0$$

$$\text{Gini}(\boldsymbol{X}_{f_1=a_{1,2}})=1-\left[\left(\frac{4}{9}\right)^2+\left(\frac{5}{9}\right)^2\right]=0.494$$

由此得出特征 f_1 的基尼指数变化为

$$\text{Ggain}(\boldsymbol{X},f_1)=0.486-\frac{3}{12}\times 0-\frac{9}{12}\times 0.494=0.116$$

同理可计算与 f_2 的基尼系数的变化。有研究表明，用信息增益和基尼指数来评价节点分割的效果没有明显的区别。

6.3 典型的决策树算法

用于构造决策树的算法很多，比较经典且流行的算法有 ID3、C4.5、CART、CHAID 等。C4.5 算法是 ID3 算法的进一步发展，但其核心思想没有改变；而 CART 算法和 CHAID 算

法也很类似,主要不同之处在于节点的分裂指标,因此以下主要介绍 CART 算法和 ID3 算法。

6.3.1 CART 算法

CART(classification and regression tree)算法既可用于创建分类树,也可用于构造回归树,两者在建立过程中略有差异,但都属于二叉树。

在 CART 分类树中,特征可以是连续变量,也可以是离散变量,但类标记则是离散类型。CART 分类树采用基尼指数来选择特征。CART 是二叉树,如果选取的特征取值超过两个,就要先对这些取值进行两两组合,然后再计算这些组合的基尼指数,并选择最小一种组合作为划分的标准。例如,特征 f_i 有 3 个取值$[a_{i,1},a_{i,2},a_{i,3}]$,可以分别计算出$[a_{i,1},a_{i,2}]$、$[a_{i,2},a_{i,3}]$及$[a_{i,1},a_{i,3}]$的基尼指数,然后选取具有最小基尼指数的一组特征进行划分。对于连续变量类型的特征取值,可以先把连续值转换成离散值,如按某种固定大小的区间划分这些连续值,然后取每个区间的平均值表示所有处于该区间的值,前述曲线回归的例子中对连续值的处理就属于这种方式。

当 CART 作为回归树时,输出变量会使用连续值,而对特征采用的评价指标是另一种不纯度函数——样本方差。方差反映了特征中各个取值的分散程度,方差越小,说明子节点差异性越小,划分的效果越好。因此,可以选择方差最小的特征进行划分。

假设有 n 个样本的训练数据集 $\boldsymbol{X}=[\boldsymbol{x}_1,\boldsymbol{x}_2,\cdots,\boldsymbol{x}_n]$,输出值 $\boldsymbol{y}=[y_1,y_2,\cdots,y_n]$取连续值,其方差定义为

$$\sigma(\boldsymbol{X})=\frac{1}{|\boldsymbol{X}|}\sum_{i=1}^{n}(y_i-\bar{y})^2$$

式中,y_i 是 $\boldsymbol{X}$ 中第 i 个样本对应的输出值;$\bar{y}$ 是所用样本输出值的平均值。由于 CART 回归树采用方差作为评价指标,因此针对每个节点,需要先计算方差;再选取节点方差之和最小的特征进行划分。具体的计算公式为

$$\Delta\sigma(\boldsymbol{X},x_f)=\sigma(\boldsymbol{X})-\frac{1}{|\boldsymbol{X}|}\Big(\sum_{f_i\leqslant x_f}(y_i-\bar{y}_1)^2+\sum_{f_i>x_f}(y_i-\bar{y}_2)^2\Big)$$

式中,x_f 为把 f_i 分为两部分的阈值;$\bar{y}_1$ 和$\bar{y}_2$ 分别为两个子节点的平均值。由于父节点的方差 $\sigma(\boldsymbol{X})$及样本数量$|X|$都已知,只需要计算上式后面两项即可。

前面构建曲线回归树时,先选取了 $x=0$ 作为划分阈值把样本分开,再在子节点中选取新的 x 值作为划分的阈值。这个例子直接将 0 作为划分阈值,因为 x 的取值范围是对称区间$[-1,1]$。但在一般的情况下需要选择阈值来进行划分。

6.3.2 ID3 算法

ID3 算法是 1979 年 Quinlan 提出的,它以信息熵作为选取特征标准,选择信息增益最大的特征作为决策树的节点。ID3 算法非常简单,具体的算法思路如下。

(1) 从根节点开始,对所有特征计算信息增益,将信息增益最大的特征作为节点来进行划分。

(2) 对各子节点调用上述的特征选择方法,层层递归得到决策树。

(3) 当信息增益很小或者没有多余的特征或达到人为设定的条件时停止递归,从而得到最终的决策树。

ID3 算法是一个采用信息增益建立决策树的典型例子。

6.4 决策树的构建策略及预测

不纯度函数能选出划分的特征,但以何种顺序来建构决策树呢?通常有两种方法:广度优先和深度优先。广度优先按照层次顺序构建决策树,即先分裂出根节点的子节点,对于这些子节点,再根据条件分裂出子节点,这样一层一层地依次分裂,其特点是同层次的节点划分完成后才进行下一层的划分;深度优先则是先划分出根节点的左子节点,所有节点的左子节点先分割,直到此条路径不需要再划分为止,然后再进行右侧节点的分裂,这种方法总是沿单一路径从根节点开始直到叶节点结束,然后再沿相邻路径分裂,因此深度优先策略是每次只划分一个子节点。两种构建方式如图 6.6 所示,其中各框中数字代表分裂顺序。

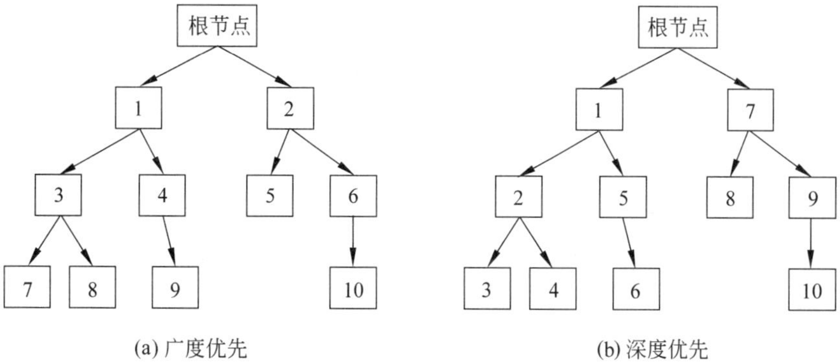

图 6.6　决策树的两种构建方式

一旦构建好决策树后,就可以利用决策树预测未知样本的类标记或输出值。在决策树中只有叶节点含有预测信息。一个测试样本会从根节点出发,根据样本特征的取值选择恰当的路径,不管怎样,最终会到达一个叶节点,如果叶节点只有一个样本,则此叶节点的类标记或输出值就是这个样本的预测值。如果叶节点包含多个样本,对于分类问题,则可根据叶节点内各类样本的比例分类,即比例最大的类别就作为此叶节点的预测类别;对于回归问题,叶节点内所有样本输出值的平均值作为样本的预测值。

6.5 决策树的停止标准与剪枝技术

前面介绍了决策树的构建方法,不管是分类树还是回归树,它们的主要思想都很类似,只是在构建决策树的过程中采用的不纯度函数有所不同,但构建时都是采用递归方式。决策树在学习的过程中会尽可能对训练数据集进行正确分类,这会导致整个决策树分支太多,从而产生过拟合(over fitting)问题。过拟合不但降低决策树的泛化能力,而且也使得计算效率低下。为了防止决策树过于复杂,通常会采用停止标准或剪枝技术。

6.5.1 停止标准

停止准则是预防在决策树构建过程中产生过多分枝的一种方法,它可解决决策树的过拟合问题。停止标准的基本思想是预先确定一些停止指标或判断标准,在构建决策树的过程中,一旦有节点满足这些指标,就停止构建决策树,使当前的节点成为叶节点。

下面是一些常用的停止标准。

(1) 对于分类问题,当一个节点的所有样本属于同一类别或某类样本数量占绝对多数;对于回归问题,当节点中的所有样本的预测值落在同一区间。

(2) 当树的深度达到规定大小。

(3) 当节点内样本数量少于父节点中类别最少的样本数量。

(4) 当节点中的样本数量少于规定的数量。

(5) 当按最优分割后产生的不纯度变化少于事先给定的阈值。

选择合适的停止标准通常是一件困难的事情,这是因为过于严格的标准有可能使决策树尚未达到最优就停止,从而产生欠拟合(under fitting)问题;而过于宽松的标准有可能出现过拟合问题。另外,停止标准需要事先确定,这对很多应用问题是很难实现的。

6.5.2 剪枝技术

剪枝技术是Breiman等为了改进停止标准的不足,在1984年提出的一种防止决策树过于复杂的方法。剪枝技术比停止技术能更好地改进决策树的性能,特别是在训练数据集有噪声的情况下能有效提高决策树的鲁棒性。剪枝除了可以避免过拟合问题之外,也能让决策树更加精简。剪枝会"剪"去那些不算重要的子树或叶节点,而将父节点作为新的叶节点。决策树的剪枝方法主要有两种:预剪枝和后剪枝。

1. 预剪枝

预剪枝是在对节点进行划分之前进行预估,如果节点在划分后不能使决策树的泛化能力得到提升,则不对当前的节点进行划分,并将此节点标记为叶节点。其实预剪枝的基本出发点与停止标准比较相似,故有时也将预剪枝技术看成是停止技术。怎样进行预评估是预剪枝的一个关键问题。有多种预剪枝的评价标准,常见的评价标准有基于误差改善的方法、基于精确率(precision)提升的方法、基于减小计算复杂度的方法或基于熵的方法等,这些方法各有特点,因此需要根据不同的问题选择恰当的评价方法。对于基于精确率的方法,需要在划分前,先计算出节点的精确率,然后计算划分后的精确率,如果精确率没有得到明显改进,则剪除后面的分支,此节点就是叶节点。

下面通过一个例子来说明如何根据精确率进行预剪枝。如图6.7所示,假设由某节点(图中?号表示)划分得到了子节点A,A中有10个样本,其中6个属于第一类,4个属于第二类。由于第一类占优,所以把节点A标记为第一类,其分类精确率为6/(6+4)=60%。若对A进行分割,得到子节点B、C;因B中第一类样本占优,故B标记为第一类;同理,可将C标记为第二类,则B节点正确分类的数量为5,C节点对第二类正确分类的数量为3,因此在B、C节点中,对第一类样本总的分类精确率为(5+3)/(6+4)=80%,精确率得到提升,因此A可以划分成两个新节点——B和C。采用同样的方法评价节点B和C,如果分割前后精确率没有改善,则标记为叶节点。其他节点的剪枝也是按这种方法处理。上面的例子计算了两个子节点总的精确率，当然也可以考虑单个子节点精确率的提高。如图 6.8 所示，B 中第一类精确率提高到 100%，而 C 中精确率下降至 50%，但第二类精确率上升到 50%，因此也可以将 B 节点作为 A 节点的子节点，但无须再分，即 B 节点就是叶节点，而 C 节点可以再进行分割。

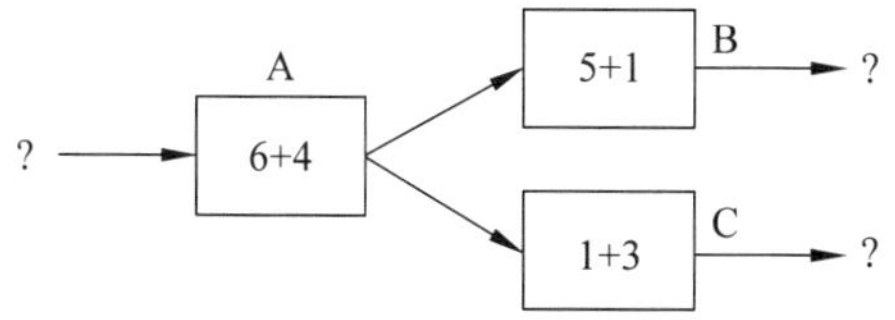

图 6.7　预剪枝示意图

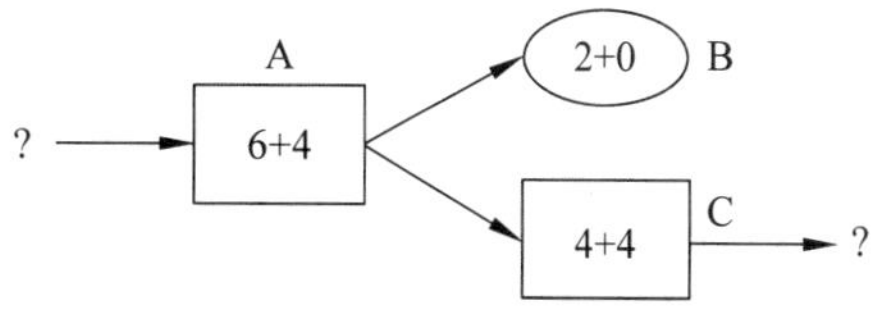

图 6.8　基于精确率的预剪枝

由于预剪枝与停止技术的基本思想相同，因此上面的这个例子也可推广至停止标准的应用中。

2. 后剪枝

后剪枝会先构建整棵决策树，然后再由底部开始，由下至上对非叶节点进行评估，看将该节点换为叶节点后是否能够提升决策树的性能，如果能提升性能，则将此节点替换为叶节点，而其原有的子节点（即叶节点）则被剪除，这样层层向上，直到到达根节点为止。而判断是否需要剪枝的依据与预剪枝相同，一般也是基于分类精确率。图 6.9 给出了用分类精确率作为判别标准对节点 A 的后剪枝示例。

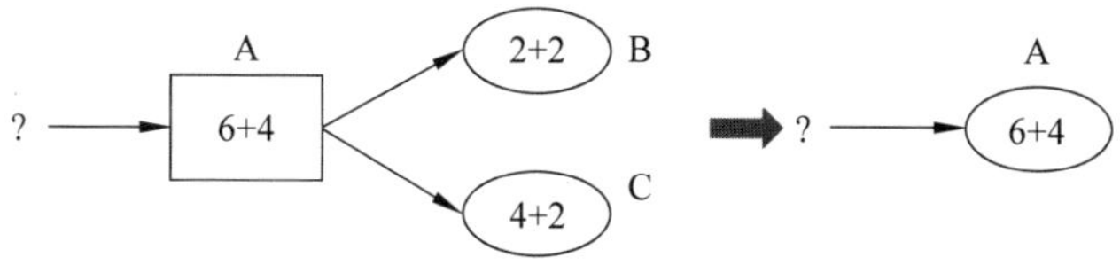

图 6.9　对节点 A 的后剪枝示例

在图 6.9 中，节点 A 被分成两个叶节点 B 和 C。在 A 节点中，第一类样本占的比例（精确率）为 6/10，在分成两个节点后，在它们中间的第一类样本占的比例仍为 6/10，说明分裂并未带来精确率的提高，所以把节点 B、C 剪去而将节点 A 作为叶节点。

由于是在满足精确率的前提下进行后剪枝，所以可以认为是牺牲了一定的精确率来减少决策树的复杂性；而从决策树的优化角度来看，后剪枝更像是从全局寻找最优解，因为后剪枝可以通过搜索整棵树，然后剪除最不需要的节点。与后剪枝相比较，预剪枝更像是从局部寻找最优解，因为它是走一步看一步，缺少全局信息，所以很难达到全局优化的结果。一般来说，预剪枝存在欠拟合的风险，而后剪枝的计算效率较低。

由于剪枝要损失掉部分精确率，所以要尽量在保证必要的精确率的前提下提高树的整体性能，而后剪枝策略可以先搜索全局每个节点，因此除精确率外，需要定义适当的全局损失函数来约束后剪枝，以获得均衡的效果。下面将简单介绍基于损失函数最小化的后剪枝思想。

用 T 来代表决策树，k 为类别数量，i 表示 T 的第 i 个叶节点。并设 T 的叶节点个数为 $|T|$，叶节点 i 中共有 N_i 个样本，其中属于第 j 类的样本数为 N_{ij}，则可定义第 i 个叶节点的信息熵为

$$H_i = -\sum_{j=1}^{k} \frac{N_{ij}}{N_i} \log_2 \frac{N_{ij}}{N_i}$$

引入非负正则化参数 $\alpha \geqslant 0$,则 T 的损失函数可表示为

$$C(T,\alpha) = \sum_{i=1}^{|T|} N_i H_i + \alpha |T|$$

引入这种损失函数是基于这样的事实:决策树在构建过程中,通过节点的不断分割,节点中样本的不纯度逐渐降低,数据的混乱程度(也就是熵)在减少;而剪枝是逆向行为,必然使熵增加,从而降低决策树的性能。这种损失函数在熵与决策树性能之间权衡,使得通过剪枝让决策树有较好的性能。具体而言,损失函数的第一项可理解为叶节点的熵值加权平均,引入节点样本数 N_i 作为加权系数是为了使剪枝后尽量不要出现包含样本数量大而熵值较高的叶节点,因为较大的 N_i 和 H_i 使 $C(T,\alpha)$ 值较大。第二项 $\alpha |T|$ 是个正常数,其中 $|T|$ 是决策树叶节点的总数,代表了树的复杂程度;而 α 是正则参数,可以根据需要而调整。引入第二项的目的是为了让决策树经过剪枝后尽可能的简洁,也就是通过剪枝达到为决策树"瘦身"的目的。总之,该损失函数就是在决策树的精确性与复杂性上进行折中选择。

应用最小损失函数进行后剪枝的基本步骤如下。

(1) 生成决策树。

(2) 除根节点外,计算每个节点的熵。

(3) 从叶节点开始向上剪枝,每剪一次,求出新形成的子树的熵。

(4) 不断向上递归,最终会得到损失函数最小的子树,则该子树就是剪枝后最优的子树。

6.6 决策树的优缺点

了解到决策树构建方法及其特点后,下面介绍决策树在实际应用中的优缺点。总的来说,决策树有很多优点,主要表现在以下 6 个方面。

(1) 可解释性强,整个预测推理过程及结果都能非常直观地展示出来。

(2) 表达能力强,可处理离散型和连续型数据,甚至类别(category)数据,如性别中的"男"和"女"。

(3) 可处理包含缺失数据或特征不全的样本。

(4) 由于是非参数型模型,因此不需要先验知识,也无需样本分布类型或分类器结构方面的先验知识。

(5) 对于复杂的分类问题,一般分类方法的代价可能很高,而决策树只需通过单一路径上的各个节点进行分类即可,其分类代价很小。

(6) 不需要对数据进行复杂的预处理。

决策树的缺点主要表现在以下 3 方面。

(1) 决策树在节点分裂时通过局部寻优来选取特征,这是借鉴贪心算法的思想,因而有可能使整体性能不够稳定。不稳定性主要体现在决策树对训练数据集较为敏感,不同的训练数据集可导致不同结构的决策树;此外,也较易受到无关特征、噪声数据等因素的影响,使得在根节点的子节点有不同划分,从而导致整个决策树的预测结果差异很大。

(2) 由于决策树结构的层次性较强，选取的特征只能决定当前层的划分，容易忽略决策树整体性能的均衡。

(3) 如果决策树很复杂，容易产生过拟合。若要通过剪枝和选择停止条件来减少决策树的复杂程度，这些方法都需要选择一些标准，但对这些标准的选择都比较困难。

6.7 总结

决策树是一种经典的集成学习(ensemble learning)方法，它在20世纪80年代被提出并在实际应用中大量使用。本章通过深入浅出的方式介绍了决策树的基本原理。在构建决策树时，如何选择有效的特征，并按一定标准将特征划分成多个子节点是非常重要的问题。不纯度函数是解决该问题的有效方法，本章主要介绍了不纯度函数的定义，然后给出了两种常见的不纯度函数——信息增益和基尼指数。在此基础上介绍了两种经典的决策树构建算法：CART算法和ID3算法。在实际应用中，决策树容易出现过拟合，一般通过指定停止标准和剪枝技术减少决策树的复杂度，以避免过拟合。

决策树是集成学习的基础，在第7章介绍Bagging算法、AdaBoost算法、随机森林、梯度提升决策树时，都会涉及决策树。因此理解决策树的原理对于后面学习集成学习算法非常有帮助。

6.8 习题

(1) 表6.3中的每个训练有两个特征 f_1 和 f_2，在这个数据集上通过sklearn的tree模块中的DecisionTreeClassifier类建立深度为1的二叉决策树，这种决策树又称为决策桩(decision stump)。绘制该决策桩所得到的分类边界。

(2) 在数据集Iris上，将80%的样本通过sklearn的tree模块中的DecisionTreeClassifier类来建立决策分类树IrisTree，并绘制所构建决策树的结果。用剩下的20%的样本测试IrisTree的分类精确率。通过Python编写遍历IrisTree的左子树、右子树的结果，并统计叶节点的数量。

表6.3 用于分类的数据

序号	f_1	f_2	类标记
1	1	3	是
2	1	2	是
3	2	5	否
4	3	3	否
5	5	2	是
6	4	3	否

续表

序号	f_1	f_2	类标记
7	5	8	否
8	3	6	否
9	7	4	是
10	2	8	否
11	6	7	是
12	8	11	是

(3) 对于二分类问题,若样本点属于第一类的概率为 P,在这种情况下的基尼指数的最大值是什么?

(4) 在 Carseats 数据集中收集了 400 个儿童安全座椅销售的样本,每个样本有 11 个特征,将这个数据集中的特征 Sales(它表示每个地区的销售金额)作为输入变量,用其他 10 个特征表示样本。在 Carseats 数据集上通过 sklearn 的 tree 模块中的 DecisionTreeRegressor 建立一个能预测销售量的回归模型,并对模型的预测结果进行评价。

(5) 通过 Python 实现 CART 算法和 ID3 算法。

(6) 为什么决策树需要剪枝? 简述两种常见的剪枝方法。

参考文献

[1] Hastie T,Tibshirani R,Friedman J H. The elements of statistical learning: data mining,inference,and prediction[J]. The Mathematical Intelligencer,2004,27(2): 83-85.

[2] James G,Witten D,Hastie T,et al. An introduction to statistical learning: With applications in R[M]. New York: Springer,2013.

[3] Leo Breiman, Jerome Friedman, Charles J Stone, et al. Classification and regression trees[M]. Belmont,CA: Wadsworth,1984.

[4] Utgoff P E,Berkman N C,Clouse J A. Decision tree induction based on efficient tree restructuring[J]. Machine Learning,1997,29(1): 5-44.

[5] Quinlan J R. Induction of decision trees[J]. Machine Learning,1986,1(1): 81-106.

[6] Murthy S K,Kasif S,Salzberg S. A system for induction of oblique decision trees[J]. Journal of Artificial Intelligence Research,1996,2(1): 112.

[7] Mingers J. An empirical comparison of selection measures for decision-tree induction[J]. Machine learning,1989,3(4): 319-342.

[8] Guo H,Gelfand S B. Classification trees with neural network feature extraction[J]. IEEE Transactions on Neural Networks,1992,3(6): 923-933.

[9] Hyafil L, Rivest R. Constructing optimal binary decision trees is np-complete[J]. Information Processing Letters,1976,5(1): 15-17.

第7章

集成学习

本章重点

- 理解集成学习的基本原理。
- 理解 Bagging 算法的基本原理。
- 理解 AdaBoost 算法的基本原理。
- 了解梯度提升决策树的实现。
- 理解随机森林的基本原理。
- 理解基于随机森林的特征选择。

微课视频

集成学习(ensemble learning)是指将多个模型(如分类器)按某种策略组合起来完成任务的一种机器学习方法。它最早由 Dasarathy 和 Sheela 于 1979 年首次提出来,从此以后集成学习得到了广泛的研究,如 1998 年,Keans 和 Valiant 从分类的角度给出了弱学习和强学习的概念,并证明弱可学习和强可学习的等价性,即可将弱学习器提升为强学习器,这是集成学习的主要理论依据。

集成学习在各个领域有着广泛的应用,如在时间序列分析、多姿态人脸识别、入侵检测、汇率预测、工业生产等。

7.1 集成学习的基本原理

集成学习的思想其实很简单,它跟人们在处理一些实际问题时的方法类似。例如,为预测一场体育比赛的结果,找来了 7 个人,如果在这些人当中有一个人是这类比赛的资深专家,他的预测结果一般都很准,这时可以将他的预测结果作为对整个比赛的预测;如果这 7 个人的水平都差不多,为了让预测结果更准一点,可以对这 7 个人的预测结果采用少数服从多数的原则进行汇总,以多数人给出的结果作为最终的预测结果。在这个预测过程中,这 7 个人可以看成是 7 个机器学习模型(如分类器),将这 7 个人预测结果按一定规则(如少数服从多数)组合起来,形成一个模型,并由这个模型给出最终的预测结果。这个例子很好地解释了集成学习的基本原理。图 7.1 给出了集成学习的示意图。

集成学习主要包括 3 方面的内容:①如何划分训练集来训练单个学习模型;②如何选择训练单个学习模型的方法;③如何将单个学习模型组合起来。下面先简单介绍将单个学习模型组合起来的一些方法。假设有 n 个训练好的模型:$g_1(\boldsymbol{x}),g_2(\boldsymbol{x}),\cdots,g_n(\boldsymbol{x})$,最后组合成的模型为 $G(\boldsymbol{x})$。注意,很多文献将单个学习模型称为基学习器(base learner)或基分类器(base classifier),本章后面将单个学习模型统称为基学习器。

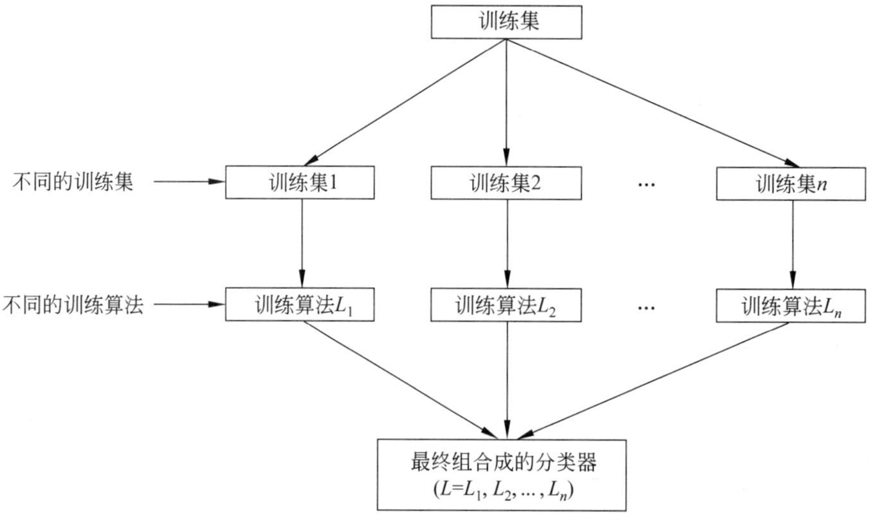

图 7.1　集成学习的示意图

(1) 从基学习器中选择最好的一个模型,可用公式表示为

$$G(\boldsymbol{x})=g_{i^*}(\boldsymbol{x})$$

式中,i^* 为最好的基学习器的下标。

(2) 将基学习器按相同的权重组合在一起(这种组合方式也称为投票(voting)方式),则有

$$G(\boldsymbol{x})=\sum_{i=1}^{n} g_i(\boldsymbol{x}) \tag{7.1}$$

若每个模型取不同的权重,则有

$$G(\boldsymbol{x})=\sum_{i=1}^{n} \alpha_i g_i(\boldsymbol{x}), \quad \alpha_i \geqslant 0 \tag{7.2}$$

当式(7.2)中的 $\alpha_i=1$ 时,就得到式(7.1)。

若每个模型的权重是由一个计算函数得到,这将会得到更灵活的组合方法。这种方法用数学公式表示为

$$G(\boldsymbol{x})=\sum_{i=1}^{n} \boldsymbol{w}_i(\boldsymbol{x}) g_i(\boldsymbol{x}), \quad \boldsymbol{w}_i(\boldsymbol{x}) \geqslant 0 \tag{7.3}$$

这种基于函数计算权重的方法实际是一种组合(combine)方法,包含了上面的几种方法。而式(7.1)和式(7.2)被称为融合(blending)方法。

集成学习算法大致可以分成 3 类,它们分别是 Bagging 算法、Boosting 算法、Stacking 算法。

(1) 最初的 Bagging 算法是由 Leo Breiman 于 1996 年提出的,这类算法会从训练集中抽取一些样本来训练基学习器,最后通过投票的方式将模型组合起来,这种组合方式也称为平均方法。这种算法通过重采样从训练集中抽取样本,即从训练集中抽取的样本会放回训练集,然后再进行下一次样本采样。Bagging 算法对基学习器没有限制,一般采用决策树或神经网络,而且一般会采用同种类型的模型。除了 Bagging 算法本身外,还有一些改进的 Bagging 算法,如随机森林(random forest,RF)。

(2) Boosting是一类将弱学习器提升为强学习器的算法。这类算法最初会训练一个弱学习器,将这个弱学习器作用到训练集上,然后在被分错的样本上再训练学习器,这样一直进行下去,达到指定的迭代次数就停止。Boosting的理论基础:在概率近似正确(probably approximately correct,PAC)学习中,强可学习与弱可学习是等价的。这表明在概率近似正确的学习条件下,一个学习问题是强可学习的充分必要条件是弱可学习。强可学习是指一个学习问题可通过学习算法在多项式时间内进行学习,并且正确率较高;而弱可学习是指一个学习问题可通过学习算法在多项式时间内进行学习,正确率只比50%高一点。因此,可以首先获取弱学习算法,然后将其提升(boost)成强学习算法。AdaBoost是一种经典的Boosting算法,它是由Freund和Schapire于1997年提出的。另外,还有一些经典的Boosting算法,如梯度提升决策树(gradient boosting decision tree,GBDT)等。

(3) Stacking模型一般分为两层:第一层是用训练数据训练得到的多个学习器;第二层是将这些分类器的输出作为特征来训练最终的学习器。第一层中的学习器可以是不同类型,如可以是朴素贝叶斯、最近邻、感知机等;第二层的学习器一般与第一层的学习器不一样,比如可以选择logistic回归等。

在Stacking模型中,有一类比较特殊的模型称为投票(voting)模型,它将第一层的输出结果通过投票的方式得出最终结果。这种模型也称为投票学习模型。

在sklearn的ensemble包中,有一个VotingClassifier类,它封装了投票学习模型的各种操作。可以初始化3个不同的分类器:

```
kn=KNeighborsClassifier( n_neighbors=1 )
lr=LogisticRegression()
gnb=GaussianNB()
```

调用VotingClassifier类创建一个投票学习模型的实例:

```
vc=VotingClassifier(estimators=[('kn', kn), ('lr', lr), ('gnb', gnb)])
vc.fit(trainX,trainY)
```

为了更深入地理解集成学习的原理,下面将详细介绍AdaBoost算法和随机森林。

7.2 AdaBoost

AdaBoost(Adaptive Boosting)是一种Boosting算法,它能将弱分类器提升成强分类器。AdaBoost是通过迭代来得到不同的弱分类器。在进行下一次迭代之前,被上一次迭代得到的弱分类器误分的样本的权重会增加,而被正确分类的样本的权重会减小,这样做的目的是为了让新的弱分类器在误分类样本上具有分类能力,这样就增强了弱分类器之间的差异性,也体现了AdaBoost的自适应特性。由AdaBoost算法得到的不同弱分类器能对不同的样本进行分类,将这些弱分类器组合起来,就能得到一个强分类器。

AdaBoost的原理与人类学习的思维方式很相似。如老师教幼儿园的小朋友认识什么是狗、什么是老虎的时候,他会在黑板上挂出各种各样关于狗和老虎的图片。下面是老师与小朋友的对话。

老师:小朋友甲,请你来讲一讲狗和老虎的区别。

小朋友甲：狗要小一些，老虎要大一些。

老师将体形比较小的狗和体形比较大的老虎的图片从黑板上取下来，留下的狗和老虎的体形都差不多，然后老师继续问小朋友。

老师：小朋友乙，请你来讲一讲在这些图片中狗和老虎的区别。

小朋友乙：狗没有花纹，老虎有花纹。

老师将没有花纹的狗的图片从黑板上取下来，留下有花纹的狗的图片，老师继续提问。

老师：小朋友丙，请你来讲一讲在这些图片中狗和老虎的区别。

小朋友丙：狗的尾巴短，老虎的尾巴长。

……

在这个例子中，小朋友甲是从大小来区分狗和老虎的，小朋友乙是按有没有花纹来区分狗和老虎的，小朋友丙是按尾巴长短来区分狗和老虎的。每个小朋友的区分方法都有一定的正确性，但将这 3 个小朋友放在一起，他们就能很好地区分狗和老虎了。这个过程与 AdaBoost 的分类原理很相似。

7.2.1 AdaBoost 算法的实现

要实现 AdaBoost 分类模型，主要需要解决两个问题：①在每一次迭代中如何根据弱分类器得到的分类结果计算样本的权重；②如何将得到的弱分类器组合成强分类器。下面先讨论第一个问题。

设训练集为 $\boldsymbol{X}=[\boldsymbol{x}_1,\boldsymbol{x}_2,\cdots,\boldsymbol{x}_n]$有 n 个样本，这些样本对应的类标记为 $\boldsymbol{y}=(y_1,y_2,\cdots,y_n)$。可为不同的样本设置不同的权重，在训练分类器时，为了减少分类误差，分类器应尽量对权重较大的样本进行正确分类，即可以通过对样本设定不同的权重来让分类器针对某些样本进行分类。在 AdaBoost 中，假设第 t 次迭代时得到了弱分类器为 $g_t(\boldsymbol{x})$，第 i 个样本的权重为β_i^t；用 $g_t(\boldsymbol{x})$对所有样本分类，其误分类的样本集合记为 E_t。为了在 $t+1$ 次迭代时，需要让新的弱分类器在 E_t 上有较好的表现，可以增加 E_t 中各个样本的权重。设在 $t+1$ 次迭代时第 i 个样本的权重为β_i^{t+1}，现需要由 β_i^t 得到β_i^{t+1}，使得在 E_t 中各个样本的新权重要比原来权重大。

增加 E_t 中各样本权重的方法其实很简单，可以在原有权重的基础上乘以一个大于 1 的常数，同时将不在 E_t 中的样本权重乘以小于 1 的常数，但这个常数究竟该取多少呢？一种方法是将误分类样本数量和 t 次迭代中的权重 β_i^t 联系起来。下面介绍如何建立这种联系。

$g_t(\boldsymbol{x})$与 $g_{t+1}(\boldsymbol{x})$的差异性应越大越好，这表明在增加 E_t 中各个样本的权重之后，$g_t(\boldsymbol{x})$在这些样本上的分类要表现得很差(就像随意猜测一样)，这可以表示为

$$\frac{\sum_{i=1}^{n}\beta_i^{t+1}I\left[y_i\neq g_t(\boldsymbol{x}_i)\right]}{\sum_{i=1}^{n}\beta_i^{t+1}}=\frac{1}{2}$$

式中，函数 $I[\cdot]$为方括号里面的条件成立就返回 1，否则返回 0。另外还有

$$\sum_{i=1}^{n}\beta_i^{t+1}=\sum_{i=1}^{n}\beta_i^{t+1}I\left[y_i\neq g_t(\boldsymbol{x}_i)\right]+\sum_{i=1}^{n}\beta_i^{t+1}I\left[y_i=g_t(\boldsymbol{x}_i)\right]$$

因此可以得出

$$\sum_{i=1}^{n}\beta_i^{t+1}I\left[y_i \neq g_t(\boldsymbol{x}_i)\right]=\sum_{i=1}^{n}\beta_i^{t+1}I\left[y_i = g_t(\boldsymbol{x}_i)\right] \tag{7.4}$$

再令 S_c 和 S_e 分别表示被 $g_t(\boldsymbol{x})$ 正确分类的样本和误分类的样本的权重之和，即

$$\begin{cases} S_c^t=\sum_{i=1}^{n}\beta_i^t I\left[y_i = g_t(\boldsymbol{x}_i)\right] \\ S_e^t=\sum_{i=1}^{n}\beta_i^t I\left[y_i \neq g_t(\boldsymbol{x}_i)\right] \end{cases} \tag{7.5}$$

$$\beta_i^{t+1}=\begin{cases}\beta_j^t \cdot S_c^t, & j\in I_e \\ \beta_i^t \cdot S_e^t, & i\in I_c\end{cases} \tag{7.6}$$

式中，$I_e=\{j \mid I\left[y_j \neq g_t(\boldsymbol{x}_j)\right]\}$ 和 $I_c=\{i \mid I\left[y_i = g_t(\boldsymbol{x}_i)\right]\}$ 分别表示误分类样本的索引集合和正确分类样本的索引集合。通过式(7.6)来更新 β_i^{t+1} 后，就能满足式(7.4)。

通常的 S_c^t 和 S_e^t 的值都比较大，可通过归一化对它们进行缩放，具体做法为

$$\boldsymbol{w}_t=\sqrt{\frac{S_c^t}{S_e^t}}$$

权重的最终更新公式为

$$\beta_i^{t+1}=\begin{cases}\beta_j^t \cdot \boldsymbol{w}_t, & j\in I_e \\ \dfrac{\beta_i^t}{\boldsymbol{w}_t}, & i\in I_c\end{cases} \tag{7.7}$$

可以验证按式(7.7)更新 β_i^{t+1}，仍满足式(7.4)。

上面介绍了在每次迭代中如何根据弱分类器的分类结果更新样本的权重。下面介绍如何将学习到的弱分类器结合起来形成强分类器。

当 $g_t(\boldsymbol{x})$ 的分类能力比较强时，S_c^t 的值会较大，$\boldsymbol{w}_t$ 的值也较大，$g_t(\boldsymbol{x})$ 所对应的系数也较大。为了反映出 $\boldsymbol{w}_t$ 与 $g_t(\boldsymbol{x})$ 的系数 α_t 之间的这种关系，人们通常会根据如下的公式来计算，即

$$\alpha_t=\ln \boldsymbol{w}_t$$

这样做的好处如下。

(1) 当 S_c^t 为 1/2 时，说明 $g_t(\boldsymbol{x})$ 是最差的分类器，这时 $\boldsymbol{w}_t=1$，使 $\alpha_t=0$，这表明 $g_t(\boldsymbol{x})$ 不会被集成到 $G(\boldsymbol{x})$ 中。

(2) 当 S_c^t 为 1 时，说明 $g_t(\boldsymbol{x})$ 是最好的分类器，这时 $\alpha_t=\infty$，表明 $g_t(\boldsymbol{x})$ 在 $G(\boldsymbol{x})$ 中占绝对优势。

要实现一个完整 AdaBoost 算法，还需要确定采用什么样的弱分类器。对于二分类问题，常用的弱分类器是决策桩(decision stump)。决策桩是只有一个节点的决策树，也是最简单的决策树。决策桩算法的实现如算法 7.1 所示。

算法 7.1　决策桩算法的实现

输入：带有类标记的训练数据集 $\boldsymbol{X}$，该训练数据集有 n 个样本，每个样本由 d 个特征组成。

输出：误分类样本的索引。

```
for i in range(d)
```

> 提取训练数据集 $\boldsymbol{X}$ 的第 i 个特征,记为 f_i。
> 在 f_i 上根据阈值计算切分的地方。
> 分别计算切分之后左子树和右子树的误分类样本数量。
> 保存错误率最小的误分类样本的索引。
> 返回错误率最小的误分类样本的索引。

在确定了弱分类器后,便可给出 AdaBoost 算法的实现过程,具体的实现过程如算法 7.2 所示。

算法 7.2 AdaBoost 算法的实现

输入:训练数据集 $\boldsymbol{X}=[\boldsymbol{x}_1,\boldsymbol{x}_2,\cdots,\boldsymbol{x}_n]$ 有 n 个样本,相应的类标记为 $\boldsymbol{y}=(y_1,y_2,\cdots,y_n)$,迭代次数为 T。

输出:分类器 $G(\boldsymbol{x})$。

最初每个样本权重都为 $1/N$。

```
for t in range(T)
```

通过算法 7.1 决策桩算法计算得到 $g_t(\boldsymbol{x})$。

通过式(7.7)将 u^t 更新为 u^{t+1}。

通过 $\alpha_t=\ln \boldsymbol{w}_t$ 计算 α_t。

返回 $G(\boldsymbol{x})=\text{sign}\left(\sum_{i=1}^{T}\alpha_i g_t(x)\right)$。

7.2.2 AdaBoost 示例

在这个示例中,生成了如图 7.2 所示的两类数据,三角形和叉形分别表示不同类别的数据。

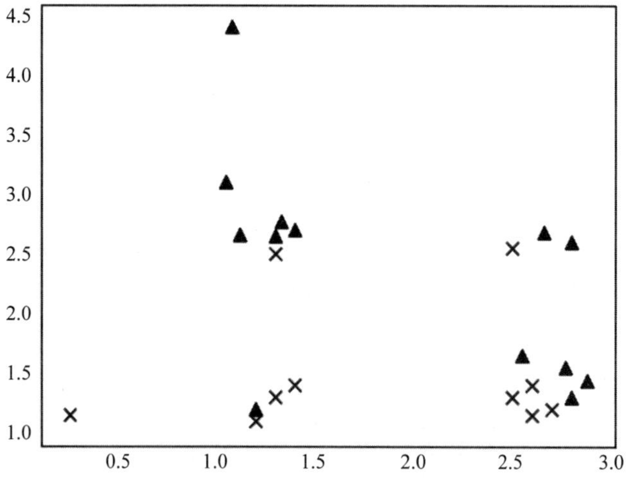

图 7.2 生成的两类数据

在 sklearn 的 ensemble 包中有一个名为 AdaBoostClassifier 的类,对其进行实例化时,可以指定弱分类器的类型和数量。下面为实例化 AdaBoostClassifier 的例子:

```
boost=AdaBoostClassifier(base_estimator=DecisionTreeClassifier(max_depth=1,
max_leaf_nodes=2), algorithm='SAMME', n_estimators=20)
```

下面对这些参数进行解释。

(1) base_estimator 为 DecisionTreeClassifier 表示弱分类器为决策树;而决策树的参数 max_depth 为 1、max_leaf_nodes 为 2,表示决策树的深度为 1、叶节点为 2。这种决策树就是 7.2.1 节介绍的决策桩。

(2) algorithm='SAMME'表示选用 SAMME 算法。SAMME 算法就是 7.2.1 节介绍的离散 AdaBoost 算法。也可以指定算法为 SAMME.R(real AdaBoost),这是一种实数 AdaBoost,它会将预测的概率作为弱分类器权重。这两种算法的主要区别:SAMME 会通过分类错误率来计算弱分类器的权重,SAMME.R 使用预测概率作为弱分类器的权重。SAMME.R 的迭代速度一般比 SAMME 快,默认为 SAMME.R。

(3) n_estimators=20 表示要训练 20 个弱分类器。

在实例化 AdaBoostClassifier 后,可以调用 fit()方法来训练模型,具体的调用形式如下:

```
adaboost.fit(X,y)
```

在完成训练后,各个弱分类器最后组成一个强分类器,这个强分类器的决策边界如图 7.3 所示。

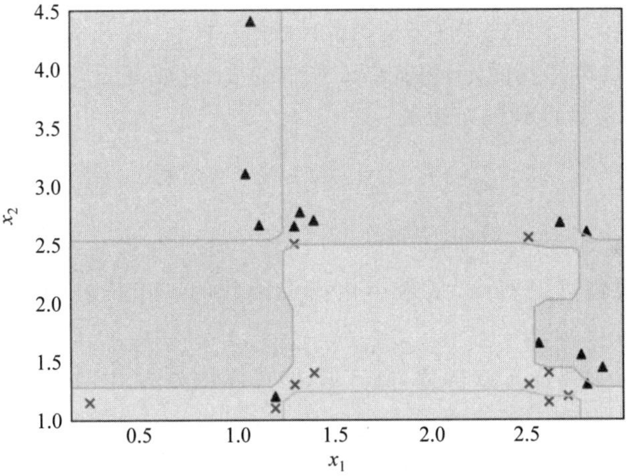

图 7.3　用 AdaBoost 算法得到的强分类器的决策边界

7.2.3　用最优化的观点解释 AdaBoost

为了更好地理解 AdaBoost,在本节通过最优化中的梯度下降法来解释 AdaBoost,AdaBoost 扩展到多分类的情形,即梯度提升决策树。

根据前面介绍的集成学习理论可知,集成学习的学习器 $G(\boldsymbol{x})$是由一些基学习器 $g_t(\boldsymbol{x})$按权重α_t 相加得到。给定的训练数据集为 $\boldsymbol{X}=[\boldsymbol{x}_1,\boldsymbol{x}_2,\cdots,\boldsymbol{x}_n]$有 n 个样本,这些样本对应的类标记为 $\boldsymbol{y}=(y_1,y_2,\cdots,y_n)$,设损失函数为 $L(\boldsymbol{x})$,若要训练 M 个弱分类器,则可通过最小化损失函数来学习弱分类器 $g_t(\boldsymbol{x})$和相应的系数 α_t,即

$$\min_{\substack{\alpha_1,\alpha_2,\cdots,\alpha_M \\ g_1(\boldsymbol{x}),g_2(\boldsymbol{x}),\cdots,g_M(\boldsymbol{x})}} \sum_{i=1}^{n} L\left(y_i, \sum_{j=1}^{M}\alpha_j g_j(\boldsymbol{x}_i)\right) \tag{7.8}$$

若用分类间隔(margin)最大化来度量学习器 $G(\boldsymbol{x})$ 性能,则式(7.8)可以写为

$$\min_{\substack{\alpha_1,\alpha_2,\cdots,\alpha_M \\ g_1(x),g_2(x),\cdots,g_M(\boldsymbol{x})}} \sum_{i=1}^{n} \exp\left(-y_i \sum_{j=1}^{M}\alpha_j g_j(\boldsymbol{x}_i)\right) \tag{7.9}$$

式中,$\exp(\boldsymbol{x})$ 为指数函数 e^x。如果直接求解式(7.9)会很困难,为了简化求解过程,可以依次训练 $g_1(\boldsymbol{x}), g_2(\boldsymbol{x}), \cdots, g_M(\boldsymbol{x})$ 以及相应的系数。在每次训练时,可采用交替迭代的方式,即先固定基学习器的系数,然后再训练基学习器。

假设已经训练了 $t-1$ 个学习器和相应的系数,现在需要求第 t 个学习器 $g_t(\boldsymbol{x})$ 和相应的系数 α_t,先固定 α_t,则有

$$\min_{g_t(\boldsymbol{x})}\sum_{i=1}^{n}\exp\left(\left(-y_i\sum_{j=1}^{t-1}\alpha_j g_j(\boldsymbol{x}_i)\right)-y_i\alpha_t g_t(\boldsymbol{x}_i)\right)=\sum_{i=1}^{n}\boldsymbol{w}_t\exp(-y_i\alpha_t g_t(\boldsymbol{x}_i)) \tag{7.10}$$

式中,$\boldsymbol{w}_t=\exp\left(-y_i\sum_{j=1}^{t-1}\alpha_j g_j(\boldsymbol{x}_i)\right)$。对于二分类问题(即 $g_t(\boldsymbol{x})$ 返回-1或1),式(7.10)可以重写为

$$\min_{g_t(\boldsymbol{x})}\sum_{i=1}^{n}\boldsymbol{w}_t I(y_i \neq g_t(\boldsymbol{x}_i)) \tag{7.11}$$

若将 $g_t(\boldsymbol{x})$ 限定为决策桩,则式(7.11)与 AdaBoost 一样。

在得到 $g_t(\boldsymbol{x})$ 后,再将其固定,将式(7.10)中的 α_t 看成变量,这时可直接对 α_t 求导,并使其为0来求解 α_t,最后得到的结果为

$$\alpha_t=\ln\sqrt{\frac{S_c^t}{S_e^t}}$$

式中,S_c^t 和 S_e^t 的定义如式(7.5)所示。

从上面的推导过程可以看出,从最小化损失函数的观点出发,将间隔函数作为损失函数,也能得到 AdaBoost 算法。

若损失函数 $L(\cdot)$ 取成二次函数,则式(7.8)可以重写为

$$\min_{\substack{\alpha_1,\alpha_2,\cdots,\alpha_M \\ g_1(\boldsymbol{x}),g_2(\boldsymbol{x}),\cdots,g_M(\boldsymbol{x})}} \sum_{i=1}^{n}\left(y_i-\sum_{j=1}^{M}\alpha_j g_j(\boldsymbol{x}_i)\right)^2$$

同样假设已经训练了 $t-1$ 个学习器和相应的系数,现在需要求第 t 个学习器 $g_t(\boldsymbol{x})$ 和相应的系数 α_t,先固定 α_t,则有

$$\min_{g_t(\boldsymbol{x})}\sum_{i=1}^{n}(\alpha_t g_t(\boldsymbol{x}_i)+s_i-y_i)^2 \tag{7.12}$$

式中,$s_i=\sum_{j=1}^{t-1}\alpha_j g_j(\boldsymbol{x}_i)$。若将 $\alpha_t g_t(\boldsymbol{x}_i)$ 整个看成变量,s_i-y_i 看成常量,则可以在 s_i-y_i 处进行一阶泰勒(Taylor)展开,于是有

$$(\alpha_t g_t(\boldsymbol{x}_i)+s_i-y_i)^2 \approx (s_i-y_i)^2+\alpha_t g_t(\boldsymbol{x}_i)\cdot 2(s_i-y_i)$$

式中,$(s_i-y_i)^2$ 和 α_t 是常量,可以去掉。因此,式(7.12)可以写成如下的近似形式:

$$\min_{g_t(x)}\sum_{i=1}^{n}2g_t(\boldsymbol{x}_i)(s_i-y_i) \tag{7.13}$$

为了让整个目标函数最小，可以让 $g_t(\boldsymbol{x}_i)$ 取负无穷，这样会得平凡解。为了解决这个问题，可以在式(7.13)中引入正则项 $g_t(\boldsymbol{x}_i)^2$，则有

$$\min_{g_t(\boldsymbol{x})}\sum_{i=1}^{n}2g_t(\boldsymbol{x}_i)(s_i-y_i)+g_t(\boldsymbol{x}_i)^2=\sum_{i=1}^{n}(g(\boldsymbol{x}_i)-(s_i-y_i))^2-(s_i-y_i)^2$$

从上面的推导可以看出这实际上是关于 $g(\boldsymbol{x}_i)$ 和 s_i-y_i 的回归问题。可将 $g(\boldsymbol{x}_i)$ 取成决策回归树，然后就可求解该问题。在得到 $g(\boldsymbol{x}_i)$ 后，再将 $g(\boldsymbol{x}_i)$ 固定，然后求解 α_t，按上面的思路，可最终推导出求解 α_t 实际上是求解一个单变量的线性回归问题。整个求解过程与最优化中的梯度下降法相关，同时还涉及集成学习中的提升方法和决策树，因此，该算法称为梯度提升决策树。

在整个推导过程中，需要对目标函数进行一阶泰勒展开，然后通过引入正则项建立目标函数，这是关键的一步。其实对目标函数可以进行二阶泰勒展开，这时不需要加正则项就可以得到回归问题，只是整个过程会复杂一些，有兴趣的读者不妨试一下。

7.3 随机森林

随机森林是 Breiman 于 2010 年提出的，它是 Bagging 方法与决策树相结合而得。由于 Bagging 方法采用重采样训练基学习器，然后用投票方式得到最终结果，因此它对数据中的噪声不敏感、效率高(能并行处理)；决策树有很多优点，如分类能力强，能处理多分类的数据、缺少特征、类别特征(categorical feature)等，但它对数据中的噪声却很敏感，容易出现过拟合。随机森林将这两种算法结合起来以达到取长补短的目的。随机森林的训练过程如图 7.4 所示。算法的具体实现如算法 7.3 所示。

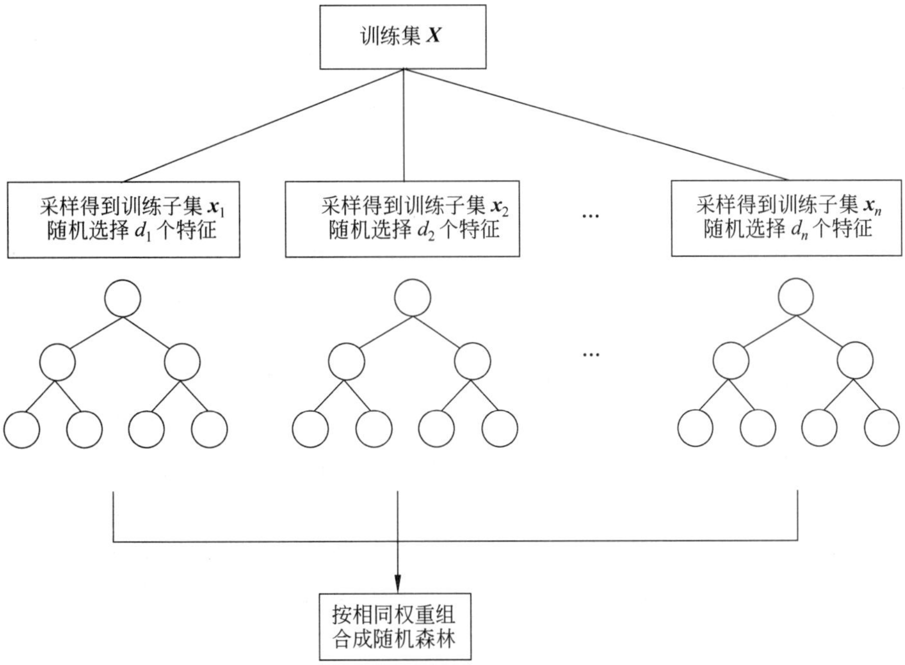

图 7.4 随机森林的训练过程

算法 7.3 随机森林算法的实现

输入：训练数据集 $\boldsymbol{X}=[\boldsymbol{x}_1,\boldsymbol{x}_2,\cdots,\boldsymbol{x}_n]$ 有 n 个样本，相应的类标记为 $\boldsymbol{y}=(y_1,y_2,\cdots,y_n)$。随机森林中树的数量 T。

输出：分类器 $G(x)$。

```
for i in range(T)
```

从训练数据集 $\boldsymbol{X}$ 中选择 k 个样本、d 个特征作为训练子集 $\hat{\boldsymbol{X}}$。

在训练子集 $\hat{\boldsymbol{X}}$ 上训练决策树，得到 $g_i(\boldsymbol{x})$。

返回 $G(\boldsymbol{x})=\text{sign}\left(\sum_{i=1}^{T} g_i(\boldsymbol{x})\right)$。

从数据集中随机选取的样本子集可使生成的决策树具有一定的差异性(diversity)，为了让决策树之间的差异性更大，还可以随机选择样本子集中的特征。若样本的特征有d 维，可以随机地选择出$\hat{d} \ll d$ 维来重新表示样本，这其实是对样本降维。具体而言，假设样本 $\boldsymbol{x}=(f_1,f_2,\cdots,f_d)$，随机选择出的特征下标为$(i_1,i_2,\cdots,i_{\hat{d}})$，新的样本 $\hat{\boldsymbol{x}}=(f_{i1},f_{i2},\cdots,f_{i\hat{d}})$。还可以将样本的特征随机投影到新的特征子空间，然后再来训练决策树，从而增加决策树的差异性。这其实是对随机选择特征的改进，因为如果投影矩阵取成单位矩阵，则这种方法就退化成随机选择特征了。

通过选择特征可提高随机森林中各棵子树之间的差异性，在机器学习领域，通常称这个选择特征的过程为特征选择(feature selection)。特征选择也是数据降维的重要方法。与随机森林中特征选择不同，机器学习中的特征选择通常是指按某种评价标准从训练数据集 $\boldsymbol{X}$ 的原始特征中选择 m 个"好特征"，从而得到新的训练数据集 $\bar{\boldsymbol{X}}$，使 $\bar{\boldsymbol{X}}$ 最能有效地表达训练数据集 $\boldsymbol{X}$。选择好的特征不仅可提高分类精度，还有助于提高模型的可解释性和泛化能力(generalization ability)。在 20 世纪 90 年代，随着大规模的高维数据的出现，特征选择受到前所未有的重视。

在特征选择中，评价所选特征好坏的方法非常重要，不同的评价方法会得到不同的特征选择算法。按训练样本是否有类标记可分为监督特征选择算法和无监督特征选择算法。按特征选择的方式可以分为过滤式(filter)特征选择算法、绑定式(wrapper)特征选择算法、嵌入式(embedded)特征选择算法。

(1) 过滤式特征选择算法：直接对数据集进行评估。这类方法将特征子集选择方法和特征子集评价相结合，该算法的效率比较高，通用性强。过滤式特征选择算法绝大部分属于监督特征选择算法。常见的过滤式特征选择算法有 relief 算法。

(2) 绑定式特征选择算法：在开始时会使用一个训练好的机器学习模型来评价所选择的特征子集或者在训练过程中通过选择的特征来训练新的机器学习模型，并通过新模型输出的结果来选择特征。绑定式特征选择算法的优点在于所选择的特征质量较高，即用这种特征子集训练的模型会有较高的性能。这种方法的缺点是生成特征子集的效率较低，因为每选一次特征，都需要执行分类算法。常见的绑定式特征选择算法有拉斯维加斯绑定(LVW)算法。

(3) 嵌入式特征选择算法：指将特征子集的选择与评价嵌入机器学习算法(如分类算法)中，使其作为机器学习算法的一部分。它是目前特征选择算法研究的热点。这类特征选择算法克服了绑定式特征选择算法效率低的缺点，同时又会使所选择的特征质量较高。

基于随机森林的特征选择算法有很多种，有些属于绑定式特征选择算法，有些属于嵌入式特征选择算法。下面将介绍一些基于随机森林的经典特征选择算法。

在训练随机森林的时候，它会对每个特征的重要性进行评分，分数越高的特征，说明是质量越好的特征，可以根据需要选择评分靠前的特征。这种评价特征重要性的方法称为Gini 重要性(Gini importance)法和平均不纯度减少(mean decrease in impurity，MDI)法。下面先通过一个简单的例子来说明这种方法的原理。

有一个由 30 个学生组成的训练数据集，每个学生由性别和体重两个特征表示，每个学生的标记为是否喜欢玩游戏。假设男生有 17 人，全部的男生都喜欢玩游戏；而女生有 13 人，都不喜欢玩游戏。以学生的性别为根节点来形成一棵二叉树，从这个结果可以看出，性别作为特征进行分类，会得到很好的效果，因此可以认为该特征在这个分类任务中是一个好特征；而以体重为根节点来形成一棵二叉树，将不能完全正确分类，在这个分类任务中，可以认为这是一个不好的特征。

Gini 重要性法的原理：某个特征 f 会成为一棵树的节点，假设节点 t 是以特征 f 来进行划分，节点 t 的重要性可用节点 t 的不纯度减去它的各个子节点的不纯度来进行度量，最后将出现特征 f 的各个节点的重要性求和就可以得到特征 f 的重要性。

下面介绍平均不纯度减少法的原理。

从训练数据集中随机抽取样本训练决策树时，其实有一些样本是不会被抽到的。假设有 n 个样本，每个样本被抽到的概率为 $1/n$，不被抽到的概率为 $1-1/n$，若抽了 n 次，则每个样本不被抽到的概率为 $\left(1-\frac{1}{n}\right)^n$，如果 n 很大，则有

$$\left(1-\frac{1}{n}\right)^n=\frac{1}{\left(1+\frac{1}{n-1}\right)^n}\approx\frac{1}{e}$$

可以用这些没有被抽到的样本来验证模型的准确性，这种方法称为袋外(out of bag，OOB)法。另一方面，如果改变某个特征的取值导致模型的准确性变化比较大，则可认为这个特征比较重要，反之亦然。在一个训练数据集中，特征通常是以向量的形式表示出来，可通过随机交换这些向量各元素的位置实现改变特征的取值。

因此，在改变某个特征的取值后，再用没有参加训练的样本验证模型的准确性，记录下模型准确性的变化，准确性变化越大，则认为这个特征越重要。这种特征选择方法属于绑定式特征选择算法。平均不纯度减少法的实现如算法 7.4 所示。

算法 7.4　平均不纯度减少法的实现

输入：训练好的随机森林 rf，有 n 个训练样本，p 个特征的训练集 $\boldsymbol{X}$。

输出：训练集 $\boldsymbol{X}$ 中各个特征的重要性。

用 OOB 法来计算 rf 的准确性，并保存计算的结果。

```
for i in range(p):
```

取 $\boldsymbol{X}$ 的第 i 个特征 $\boldsymbol{f}_i=[f_i^1,f_i^2,\cdots,f_i^n]$。

随机交换 $\boldsymbol{f}_i$ 中的各个元素,得到新的特征向量 $\hat{\boldsymbol{f}}_i$,并用 $\hat{\boldsymbol{f}}_i$ 替换 $\boldsymbol{X}$ 中的 $\boldsymbol{f}_i$。

找出没有参与训练的样本集 $\hat{\boldsymbol{X}}$。

用 $\hat{\boldsymbol{X}}$ 验证 rf 的准确性,并将其作为特征 $\boldsymbol{f}_i$ 的重要性。

返回各个特征的重要性。

除了通过随机交换特征向量各元素来改变特征向量的取值外,还可以通过删除训练数据集中某个特征向量后,重新训练模型,然后再用 OOB 法验证模型的精度。这种方法的缺点是在特征数量较大时效率低,因为在评价每个特征的重要性时,需要遍历所有的特征,再进行训练。这种基于随机森林的特征选择算法通常无法删除相关性特征。特征相关性(correlation)是指特征之间相互关联,如将年龄和出生日期当成特征,则它们就是相关性特征(其实可将这两个特征当中的一个当成是冗余特征),而且这两个特征的相关性很强。假设在训练集中有这两个特征,若年龄对模型贡献度较大,则出生日期也应该对模型贡献度较大,但用随机森林来评价这两个特征的重要性时可能会相差很大。这是在用随机森林进行特征选择时需要注意的问题。

7.4 总结

集成学习是监督学习的重要分支,它在很多应用问题中都会被使用,而且效果通常都很好。本章介绍了集成学习的主要思想及一些具体的算法。集成学习有两个核心问题:①基学习器的选择与学习;②如何将基学习器结合起来。人们围绕这两个问题设计出了众多的集成学习算法。

Bagging 算法是通过在训练集上采样得到训练子集,用这些训练子集来训练不同的基学习器,并采用相同权重将每个基学习器集成起来形成最终的分类器,在预测时采用投票的方式决定样本的类别。经典的 Bagging 算法通常采用决策树作为基学习器。

AdaBoost 算法则是在训练的过程中同时学习基学习器和权重。AdaBoost 算法一般会采用决策桩作为基学习器,也可以采用决策树作为基学习器。梯度提升决策树是对经典的 AdaBoost 算法进行扩展,也是目前性能最好的提升算法之一,它采用的基学习器为决策回归树。

随机森林是一种 Bagging 算法,它也是采用决策树作为基学习器,但是,随机森林除了会随机得到训练决策树的训练子集外,还会进一步随机抽取样本的特征子集来训练模型。随机森林在分类问题上有非常好的表现。

7.5 习题

(1) 验证按式(7.7)更新 α_i^{t+1},仍满足式(7.4)。

(2) 对于一个二分类训练数据集,其类标记为 0 和 1,其中类标记为 1 的样本占整个训练数据集的 97%,假设用 AdaBoost 算法在该训练数据集上进行第一轮训练时得到的分类

器为 $g_1(x)=1$,计算 $g_1(x)$的系数 α_t。

(3) 若 Bagging 算法选择的基学习器作为决策树,比较这种 Bagging 算法与随机森林的区别。

(4) 假设给定的训练数据集为 $\boldsymbol{X}=[\boldsymbol{x}_1,\boldsymbol{x}_2,\cdots,\boldsymbol{x}_n]$有 n 个样本,这些样本对应的类标记为 $\boldsymbol{y}=(y_1,y_2,\cdots,y_n)$,在该训练集上通过 AdaBoost 算法训练分类器。设 $t+1$ 次迭代的第 i 个样本的权重为 β_i^{t+1},第 i 次迭代得到的基学习器为 $g_i(\boldsymbol{x})$,相应的系数为 α_t,证明下面的等式成立:

$$\sum_{i=1}^{n}\beta_i^{t+1}=\frac{1}{n}\sum_{i=1}^{n}\exp\left(\sum_{j=1}^{t}-y_i\alpha_j g_j(\boldsymbol{x}_i)\right)$$

(5) 分析梯度提升决策树与 AdaBoost 算法的异同。

(6) 用 Python 编程实现平均不纯度减少算法、最小冗余最大相关(mRMR)算法,并给出这两种算法对同一个数据集的特征的评价结果。

参考文献

[1] Dasaraty B V, Sheela B V. A composite classifier system design: Concepts and methodology[J]. Proceedings of the IEEE, 1979, 67(5): 708-713.

[2] Valiant L G. A theory of the learnable[J]. Communications of the ACM, 1984, 27: 1134-1142.

[3] Michael Kearns, Leslie Valiant. Cryptographic limitations on learning Boolean formulae and finite automata[J]. Journal of the Association for Computer Machinery, 1994, 41(1): 67-95.

[4] Breiman L. Bagging predictors[J]. Machine Learning, 1996, 24: 123-140.

[5] Freund Y, Schapire R E. A decision-theoretic generalization of on-line learning and an application to boosting[J]. Journal of Computer and System Sciences, 1997, 55(1): 119-139.

[6] Chen T Q, Guestrin C. XGBoost: A scalable tree boosting system[C]. The 22nd ACM SIGKDD International Conference, 2016.

[7] Zhu J, Zou H, Saharon R, et al. Multi-class AdaBoost[J]. Statistics And Its Interface Volume. 2009, 2 (2009): 349-360.

[8] Breiman L. Random forests[J]. Machine Learning, 2001, 45(1): 5-32.

[9] Shi T, Horvath S. Unsupervised learning with random forest predictors[J]. Journal of Computational and Graphical Statistics, 2006, 15(1): 118-138.

[10] Painsky A, Rosset S. Cross-validated variable selection in tree-based methods improves predictive performance[J]. IEEE Transactions on Pattern Analysis and Machine Intelligence, 2017, 39 (11): 2142-2153.

[11] Wang L. Feature selection with kernel class separability[J]. IEEE Transactions on Pattern Analysis and Machine Intelligence, 2008, 30(9): 1534-1546.

[12] Kira K, Rendell L A. A practical approach to feature selection[J]. Machine Learning Proceedings, 1992: 249-256.

[13] Kononenko I. Estimating attributes: analysis and extensions of RELIEF. European conference on machine learning[C]. European Conference on Machine Learning, 1994: 171-182.

[14] Gu Q Q, Li Z H, Han J W. Joint feature selection and subspace learning[C]. Barcelona: IJCAI 2011, Proceedings of the 22nd International Joint Conference on Artificial Intelligence, 2011.

[15] Kim S J, Boyd S. A minimax theorem with applications to machine learning, signal processing, and finance[J]. SIAM Journal on Optimization, 2008, 19(3): 1344-1367.

[16] Song L, Smola A, Gretton A, et al. Supervised feature selection via dependence estimation[C]. Proceedings of the 24th international conference on Machine learning, 2007: 823-830.

[17] Zhou Z H, Jiang Y. NeC4. 5: neural ensemble based C4.5[J]. IEEE Transactions on Knowledge and Data Engineering, 2004, 16(6): 770-773.

[18] Gretton A, Bousquet O, Smola A, et al. Measuring statistical dependence with Hilbert-Schmidt norms [C]. International Conference on Algorithmic Learning Theory, 2005: 63-77.

[19] John G H, Kohavi R, Pfleger K. Irrelevant features and the subset selection problem[J]. Machine Learning Proceedings, 1994: 121-129.

[20] Caruana R, Freitag D. Greedy attribute selection[J]. Machine Learning Proceedings, 1994: 28-36.

[21] Kohavi R, John G H. Wrappers for feature subset selection[J]. Artificial Intelligence, 1997, 97(1-2): 273-324.

[22] Raymer M L, Punch W F, Goodman E D, et al. Dimensionality reduction using genetic algorithms[J]. IEEE Transactions on Evolutionary Computation, 2000, 4(2): 164-171.

[23] Durbha S S, King R L, Younan N H. Wrapper-based feature subset selection for rapid image information mining[J]. IEEE Geoscience and Remote Sensing Letters, 2010, 7(1): 43-47.

[24] Chapelle O, Vapnik V, Bousquet O, et al. Choosing multiple parameters for support vector machines [J]. Machine learning, 2002, 46(1-3): 131-159.

第 8 章

k 近邻算法

本章重点

- 理解 k 近邻算法的工作原理。
- 了解 k 近邻算法的应用。
- 理解 k 近邻算法的缺点。
- 理解 KD 树的原理。

微课视频

8.1 引言

k 近邻算法是一种简单且经典的机器学习算法，它是本书介绍的最后一种监督学习算法，在第 9、10 章将介绍无监督学习算法。在某些应用中可将 k 近邻算法当成是无监督学习算法。下面先介绍 k 近邻算法的应用。

随着计算机、终端设备、互联网(如移动网络、物联网等)的快速发展，人们在生活中产生了图像、视频、音频、文本等大数据。对这些海量数据进行查询或检索成了大数据处理和分析的主要问题之一。如何高效、准确地查询(检索)是大数据处理和分析中的核心内容之一。k 近邻算法成为研究大数据查询的重要方法。当 k 取 1 时，通常称为最近邻算法，即对给定的样本 $\boldsymbol{x}_0$，在数据集中找到一个与之最相邻(最相似)的样本。最近邻算法在计算机视觉(如图像检索、图像配准(image registration)等)中有着广泛的应用，因此成为当前机器学习领域研究的重要方法。下面介绍 k 近邻(包括最近邻)算法在图像检索、文本分类等领域中的应用。

1. k 近邻算法在图像检索中的应用

图像有表达内容丰富、易于理解等特点，因此被人们广泛用于信息传递。随着互联网上的图像数量达到上千亿级，并且还在不断增长，如 Flickr 网站上的图片在 2013 年就达到了 150 亿幅，而且每天还在以 4000 万幅的速度增长，微博等社交媒体也有类似的情况。在海量的图像库中，如何根据输入图像的内容进行快速、准确地检索成为图像大数据领域亟待解决的问题，该问题通常也称为基于内容的图像检索(content-based image retrieval，CBIR)。麻省理工学院(MIT)于 2004 年就开发了一个针对建筑图像的图像检索系统 Photo to Search，当用户输入建筑物的图像时，该系统就能返回该建筑物的信息。

在实际应用中往往缺乏对高维特征数据之间距离的了解和分析，在这种情况下若用 k 近邻算法，则需要设置合理的 k 值。这通常会很困难，因为 k 值太小导致返回的查询结果减少，这有可能找不到满足条件的图像；k 值太大会导致很多无关的图像返回。为了减少 k

近邻算法因选择 k 值对查询结果所产生的影响，在图像检索系统中常采用最近邻算法。最近邻查找总能返回与查询值最相近的结果。对于海量的图像数据，最近邻算法在效率方面无法满足要求，如通过穷尽搜索(exhaustive search) 法或暴力搜索(brute-force search)法对全部数据进行遍历得到 k 个最近邻，其时间复杂度通常会很高，因此人们常用近似最近邻(approximate nearest neighbor,ANN)算法搜索给定样本的 k 个近似近邻。Hash 方法是一种常见的近似最近邻算法，它可以将相似的图像分到同一个 Hash 桶中，在查询时采用 Hash 方法对查询图像进行处理，并返回相应 Hash 桶内的数据，从而大大提高了查询的效率。

2. k 近邻算法在文本分类中的应用

除图像数外，文本数据是另一种常见的结构化数据。随着互联网的发展，出现了各类文本大数据，如电子刊物、网上图书馆、电子商务、社交平台等。虽然现存的海量文本数据包含了各种各样的信息，但需要对这些信息进行分类整理之后才能为用户提供各种有效服务。为了给用户呈现电子邮件的有效信息，需要过滤垃圾邮件，这其实是对邮件进行分类；对于问答系统，系统需要事先对问题进行分类，这样才能更好地提供答案；搜索引擎需要对获得的数据进行分类，以便给出更准确的搜索结果；对于电子商务网站，需要对商品评价，进行情感分析，以便能获取客户对商品的意见；各个社交平台需要对人们表达的观点进行分类，对交流内容进行整理和理解，从而发现话题的变化过程甚至发现新的话题。

文本数据呈现出维度高、稀疏、更新速度快、标注困难、数据分布不均匀等特点，如文本数据的特征有时可能达到上万维，若采用词袋(bag of word,BOW)模型来表示文本，则每个文本会被表示成高维的稀疏向量。人们常用 k 近邻算法对文本进行分类，这是因为 k 近邻算法实现很简单，只需在训练集中找出与待分类文本最相似的 k 份文本，然后根据这些样本的类别，按一定规则确定待分类文本的类别。可以采用少数服从多数的规则，即这 k 份文本中哪种类别多，就认为待分类文本属于该类。

除了上面介绍的应用外，k 近邻算法还广泛应用于推荐系统、人脸识别、文字识别、医学图像处理等领域。例如，在图像匹配领域，根据特征点的最近邻得到图像特征点之间的匹配；在医学影像处理领域，可根据 k 近邻算法实现医学影像的疾病特征匹配，使医生能更好地为患者提供针对性治疗；在商业数据分析中，可用 k 近邻算法进行异常数据检测。

8.2 k 近邻算法的原理及应用

k 近邻(k-nearest neighbor,kNN)算法最早由 Cover 和 Hart 于 1968 年提出。最初的 k 近邻算法的原理很简单：在一个分类数据集上，对给定的样本 $\boldsymbol{x}_0$，找出其中 k 个与之最相邻的样本，获得这些样本的类标记，并按一定原则(如少数服从多数)来决定 $\boldsymbol{x}_0$ 属于哪类。因此一般提到 k 近邻算法时，都把它当成一种监督学习算法。k 近邻算法可用于多分类的应用中。它虽然简单，但它的多个改进算法在当前的大数据分析中仍发挥着重要的作用。

8.2.1 *k* 近邻算法的工作原理

k 近邻算法的核心思想可以用谚语“近朱者赤，近墨者黑”来概括。假如小周和一群学生走在一起，他们每个人都看起来非常年轻，还身着校服，手里拿着篮球，而且一边走着还一边在讨论问题。推测小周是一个什么身份的人？答案是小周很可能跟这群学生一样是个学生，喜欢运动。k 近邻算法的基本思路也是这样：给定一个待分类的样本 $\boldsymbol{x}$，在样本空间中找到与其最相邻的 k 个样本（k 值由用户指定），若在这 k 个样本中大多数样本属于某个类别，则样本 $\boldsymbol{x}$ 也属于该类别。

可通过穷尽搜索方法来实现 k 近邻算法，这也是 k 近邻算法最简单的实现方式，其搜索过程如下：计算给定样本和其他样本点之间的距离，再找出与其距离最小的 k 个样本，通过一定的规则（如少数服从多数原则）来确定给定样本的类标记。具体而言，对于一个包含了 n 个样本的训练数据集 $\boldsymbol{X}=\{\boldsymbol{x}_1,\boldsymbol{x}_2,\cdots,\boldsymbol{x}_n\}$，其中第 i 个样本数据有 m 个特征，即样本的特征集合为 $\boldsymbol{x}_i=\{f_{1i},f_{2i},\cdots,f_{mi}\}$，各个样本对应的类标记为 $\boldsymbol{y}=\{y_1,y_2,y_3,\cdots,y_n\}$。为了得到给定样本的类别，可计算样本 $\boldsymbol{x}$ 与其他样本数据的距离，然后找出与 $\boldsymbol{x}$ 距离最为相近的 k 个样本，通过一定规则（如投票法）得到给定样本的类标记。

在计算数据之间的相似性时可采用欧几里得距离（Euclidean distance，简称欧氏距离）来表示，即

$$\begin{aligned}\mathrm{dist}(\boldsymbol{x}_i,\boldsymbol{x}_j)&=\sqrt{(f_{1i}-f_{1j})^2+(f_{2i}-f_{2j})^2+\cdots+(f_{mi}-f_{mj})^2}\\&=\sqrt{\sum_{p=1}^{m}(f_{pi}-f_{pj})^2}\end{aligned}\tag{8.1}$$

通常只选取样本数据集中前 k 个最相似的样本（一般 k 不超过 20），最后选择 k 个最相似样本中出现次数最多的分类标记作为给定样本的类标记。

下面介绍 k 近邻算法的实现过程。

对于给定样本 $\boldsymbol{x}$ 的类标记，对训练数据集中的每个样本依次进行以下操作。

(1) 计算训练样本集中的各个样本与 $\boldsymbol{x}$ 的距离（通常采用欧氏距离）。

(2) 对这些距离按从小到大排序。

(3) 选取距离最小的 k 个样本。

(4) 统计这 k 个样本的类标记的分布情况，并按某种方式（如基于少数服从多数的投票方式）来确定 $\boldsymbol{x}$ 的类别。

如图 8.1 所示，训练数据集存在两种不同的样本，分别用三角形和圆形来表示，而长方形代表了待分类的样本。

当 $k=5$ 时（圆圈上的样本也算），与长方形最邻近的是两个三角形和一个圆形，按少数服从多数的原则可得到待分类样本属于三角形。

当 $k=9$ 时（圆圈上的样本也算），与长方形最邻近的是 3 个三角形和 4 个圆形，按少数服从多数的原则得到待分类样本属于圆形。

而当 $k=2$ 时，与长方形最邻近的是一个三角形和一个圆形。在这种情况下，若按少数服从多数的原则并不能确定待分类样本的类别，只能增加或减少 k 值，因此尽可能地选取 k 为奇数，这样便于采用投票原则进行分类。

当 $k=1$ 时，就是 1 近邻算法，也称最近邻算法或最近邻搜索算法，其实 k 近邻算法是最

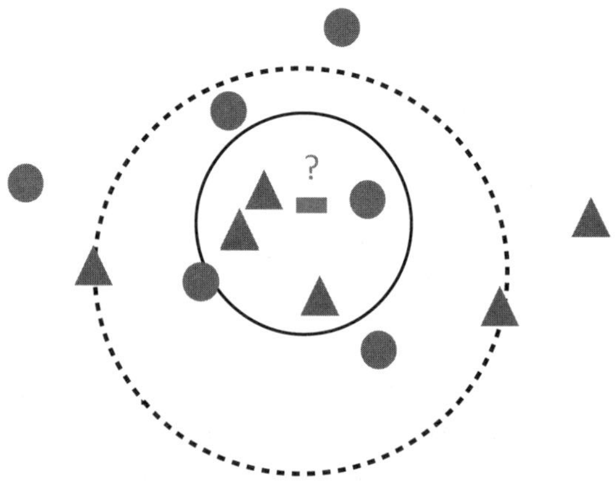

图 8.1 k 近邻算法的示意图

近邻算法的扩展。

从上面对 k 近邻算法的描述可以看出计算样本之间的距离是 k 近邻算法的核心,这种距离也可以看成是两个样本之间的相似程度。度量样本之间的相似性通常有以下两种方法。

(1) 通过样本间的夹角来计算样本之间是否相邻,若夹角越大,则相邻的可能性就越小;若夹角越小,则相邻的可能性就越大。对于给定的两个样本向量 $\boldsymbol{x}$、$\boldsymbol{y}$,计算它们之间的夹角 θ 的公式为

$$\cos\theta = \frac{\boldsymbol{x}^{\mathrm{T}}\boldsymbol{y}}{\|\boldsymbol{x}\|_2 \|\boldsymbol{y}\|_2}$$

(2) 计算两点间的距离。一般会采用这种方式来度量样本间是否相邻,而且通常会采用欧氏距离(见式(8.1))。除了欧氏距离外,还有很多用来计算样本距离的方法。

下面介绍几种常见的距离公式。

(1) Hamming 距离。

Hamming 距离用来度量两个二值向量(其元素只能取 0 或 1) 对应元素之差或一致性。0-1 向量的 Hamming 距离可有效地在计算机中用完整的机器语言指令或 XOR 操作来计算,然后统计为 1 的个数。在计算机中,有一些提取图像特征的方法(如 LBP、FREAK、ORB 等)最终得到的特征点为二值向量,这些方法常称为局部二值描述子。为了找到特征点的最近邻,常常会用 Hamming 距离。Hamming 距离的应用如下。

① 字符串距离(string distance)。为了计算字符串"HelloThere"与"HelpsThing"之间的距离,需要先计算出这两个字符串的差异性为 0001100111,这是一个二值向量,再统计出该向量中 1 的个数为 5,则它们之间的距离为 5。

② 二值距离。对于两个二值向量 01001110 和 11001100,可以先对它们进行异或操作:

$$10100010 = (01001110)\ \mathrm{XOR}\ (11001100)$$

然后对得到的结果 10100010 统计出 1 的数量为 3,这说明它们的 Hamming 距离为 3。

(2) Jaccard 相似性和差异性。

Jaccard 相似性是指二值集合(0、1 或 true、false)各元素相似性除以整个集合中元素个数。在下面的集合 1 和集合 2 中,所对应的元素中有两个元素是一样的,所以相似性为 2/5,

差异性为 3/5。Jaccard 相似度可以与 Hamming 距离结合起来使用。

集合 1(Set 1)：{1,0,1,1,0}

集合 2(Set 2)：{1,1,0,1,1}

Jaccard 相似性(Jaccard similarity)：2/5=0.4

Jaccard 差异性(Jaccard dissimilarity)：3/5=0.6

(3) 推土机距离。

推土机距离(earth mover's distance,EMD)是指把一个多维向量(如将直方图)变换为另一个向量的代价,这类似于推土机将两堆大小不一的泥土移成一样所付出的代价。该距离也称为 Wasserstein 距离。推土机距离会计算变换的最小代价,即它会考虑移动的距离 d^* 和移动的数量 f,同时还会增加一些约束,即

$$\mathrm{COST}(\boldsymbol{p},\boldsymbol{q},f)=\sum_{i=1}^{m}\sum_{j=1}^{n}d_{ij}f_{ij}$$

一旦得出了代价,就可归一化结果,即

$$\mathrm{EMD}(\boldsymbol{p},\boldsymbol{q})=\sum_{i=1}^{m}\sum_{j=1}^{n}d_{ij}f_{ij}\sum_{i=1}^{m}\sum_{j=1}^{n}f_{ij}$$

推土机距离对图像分析有用,如度量直方图相似度,但计算代价很大。值得注意的是,推土机距离在生成对抗网络(generative adversarial networks,GAN)中起着重要的作用。

k 近邻算法中,样本间的距离非常重要。对于一个具体应用而言,不同的度量方法会得到不同的结果,接下来就有一个重要的问题：什么样的距离才是最好的呢？研究人员对该问题进行了研究,并由此形成了机器学习的一个研究分支：度量学习(metric learning)。度量学习就是根据不同的任务来学习度量距离的函数,它有两种类型：①通过线性变换的度量学习；②通过非线性变换的度量学习。

大间隔最近邻算法(large margin nearest neighbor,LMNN)是一种经典的度量学习算法,它可以在训练数据集上学习一种对原始数据进行度量的方法,这种方法可以在一定程度上对原始数据分布进行重构,得到一个更加合理的数据分类空间。该算法还能解决样本密度分布不均的问题。

8.2.2 k 近邻算法在图像检索中的应用

k 近邻算法在图像检索、文本分类等领域有着非常广泛的应用,下面以图像检索为例介绍 k 近邻算法的具体应用。

这个例子所采用的数据集为 CIFAR-10,其目标是对给定的图像,通过最近邻方法找到与之最相似的图像,该数据集的信息如下。

(1) 该数据集包括 60 000 幅 32×32 像素的彩色图像,其中有 50 000 幅训练图像和 10 000 幅测试图像。

(2) 该数据集共有 10 类：飞机(airplane)、汽车(automobile)、鸟类(bird)、猫(cat)、鹿(deer)、狗(dog)、蛙类(frog)、马(horse)、船(ship)和卡车(truck)。

1. 加载训练数据集

将 CIFAR-10 数据集随机分为 5 个训练子集(对应的文件名分别为 data_batch_1,data_batch_2,…,data_batch_5) 和 1 个测试集(对应的文件名为 test_batch),每个子集有 10 000 幅

图像。测试集包含从每类中随机选择的1000幅图像。这些数据都是由Python的pickle模块进行序列化(序列化是指将对象实例(如类的实例)信息转换为字节流,以便将它保存到一个文件、存储到数据库或者通过网络传输),然后被保存到相应的文件中。为了读取这些文件,就需要进行反序列化(即从字节流中恢复对象)。例如,要读到CIFAR-10的第1个训练子集(对应的文件名data_batch_1)的信息,首先需要打开这个文件,再将训练数据和类标记读取出来,相应的代码如下:

```
with open('data_batch_1', 'rb')as fo:          #打开文件
    #用pickle读取文件内容,这就是反序列化
      datadict=pickle.load(fo, encoding='bytes')
        X=datadict[b'data']                        #返回训练数据
        Y=datadict[b'labels']                      #返回类标记,其类型为列表
        Y=numpy.array(Y)                           #为了便于后面处理,将类标记Y转换为数组
```

用pickle.load()进行反序列化时,返回的对象是字典(dictionary)类型,其键值对的内容分别如下。

(1) 键为batch_label,相应的值为training batch 1 of 5。这表明是5个训练子集中的第1个。

(2) 键为labels,相应的值为该训练集的类标记。这些类标记的取值范围为0~9。

(3) 键为data,相应的值为每幅图像的数据,这些数据为二维数组。

(4) 键为filename,相应的值为每幅图像的文件名。

为了便于处理,需要将类标记转换为NumPy的数组。

数据集还包含一个名为batches.meta的文件,这是ASCII文件,它包含了样本类标记对应的名称以及每个子集中样本的数量。与加载训练数据文件一样,可以先打开该文件,再用pickle.load()对其进行反序列化,返回的结果也是字典类型,其包含键值对的内容分别如下。

(1) 键为num_cases_per_batch,相应的值为10 000,这表示每个训练子集有10 000个训练样本(或训练图像)。

(2) 键为lable_names,相应的值为[b'airplane',b'automobile',…,b'truck']。这是每个类标记对应的名称。

2. 计算每个测试样本的最近邻

在加载完训练集后,可用同样的方式加载测试集,然后通过最近邻算法为测试集中每个样本搜索最近邻。假设测试集中的一个样本x,用行向量表示该样本,训练集trainX的每一行为一个样本,总共有10 000个样本,类标记保存在向量trainY中,则在训练集中搜索x的最近邻可以通过下面的步骤来实现。

(1) 计算x与trainX中所有样本的差:

```
diff=numpy.tile(x,(10000,1))-trainX
```

(2) 计算x与trainX中所有样本的欧氏距离:

```
distance=numpy.linalg.norm(diff, axis=1)
```

(3) 计算最小距离所对应的索引：

```
min_index=numpy.argmin(distances)
```

(4) 得到最近邻的类标记 predictY，该类标记就是为样本 x 预测的类标记：

```
predictY=trainY[min_index]
```

在上面的代码中，使用了 NumPy 的 tile 方法，它能将 x 按行复制 10 000 份(可以直接用 x-trainX 也起到 tile 方法的作用)，即 numpy.tile(x,(10000,1))会得到一个与 trainX 大小一样的矩阵，然后执行两个矩阵相减的操作；norm 函数中的 axis=1 表示按行计算 2 范数。

在这个数据集上采用最近邻算法来搜索与输入图像最接近的图像，并以分类正确率(accuracy)作为算法评价标准，在该数据集上运行最近邻算法会花费一些时间，得到分类正确率仅为 25%左右。

这个准确率很低，其原因在于图像数据维度很高，里面包含了很多冗余的数据。可用降维(reduce dimension)方法(如主成分分析、核化线性降维、局部线性嵌入等)来对图像数据进行处理，再用 k 近邻算法分类，这样就可以提高分类准确率。另外，为了提高分类准确率，也可用卷积神经网络来先提取图像特征(相当于对每幅图像重新表示)，再进行分类。

8.2.3　*k* 近邻算法的优缺点

k 近邻算法的优点：从 8.2.2 节的例子可以看出 k 近邻算法实现简单、易于理解，无须估计参数。上面的例子只用了简单的 4 行代码就实现了 k 近邻算法。

k 近邻算法的缺点：①对训练样本的标记分布很敏感。由于采用少数服从多数的投票方式来确定给定样本的类别，当样本分布不平衡时，如第一类样本的数量很大，第二类样本的数量很小，从而导致在给定样本的 k 个近邻中往往会出现第一类样本占多数，但实际上该样本有可能属于第二类。②计算效率低。如在海量的图像数据集中进行搜索时，算法需要将查询图像依次与图像集中的每张图像进行比较，当训练样本集过于庞大时，计算代价会呈几何倍数的增长。

8.3　近似最近邻算法

8.3.1　KD 树算法

当样本的特征维数比较高、训练样本较多时，穷尽搜索会让 k 近邻算法的效率变得很低。为了解决这个问题，人们提出了一些近似最近邻(approximate nearest neighbor，ANN)算法。KD 树(k-dimension tree)就是一种经典的近似最近邻算法。KD 树为了减少距离计算次数，用 k 维空间来对训练样本进行划分和组织。KD 树其实是一种平衡二叉树，它采用分而治之的思想，将整个空间划分成多个部分。图 8.2 就是采用 KD 树对样本进行划分的结果。

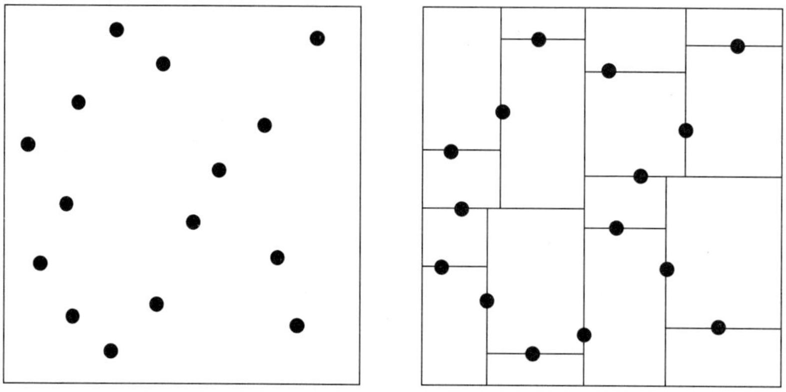

(a) 二维训练样本的散点图　　(b) 通过 KD 树对训练样本重新划分之后的结果

图 8.2　KD 树示意图

8.3.2　KD 树算法的实现

在建立 KD 树时,需要计算每个特征的方差,以方差最大的特征作为根节点。设向量 f 包含选中特征的所有数据,在这些数据中,以中位数 m 为划分点,对小于 m 的数据划入左子树,大于 m 的数据划入右子树,如此递归地生成 KD 树。

图 8.3 为 KD 树的构建流程。

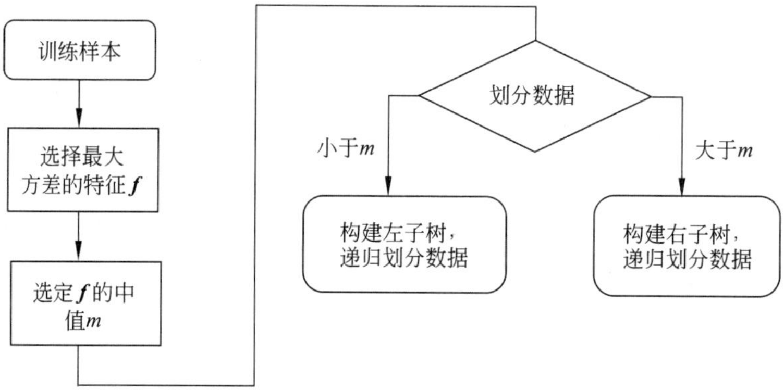

图 8.3　KD 树的构建流程图

在构建好 KD 树后,对于给定样本,需要搜索它的最近邻,其具体的实现过程如下。

(1) 从已经构造好的 KD 树的根节点出发,递归地向下访问 KD 树。若给定样本的特征值小于 KD 树根节点的值,则移动到左子树,否则移动到右子树。直到子节点为叶节点。

(2) 将该叶节点作为当前最近邻点。

(3) 递归完毕后,往父节点方向回溯。如果某节点比当前最近邻点更接近给点样本,则更新最近邻点;如果该节点并非更接近给定样本点,则向上回溯。这样重复操作,直到回退到根节点时,搜索过程结束。最后得到的结果就是给定样本的最近邻。整个 KD 树的结构如图 8.4 所示。

下面通过一个简单的例子介绍 KD 树算法的原理。

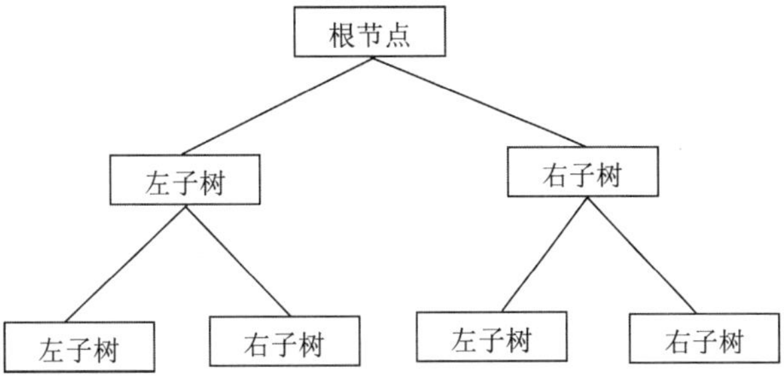

图 8.4　KD 树结构图

假定有一个二维数据集合：(1,6),(8,3),(4,7),(7,2),(6,8),(4,3),现在需要用该数据集来构建一棵 KD 树,各数据点在坐标轴上的位置如图 8.5 所示。

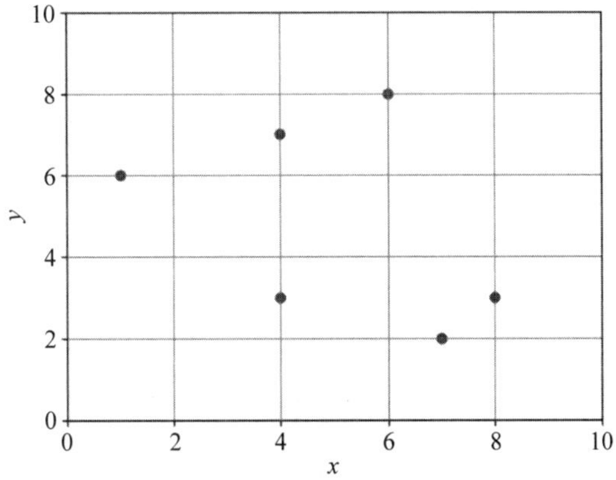

图 8.5　二维数据散点图

具体构建的步骤如下。

(1) 确定划分数据的维度。这 6 个点在 x 轴上的数据方差为 6.4,在 y 轴上的数据方差为 6.17,所以选择方差更大的 x 轴来进行划分。

(2) 确定分割点。根据 x 轴上的数据排序,其中值为 6,则以样本点(6,8) 作为分割点来划分平面,其划分结果如图 8.6 所示。

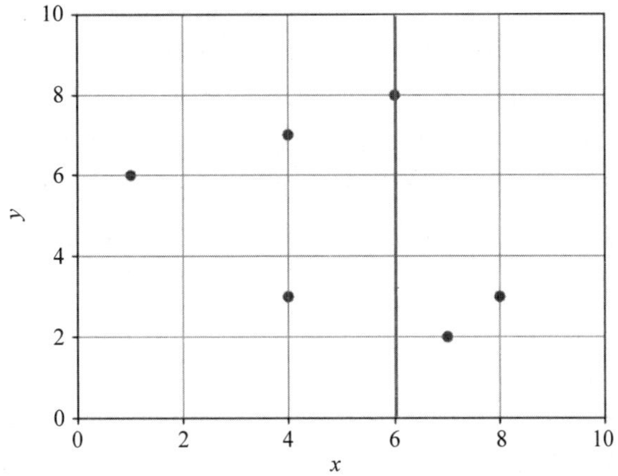

图 8.6　第一次划分后的结果

(3) 按分割点划分完成后,此时直线 $x=6$ 将整个空间分成两部分:左边平面包括 3 个节点{(1,6),(4,7),(4,3)};右边平面包括两个节点{(7,2),(8,3)}。

(4) 用同样的方式对左、右两个平面按 y 轴进行划分。同样根据 y 轴上的数据排序,得到中值分别为 3 和 6,于是得到图 8.7 的划分结果。

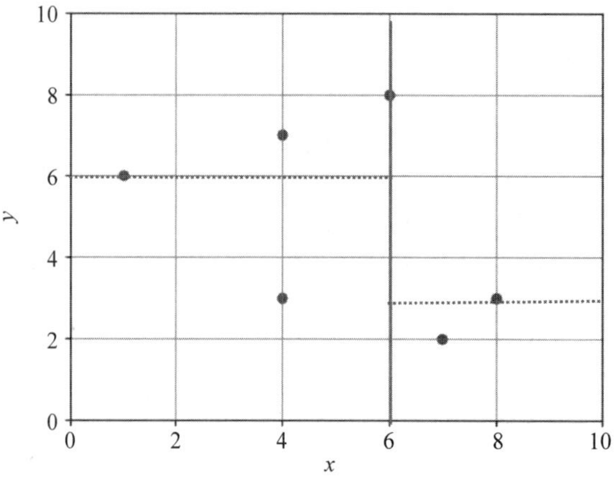

图 8.7 第二次划分后的结果

经过上面的空间划分,可以很清楚地看出,(6,8)为根节点,它的左、右子节点分别为(1,6)和(8,3),所有的点都已经划分完毕。这就形成了如图 8.8 所示的一棵 KD 树。

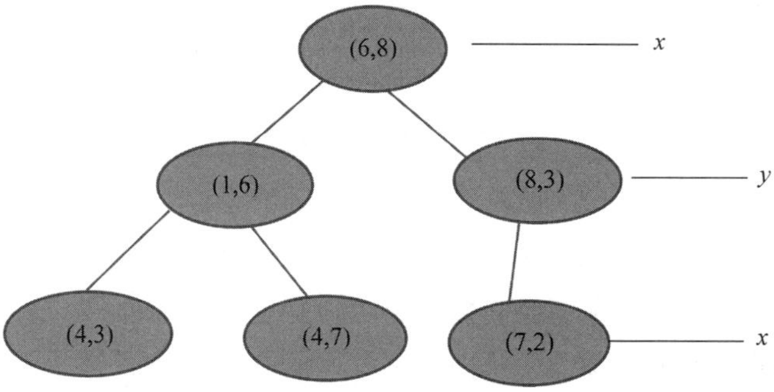

图 8.8 经过两次划分后得到的 KD 树

假设要查询的样本为(9,1)时,其输出的最近邻点为(7,2)。大量的实验表明:相较于传统的最近邻算法,基于 KD 树的最近邻算法有较高的效率,尤其是训练样本为大量高维数据时,它相对于传统的最近邻算法更具有优势,这是因为随着树的深度不断增加,循环选取坐标轴作为分割超平面的向量,每次确定对应的分割点都以坐标轴的中位数为基准,但计算距离却是在左、右两棵子树进行,这大大减少了样本点之间的比较。

从上面的介绍可以看出,当训练数据的维度太高时,需要不断选取坐标轴,这使得构建 KD 树的计算量大大增加。

Muja 和 Lowe 于 2009 年提出的一种高效的近似最近邻算法,它被称为 FLANN(fast library for approximate nearest neighbors)算法。FLANN 算法是基于 k-means 聚类算法和 KD 树来实现的。在计算机视觉领域中,FLANN 算法被大量使用,事实上,FLANN 算法已经被集成到 OpenCV 框架中。由于 FLANN 算法会涉及 k-means 聚类算法，因此在后面介绍完 k-means 聚类算法之后再来详细介绍 FLANN。

除了 FLANN 算法以外，基于哈希的近似最近邻算法也是当前人们研究的重点，其中，最基本的哈希的近似最近邻算法包括以下内容。

(1) 局部敏感哈希(locality sensitive hashing,LSH)。它是由 Piotr Indyk 等人于 1998 年提出的。LSH 的思想是在哈希桶(hashing buckets)的数量小于样本数量时，样本经过哈希函数映射后，使得原来相邻(或相似)的样本以较高的概率放到同一个哈希桶中，这表明相邻样本产生冲突的概率高，反之亦然。LSH 不会遍历 KD 树就能直接找到最近邻样本，因此其查询效率非常高。

(2) 谱哈希(spectral hashing,SH)。它是 1998 年由 Yair Weiss 等人提出的。SH 是一种无监督的哈希算法，它借用谱聚类算法的思想得到样本的哈希编码。

其他的哈希的近似最近邻算法还包括：语义哈希(semantic hashing)、相似哈希(SimHash)、核谱哈希(kernelized spectral hashing)、监督离散哈希(supervised discrete hashing)和深度监督哈希(deep supervised hashing)等。

8.4 *k* 近邻算法的应用

下面介绍 k 近邻算法在图像配准(image registration)中的应用。图像配准是计算机视觉中的一个经典问题，到目前也没有得到很好的解决。在计算机视觉的很多应用中，人们需要对同一对象在不同条件下(如图像会来自不同的采集设备，取自不同的时间、不同的拍摄视角等)获取的图像进行对比、融合、拼接等操作，这些操作的基础是图像配准。图像配准需要通过寻找一种变换把一幅图像映射到另一幅图像，使得两图中特征点能一一对应起来。该技术在计算机视觉、医学图像处理等领域都有广泛应用。根据具体应用的不同，其需求会有一些差别，有的侧重于通过变换结果融合两幅图像，有的侧重于研究变换本身以获得对象的一些属性，如在医学图像处理领域，经常需要将各种图像拼接起来，在一幅图像上显示各自的信息，这样就能为临床医学诊断提供更多的信息。

在进行图像配准时，将通过 ORB 算法来提取图像的特征，该算法已经集成在计算机视觉库 OpenCV 中，可以直接进行调用。ORB 算法是在 BRIEF 算法(另一种特征描述符算子)的基础上增加了旋转不变性，它通过 FAST 9 来确定角点(corner)方向，在排好序的兴趣点上采用 Harris 角点度量。角点方向是通过 Rosin 提出的强度质心(intensity centroids)方法来精细化。在每级缩放因子为 1.4 的图像金字塔上采用 FAST、Harris 和 Rosin 进行处理，而不是通常的倍频金字塔尺度方法。ORB 算法是高度优化过的且能很好地用于工程的特征描述子(feature descriptor)。与 BRIEF 算法相比，ORB 算法是通过成对像素点采样来创建局部二值模式。BRIEF 在 31×31 像素区域使用了随机点对，而 ORB 算法通过训练找到区域中不相关点对，这些点对有较高的方差且均值大于 0.5，已经证明这种方法能取得较好效果。

OpenCV 有针对 Python 的模块，该模块名为 cv2。如果没有该模块，可以通过下面的命令来安装。

```
pip install opencv_python
```

也可以指定安装具体的版本：

```
pip installopencv_ python==3.4.5.20
```

可按下面的步骤来进行图像配准。

(1) 创建 ORB 类的实例。

```
ORB_DESC=cv2.ORB_create()
```

(2) 用 ORB 算法检测并计算给定图像的关键点(key point,也称为特征点),其中 img 为输入的图像。

```
kPoint,descriptor=ORB_DESC.detectAndCompute(img)
```

变量 kPoint 保存了图像的关键点。很多经典的计算机视觉算法都需要在图像中确定关键点的位置,并通过计算关键点周围的像素区域得到特征描述子。检测关键点的最大困难在于图像的尺度变化问题,因为关键点可能会在某些尺度上发生巨大的变化。有很多计算关键点的方法,如 Moravac 角点检测、Harris 和 Stephens 角点检测、Shi 和 Tomasi 角点检测(改进的 Harris 方法)、Gaussian 差等。通过下面 Opencv 的 drawKeypoints 方法画出检测到的关键点。

```
keyPointImg=cv2.drawKeypoints(img,kPoint,numpy.array([]),color=(255,255,255),
flags=cv2.DRAW_MATCHES_FLAGS_DRAW_RICH_KEYPOINTS)
```

在这个函数中,第 1 个参数 img 为原始图像;第 2 个参数 kPoint 为列表类型,列表中的每个元素为 keyPoint 类,它用来保存 ORB 算法检测到的关键点信息,在关键点所包含的信息中,最重要的是关键点位置;第 3 个参数为输出图像,其类型为数组;第 4 个参数为在原始图像上绘制关键点的 RGB 值,这时的(255,255,255)表示白色;第 5 个参数用来确定绘制关键点的数量和大小,若取值为. DRAW_MATCHES_FLAGS_DRAW_RICH_KEYPOINTS,则表示对每个关键点绘制带大小和方向的图形。最后得到的结果如图 8.9 所示,其中白色部分就是检测到的关键点。

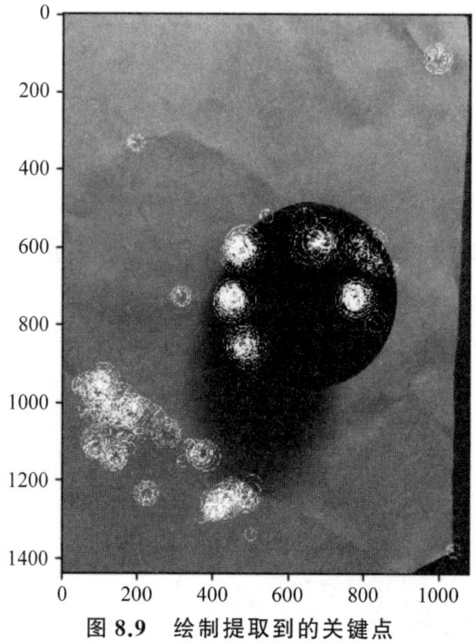

图 8.9 绘制提取到的关键点

下面介绍两幅图像中是同一对象的配准问题。假设有两幅名为 img1 和 img2 的图像，这是从两个不同角度拍摄的同一个球，如图 8.10 所示。

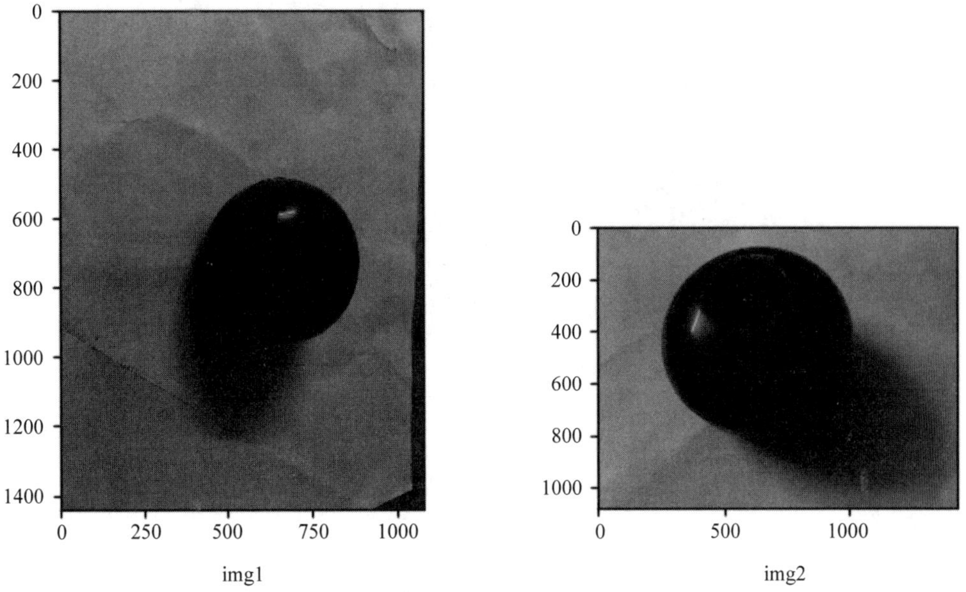

图 8.10　从两个不同角度拍摄的同一个球

通过上面的方法计算两幅图像中的关键点和描述子，这些信息分别保存在变量 kPoint1，kPoint2 和 descriptor1、descriptor2 中。现在要找出 img1 与 img2 之间对应的关键点，这个问题可以描述为对于 img1 中的某个关键点 k_i，要在 img2 找到与之最相似的关键点。这就是一个最近邻问题。假设 img1 中的某个关键点 k_i 的描述子为 $\boldsymbol{d}_i$。在这个应用中，$\boldsymbol{d}_i$ 实际上是一个 32 维的向量。可以在 img2 中搜索与 $\boldsymbol{d}_i$ 最相似(或最靠近)的描述子，从而实现图像配准。这个过程可以通过下面的步骤实现。

(1) 创建基于 OpenCV 的匹配器。

```
matcher=cv2.BFMatcher(cv2.NORM_HAMMING)
```

在 OpenCV 中有一个名为 BFMatcher 的匹配器类，在实例化这个类时，可以指定按哪种距离计算方法进行匹配，其中 NORM_HAMMING 表示按 Hamming 距离进行匹配。

(2) 调用 knnMatch 方法搜索最近邻。

```
matches=matcher.knnMatch(descriptor1, descriptor2,k=1)
```

参数 k=1 表示返回最佳匹配。变量 matches 保存着匹配结果。

(3) 绘制匹配的结果。

```
img3=cv2.drawMatchesKnn(img1, kPoint1, img2, kPoint2, matches[:20],None)
```

参数 matches[:20]表示取绘制最匹配的前 20 个关键点。最后绘制的结果如图 8.11 所示。

经过以上 3 步，就可以实现两幅图像的关键点匹配。

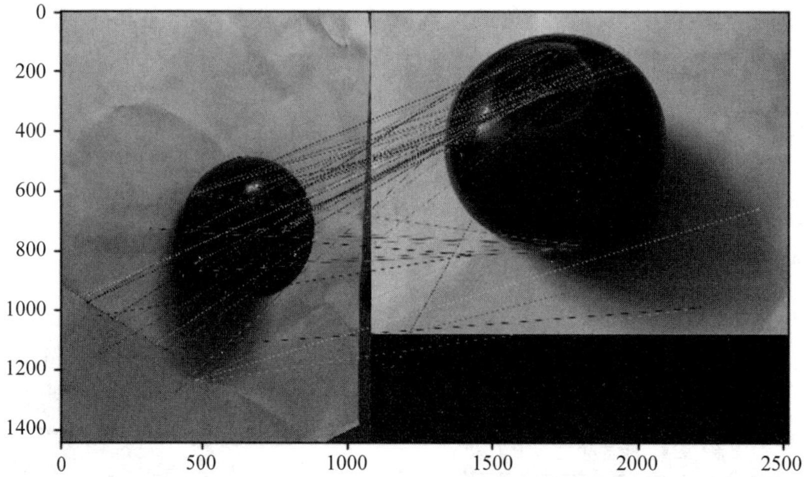

图 8.11 关键点匹配示意图

8.5 总结

k 近邻算法是一个非常简单的监督学习算法。在实现 k 近邻算法时,若用不同的方法度量两个样本的距离,得到的最终结果可能差别很大,即对不同的应用,选择恰当的距离计算方法至关重要。人们由此展开了深入的研究,从而提出了度量学习的相关理论。随着近年大数据的出现,近似最近邻算法得到了人们的重视。有很多经典的近似最近邻算法,本章首先介绍了经典的近似最近邻算法——KD 树,然后介绍了几种哈希的近似最近邻算法,如局部敏感哈希、谱哈希等。哈希的近似最近邻算法是当前研究的重点,因为对于一个给定的样本,它能在极短的时间内从训练集中找到与之相似的样本。最后,介绍了 k 近邻算法在图像配准中的应用。图像配准除了与提取的特征(特征描述子)有关外,还与 k 近邻算法的鲁棒性和稳定性有关。在图像配准的例子中,采用的是最近邻(即 $k=1$)算法,这种情形下的最近邻算法其实可以看成是一种无监督学习算法。

8.6 习题

(1) 用 Python 实现 k 近邻算法。用实现的算法在 cifar10 数据集上实现图像检索。

(2) 用 Python 实现 KD 树的构建,并在此基础上进行最近邻搜索。

(3) 用 Python 实现图像配准。如何提高图像配准的准确性?给出具体的实现,并与本章介绍的图像配准算法进行比较。

参考文献

[1] 袁培森,沙朝锋,王晓玲,等.一种基于学习的高维数据 c-近似最近邻查询算法[J]. 软件学报,2012,23(8):2018-2031.

[2] Arya S,Mount D M,Netanyahu N S,et al. An optimal algorithm for approximate nearest neighbor

searching fixed dimensions[J]. Journal of the ACM,1998,45(6): 891-923.

[3] 章毓晋.基于内容的视觉信息检索[M].北京：科学出版社,2003.

[4] 赵峰.基于局部特征的图像匹配关键技术研究[D].北京：中国科学院计算技术研究所,2008.

[5] Cover T M,Hart P E. Nearest neighbor pattern classification[J]. IEEE Transactions on Information Theory,1967.

[6] 毋雪雁,王水花,张煜东. k最近邻算法理论与应用综述[J].计算机工程与应用,2017,53(21): 1-7.

[7] Hastie T,Tibshirani R. Discriminant adaptive nearest neighbor classification[J]. IEEE Transactions on Pattern Analysis and Machine Intelligence,1996.

[8] 刘双成,蔡晓东,张力,等.基于主动形状模型和 *k* 近邻算法的人脸脸型分类[J].桂林电子科技大学学报,2014,34(6): 479-483.

[9] 王洪彬,刘晓洁.基于 KNN 的不良文本过滤方法[J].计算机工程,2009,35(24): 69-71.

[10] 岳峰,邱保志.基于反向 *k* 近邻的孤立点检测算法[J].计算机工程与应用,2007(7): 182-184.

[11] Bruno T Sasa M, Dzenana D. KNN with TF-IDF based framework for text categorization[J]. Procedia Engineering,2014,69: 1356-1364.

[12] 黄晓斌,万建伟,张燕.一种改进的自适应 *k* 近邻聚类算法[J].计算机工程与应用,2004(15): 76-78,130.

[13] Jiang S Y, Pang G S, Wu M L, et al. An improved *k*-nearest-neighbor algorithm for text categorization[J]. Expert Systems with Applications,2012,39(1): 1503-1509.

[14] Belongie S,Malik J,Puzicha J. Shape matching and object recognition using shape contexts[J]. IEEE Transactions on Pattern Analysis and Machine Intelligence,2002,24(4): 509-522.

[15] S Chopra,R Hadsell,LeCun Y. Learning a similarity metric discriminatively,with application to face verification[C]. In Proceedings of the IEEE Conference on Computer Vision and Pattern Recognition (CVPR 2005),2005.

[16] Rubner Y,Tomasi C,Guibas L J. The earth mover's distance as a metric for image retrieval[J]. International Journal of Computer Vision,2000,40(2): 99-121.

[17] Weinberger K Q,Saul L K. Distance metric learning for large margin nearest neighbor classification [J]. Journal of Machine Learning Research,2006,10(2): 207-244.

[18] Weiss Y, Torralba A, Fergus R. Spectral Hashing [C]. International conference on Neural information processing systems,2008: 1753-1760.

[19] Indyk P,Motwani R. Approximate nearest neighbors: towards removing the curse of dimensionality [C]. In Proceedings of the 30th ACM Symposium on the Theory of Computing (STOC '1998), 1998: 604-613.

[20] Gionis A,Indyk P,Motwani R. Similarity search in high dimensions via Hashing[C]. Edinburgh: VLDB,1999.

[21] Calonder M,Lepetit V,Strecha C,et al. BRIEF: Binary robust independent elementary features[C]. European Conference on Computer Vision,2010: 778-792.

第9章

主成分分析

本章重点

- 理解维度灾难产生的原因。
- 了解相关特征的定义。
- 了解冗余特征的定义。
- 理解主成分分析的原理。
- 能用 PCA 对数据降维。

微课视频

9.1 维度灾难

如果训练样本的特征过多时,容易出现维度灾难(curse of dimensionality)。维度灾难会导致分类器出现过拟和。这是因为在样本数量固定时,随着特征数量增加,单位空间的样本数量会变少。假定在 p 维空间有一个超立方体,它的每个边的长度为 1,将该立方体分成大小相等的 N 个超小立方体,每个超小立方体的体积为 $1/N$,并包含一个样本。这些超小立方体的边长 d 可以通过下面的公式计算,即

$$d=\left(\frac{1}{N}\right)^{\frac{1}{p}}$$

当 N 固定时,随着维数 p 的增加,每个超小立方体的边长 d 将趋近于 1。若要 d 保持不变,只有增加 N,即需要增加样本数量。下面再通过一个具体例子来说明这一现象。

假设由圆形和三角形组成的 20 个样本:$\boldsymbol{X}=[\boldsymbol{x}_1,\boldsymbol{x}_2,\cdots,\boldsymbol{x}_{20}]$,若这些样本只有一个特征(即一维情形),其取值范围是 [0,20],将这个范围平均分成 4 部分,即 [0,5] 为第 1 部分,(5,10] 为第 2 部分等。这些样本的分布如图 9.1 所示。

假设这些样本以均匀分布的方式落在这 4 个区域中,则在这种情形下,落在这 4 个区域的圆形和三角形的数量约为 5 个,它们的比例也大致相当。

若将维数增加到二维,每维的取值范围仍是 [0,20],按上面划分区域方式会得到 16 个区域,则 20 个样本落在这 16 个区域的数量大约为 20/16=1.25 个,这个数量明显小于一维情形。二维情形下的分布如图 9.2 所示。从图 9.2 中可以看出,在每个区域内的样本数量有所减少,有些区域甚至没有样本,有些区域只有三角形或圆形。因此可以看出,当样本数量固定时,随着特征空间维数的增加,会导致样本的统计特性发生改变。

若要在二维情形下让每个区域的样本数量与一维时大致相等,则需要 400 个样本;若是三维情形,则需要 8000 个样本。但通常情况下获取样本是一件困难的事情,因此为了减少高维数据带来的问题,需要降低样本的维数,这个操作称为降维处理(dimensionality

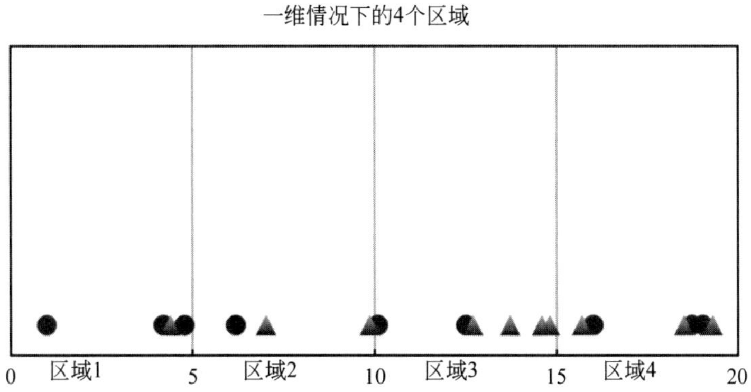

图 9.1　样本在一维情形下的分布

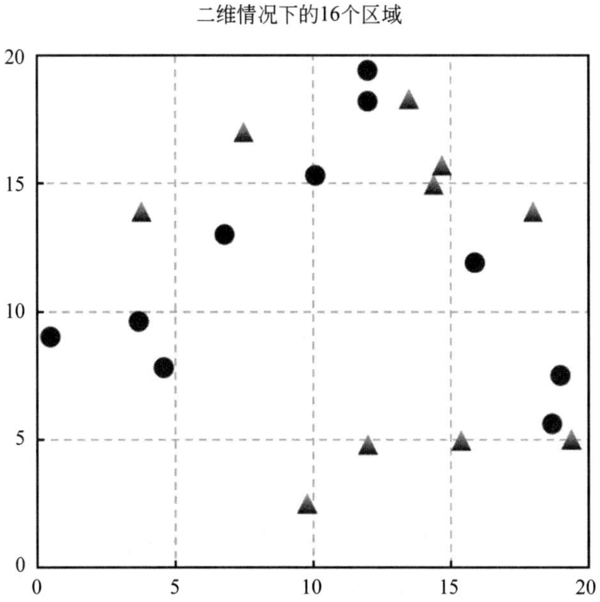

图 9.2　样本在二维情形下的分布

reduction)，有时也称为维数约简。

但这里需要说明一点，不是特征数量越少就越有利用分类。如在对苹果和橘子的分类时，若只将形状作为特征，则可能出现误分类，因为苹果和橘子都有可能是圆形；有时苹果比橘子要大，若再将大小作为特征，则可以减小误分类，但有一些橘子比苹果大一点；若再将颜色作为特征，可以进一步减少误分类。从这个例子可以看出，随着特征的增加，分类的效果有可能会更好。结合前面介绍的内容可知，恰当的特征对于很多机器学习(包括分类、聚类等)算法非常重要。深度学习就是对样本的特征进行复杂的变换，得到对类别有效的特征，从而提高了机器学习的性能。

机器学习中的核学习(kernel learning)就是通过核函数(kernel function)增加样本特征维数，从而使样本具有可分性，在此基础上训练分类器。但在大数据时代，高维数据经常出现，因此本章主要介绍高维数据的降维问题。

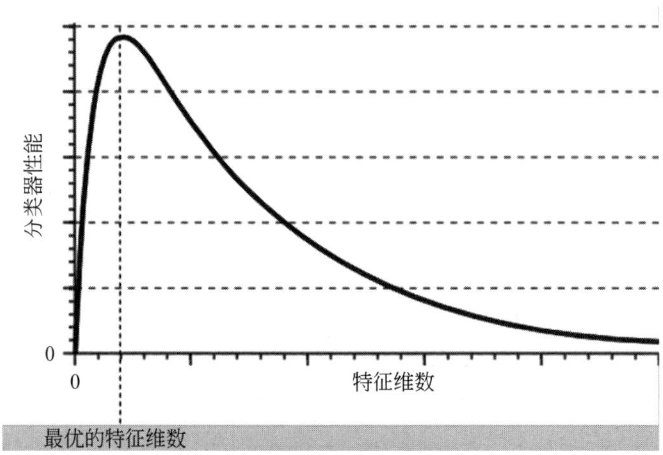

图 9.3　特征维数与分类器性能之间的关系

9.2　相关特征与冗余特征

相关特征(relevant features)通常是指对机器学习任务有贡献的特征。机器学习领域很早就在监督学习(supervised learning)中研究特征的相关性,下面是相关特征的定义。

定义　设第 i 个特征 f_i 的某个取值为 x_i 时,其概率 $p(f_i=x_i)>0$,类标记 Y 取某个值 y,则 f_i 满足下面的条件时就称为相关特征:

$$p(Y=y \mid f_i=x_i) \neq p(Y=y)$$

从这个定义可看出,若 f_i 的取值能改变对类标记 Y 的估计,则认为 f_i 是一个相关特征,否则,它就是一个不相关特征(irrelevant features)。下面用一个例子来说明实际应用中存在的相关特征和不相关特征。

在某些疾病(如癌症等)的预测中,像社保编号这样的特征就与预测任务没有关系,即社保编号不会对疾病预测产生影响,因此在这种情形下可以认为社保编号是不相关特征;而年龄会对疾病预测产生影响(如年龄越大,越容易得癌症),因此可以认为年龄对疾病预测是相关特征。同样的特征,在不同的机器学习任务中,可能会具有不同的属性,如在与篮球有关的机器学习任务中,身高可能是很重要的特征,属于相关特征;而在预测个人收入的机器学习任务中,身高可能就是不相关特征。

训练样本经常会出现冗余特征,如年龄和出生日期这两个特征本质上是一样的,若同时出现在训练样本中,则称它们为冗余特征。例如,有两个特征(x,y),它们之间是线性关系 $y=3x+4$。若基于这种线性关系进行采样,得到 4 个样本点:(1,7),(2,10),(4,16),(5,19),这些样本点是在一条直线上,如图 9.4 所示。虽然这些样本有两个特征,其实只需要一个特征就可以反映数据的性质。

冗余特征反映了特征之间的相似性,也可将其看成是特征之间的相关性(correlation),这里的相关性与前面的相关性(relevance)不一样,前面的相关性是针对特征与机器学习任务之间的。冗余特征越少,说明特征之间包含的信息差异越大,说明每个特征都很重要。常见的冗余特征检测算法有互信息、对称不确定性(symmetrical uncertainty,SU)和皮尔森相

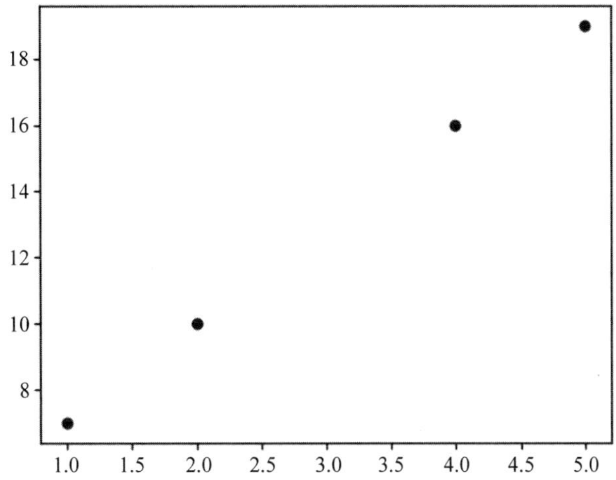

图 9.4 由线性相关的两个特征得到的样本点

关系数(Pearson correlation coefficient,PCC)等。皮尔森相关系数也经常被简称为相关系数。

在高维数据中常常会出现不相关特征和冗余特征。而高维数据在很多应用领域都会出现。

1. 基因表达数据

美国科学家于 1990 年启动人类基因计划(human genome project,HGP)。该计划主要是了解生命本质、生命体生长规律、生命之间的联系、存在个体差异的原因以及认识和理解疾病产生的机制。在人类遗传变异基因中最常见的是单核苷酸的多态性(single nucleotide polymorphism,SNP),它占所有已知多态性的 90%以上。SNP 大量存在人类基因组中,每 500~1000 个碱基对就有一个。据初步统计,它的数量约为 300 万个。SNP 同其他基因数据一起构成了一个大规模高维数据。例如,蛋白质和核酸是原生质的重要成分,它们是生命的基础物质之一。蛋白质通过反应来进行催化生命体、调节生命体内的新陈代谢、抵御各类细菌入侵以及控制生命体中各种遗传信息等方面都起着非常重要的作用。在生物化学及相关的其他学科(如食品检验、临床检验等)中,蛋白质的分离和定性以及定量分析是很重要的步骤。人体蛋白质数据的维度高达 15 154 维。

基因芯片又称为 DNA 芯片,是研究生物基因的有效工具,它主要研究氨基酸序列(蛋白质序列)和核酸序列(DNA 和 RNA 序列)等。目前,数值型是基因芯片数据的主要表达形式,这些值以矩阵的方式存储,即基因表示矩阵。样本在不同水平下的形式是用该矩阵的一行来表示的。相同水平下所有样本的表达形式是用该矩阵的列来表示的。基因在特定条件下的表达值就是矩阵中对应的元素值。基因表示矩阵规模庞大,通常涉及数千或数万的基因数,但其样本数非常小,一般只有几十个,这是典型的高维小样本数据。基因选择是微阵列基因数据分析的核心内容,它既是建立有效分类器的关键,也是发现疾病分类的标志。目前,科研工作者们正在对该问题进行探索。如何从成千上万个基因中高效地选出有效特征用于分类,一直是基因数据分析的难点。

2. Web 文本数据

随着网络的飞速发展,产生了大量 Web 网页。以新浪、搜狐等国内著名的门户网站为例,其主栏目在 100 个以上,在每个主栏目下面,又有很多的子栏目,每个子栏目下 Web 页面的内容也不尽相同。为了标注这些不同内容的网页,会产生高维数据。另外,电子邮件已成为人们相互交流和通信的一种便捷的工具,但垃圾邮件会影响人们的正常生活。据统计,2019 年,全国企业邮箱用户共收到各类垃圾邮件约占企业级用户邮件收发总量的 47.2%,是企业级用户正常邮件数量的 1.2 倍。从发送者邮箱域名归属情况来看,来自国内的垃圾邮件最多,占总数的 49.3%。如何区别正常邮件和垃圾邮件,是一个重要的研究课题。在用词和行文格式等方面,垃圾邮件与正常邮件不一样。因此可以对邮件内容进行分析,用关键词方法基本可以有效区分垃圾邮件和正常邮件。目前市面上采用的垃圾邮件识别系统(例如,Norton AntiSpam、SAproxy Pro 等)都是从每个邮件中抽取特征(也称关键词),然后采用分类算法,对这些邮件进行分类,从而识别垃圾邮件。但这些特征所构成的样本数据维度非常高,而且只有极少数特征对分类有用。

3. 图像数据

图像数据通常都是高维数据。在图像数据中,人脸数据最常见。人脸识别在公共安全、军事安全、国家安全等领域有着十分广阔的应用。同时也在智能监控、智能交通、智能门禁、公安布控中的身份识别与验证、出入境管理等领域被广泛使用。人脸识别是对测试的人脸图像用训练得到的特征表示,然后进行识别。计算机识别人脸的复杂表情是一个极其困难的事情:人脸本身存在一定的弹性,会随着人的情绪而不断变化;随着年龄的增长,人脸会变化(变衰老);由于拍摄人脸的光照、成像角度及成像距离的不同,所得到的人脸图像差别很大。此外,由于图像设备的精度不断提高,在一般情况下,人脸数据的维度可以达到几百万维,甚至上千万维。一般证件上人脸照片也有几万像素。例如,如果一幅人脸图像的长和宽都是 512 像素,该图像数据为 262 144 维的向量,这是非常高维的数据。人脸图像的高维性使人脸识别变得比较困难。

4. 时间序列数据

在股票分析、证券期货、天文气象、工业过程控制、金融、医疗诊断、科学实验等领域经常按时间顺序记录一系列数据,这些有序数据称为时间序列数据。时间序列数据与静态数据不同,它是按等间距的时间段来获取数据,其值随时间的变化而不同。对时间序列数据分析的应用十分广泛,但难度也相当大。通常如果对时间序列数据的采样频率较高或采样持续的时间较长时,其数据维度相当高。例如,对某个事件,用 Δt_i 表示在固定的时间间隔 i 上的取值,可用 $\boldsymbol{x}=\{\Delta t_1,\Delta t_2,\cdots,\Delta t_n\}$表示该事件。这个 n 维的向量是时间序列数据,它的维数一般很高。将经典的分类或聚类算法用于高维时间序列数据时,会大大增加这些算法的时间复杂度和空间复杂度。因此,在处理这些数据之前,需要对它们进行预处理。

5. 推荐系统中用户评价数据

推荐系统的任务是用网站来联系用户与信息。一方面让信息能够展现在对它感兴趣的用户面前;另一方面帮助用户发现有价值的信息,引导用户获得想要的结果。最典型的推荐系统应用是电子商务领域中的 B2C 模式。商家根据用户的喜好、兴趣,向用户推荐感兴趣商品(如图书、衣服等)。在难以把握顾客的需求时,如果卖家通过向用户推荐商品来满足用户模糊需求,就可以将用户的潜在需求转化为现实需求,从而促进产品销售量。对于从事电子商务的大型网站,如淘宝网、互动出版网、亚马逊等,推荐系统被大量使用。其中亚马逊花了大约十年时间来研究推荐系统在电子商务中的应用。一些具有个性化服务的 Web 网站,也对推荐系统有很大的依赖。推荐系统能够与用户建立长期稳定的关系,为用户提供个性化服务,对防止用户流失和提高用户忠诚度都有很大的作用。目前的推荐系统可以依赖的数据有客户活跃度信息、用户标签信息、用户对商品的反馈数据、时间上下文信息(如系统时间特性等)、社交网络等。其中用户对商品的反馈数据是用户对所购商品的感受来对该商品进行评分。这是用户喜好、兴趣最真实的反映。通过该数据可以划分不同的用户群体,从而对某个用户行为的预测转换为对与该用户有相似行为的群体行为的预测。用户对商品的反馈数据由商品类别、用户爱好等构成。其中,商品类别非常多,一般有几千至几万种。因此,推荐系统所涉及的数据通常是高维数据。

综上所述,高维数据在各个应用领域大量存在。虽然高维数据有可能更丰富、更细致地表达事物本身,但若这些表示数据的特征有很多是噪声或不相关特征,就会对数据处理带来许多问题。例如,高维数据中所包含的信息或结构无法被理解或展示,从而使得宝贵的数据资源变成数据灾难。另外高维数据会带来计算效率低、容易产生过拟合等问题。

9.3　主成分分析的原理

对高维数据进行降维处理不仅可提高模型的泛化能力,而且在很多数据分析应用中都会用到,如在可视化数据时,若样本有 p 个特征,想要采用散点图来可视化两个特征所构成的样本,则需要绘制 $\binom{p}{2}=p(p-1)/2$ 幅图。当 $p=8$,则需要绘制 28 张散列图;若 p 非常大,则不可能将这么多幅图全部绘制出来。是否有一种方法可以查看这些样本中的主要信息? 即对于高维数据,是否可以找出少数重要的特征,然后通过查看这些特征组成的样本来了解整个样本的结构。通过对样本进行特征变换,得到重要特征来重新表示样本的过程,称为**主成分分析**(principal components analysis,PCA)。

假设 n 个样本,每个样本有 p 个特征,这些样本构成的矩阵为 $\boldsymbol{X}=[\boldsymbol{x}_1,\boldsymbol{x}_2,\cdots,\boldsymbol{x}_n]\in\mathbf{R}^{p\times n}$,其中 $\boldsymbol{x}_i(i=1,2,\cdots,n)$ 是列向量。将各个样本投影到 p 维向量 $\boldsymbol{\phi}_1=[\boldsymbol{\phi}_{11},\boldsymbol{\phi}_{12},\cdots,\boldsymbol{\phi}_{1p}]$上,则得到新的样本,这些样本可表示为 $\boldsymbol{\phi}_1^{\mathrm{T}}\boldsymbol{X}=[\boldsymbol{\phi}_1^{\mathrm{T}}\boldsymbol{x}_1,\boldsymbol{\phi}_1^{\mathrm{T}}\boldsymbol{x}_2,\cdots,\boldsymbol{\phi}_1^{\mathrm{T}}\boldsymbol{x}_n]$,将 $\boldsymbol{\phi}_1$ 称为主成分载荷向量(principal component loading vector)。

若将矩阵 $\boldsymbol{X}$ 的每行进行归一化处理,使每行的均值为 0,这样 $\boldsymbol{\phi}_1^{\mathrm{T}}\boldsymbol{X}$ 的均值也为 0,则 $\boldsymbol{\phi}_1^{\mathrm{T}}\boldsymbol{X}$ 的样本方差可以表示为

$$\frac{1}{n-1}\sum_{i=1}^{n}(\boldsymbol{\phi}_1^{\mathrm{T}}\boldsymbol{x}_i)^2$$

若这些投影后的样本越分散,说明在主成分载荷向量 $\boldsymbol{\phi}_1$ 上的能量越大。这种分散程度可以用上面的样本方差来刻画,即

$$\max_{\boldsymbol{\phi}_1} \sum_{i=1}^{n} (\boldsymbol{\phi}_1^{\mathrm{T}} \boldsymbol{x}_i)^2 = \|\boldsymbol{\phi}_1^{\mathrm{T}} \boldsymbol{X}\|_2^2$$

通过这个目标函数的解有无数个，为了得到唯一解，可限定 $\boldsymbol{\phi}_1$ 的范围。若让 $\|\boldsymbol{\phi}_1\|_2^2 = 1$，即 $\boldsymbol{\phi}_1$ 的取值在单位球面上，则会得到如下的目标函数，即

$$\max_{\boldsymbol{\phi}_1} \sum_{i=1}^{n} (\boldsymbol{\phi}_1^{\mathrm{T}} \boldsymbol{x}_i)^2 = \|\boldsymbol{\phi}_1^{\mathrm{T}} X\|_2^2$$

$$\text{s.t} \quad \|\boldsymbol{\phi}_1\|_2^2 = 1$$

这个目标函数可以改写成如下形式：

$$\max_{\boldsymbol{\phi}} \boldsymbol{\phi}_1^{\mathrm{T}} \boldsymbol{X}\boldsymbol{X}^{\mathrm{T}} \boldsymbol{\phi}_1$$

$$\text{s.t} \quad \boldsymbol{\phi}_1^{\mathrm{T}} \boldsymbol{\phi}_1 = 1$$

然后再用拉格朗日定理：

$$\frac{\partial(\boldsymbol{\phi}_1^{\mathrm{T}} \boldsymbol{X}\boldsymbol{X}^{\mathrm{T}} \boldsymbol{\phi}_1 - \lambda_1(\boldsymbol{\phi}_1^{\mathrm{T}} \boldsymbol{\phi}_1 - 1))}{\partial \boldsymbol{\phi}_1} = \boldsymbol{X}\boldsymbol{X}^{\mathrm{T}} \boldsymbol{\phi}_1 = \lambda_1 \boldsymbol{\phi}_1$$

因此，目标函数的最优解为矩阵 $\boldsymbol{X}\boldsymbol{X}^{\mathrm{T}} \in \mathbf{R}^{p \times p}$ 的特征向量。$\boldsymbol{X}\boldsymbol{X}^{\mathrm{T}}$ 有 p 个特征向量，哪个才是最终的解呢？由于 $\boldsymbol{\phi}_1^{\mathrm{T}} \boldsymbol{X}\boldsymbol{X}^{\mathrm{T}} \boldsymbol{\phi}_1 = \lambda_1$，因此 $\boldsymbol{X}\boldsymbol{X}^{\mathrm{T}}$ 的最大特征值就是目标函数的最优值，相应的特征向量就是目标函数的解。这是从最大方差得到主成分分析，也可以从另外两个角度解释主成分分析。

9.3.1 用回归的观点解释 PCA

可以用线性回归的观点解释 PCA。对于有 p 个特征的 n 个样本，可用样本矩阵 $\boldsymbol{X} \in \mathbf{R}^{p \times n}$ 来表示所有的样本。在介绍线性回归时，可将其看成是输出值所构成的向量 $\boldsymbol{y}$ 被投影到样本矩阵 $\boldsymbol{X}$(每行表示一个样本)所张成的子空间 $\boldsymbol{S}$ 中。若假设 $\boldsymbol{X}$ 的每列线性无关，则 $\boldsymbol{y}$ 在 $\boldsymbol{W}$ 的具体位置 $\hat{\boldsymbol{y}}$ 为

$$\hat{\boldsymbol{y}} = \boldsymbol{X}\ (\boldsymbol{X}^{\mathrm{T}} \boldsymbol{X})^{-1} \boldsymbol{X}^{\mathrm{T}} \boldsymbol{y}$$

这时 $\boldsymbol{y}$ 与 $\hat{\boldsymbol{y}}$ 的距离是 $\boldsymbol{y}$ 到子空间 $\boldsymbol{S}$ 的最短距离。$\boldsymbol{X}\ (\boldsymbol{X}^{\mathrm{T}} \boldsymbol{X})^{-1} \boldsymbol{X}^{\mathrm{T}} \boldsymbol{y}$ 称为投影矩阵，若 $\boldsymbol{X}$ 的各列之间正交(即 $\boldsymbol{X}^{\mathrm{T}} \boldsymbol{X} = \boldsymbol{I}$)，则 $\boldsymbol{X}\boldsymbol{X}^{\mathrm{T}}$ 也是投影矩阵。

若有一个未知矩阵 $\boldsymbol{W} \in \mathbf{R}^{p \times k}$，它的各列之间正交(即 $\boldsymbol{W}^{\mathrm{T}} \boldsymbol{W} = \boldsymbol{I}$)，把样本矩阵 $\boldsymbol{X}$ 中的每个样本都投影到 $\boldsymbol{W}$ 所张成的空间上，若设第 i 个样本与投影后的样本之间的欧氏距离为 $\rho_i = \|\boldsymbol{x}_i - \boldsymbol{W}\boldsymbol{W}^{\mathrm{T}} \boldsymbol{x}_i\|_2^2$ 目标是要寻找一个 $\boldsymbol{W}$，使得 $\sum_{i=1}^{n} \rho_i$，即

$$\min_{\boldsymbol{W}^{\mathrm{T}}\boldsymbol{W}=\boldsymbol{I}} \sum_{i=1}^{n} \rho_i = \|\boldsymbol{x}_i - \boldsymbol{W}\boldsymbol{W}^{\mathrm{T}} \boldsymbol{x}_i\|_2^2 = \|\boldsymbol{X} - \boldsymbol{W}\boldsymbol{W}^{\mathrm{T}} \boldsymbol{X}\|_F^2$$

可证明这个目标函数的解正好是 $\boldsymbol{X}$ 的前 k 个右奇异向量。也就是说，若设奇异分解为 $\boldsymbol{U\Sigma V}^{\mathrm{T}} = \mathrm{svd}(\boldsymbol{X})$，则目标函数的解正好由 $\boldsymbol{V}$ 从左到右的 k 个列构成。

注意：$\boldsymbol{X}^{\mathrm{T}} \boldsymbol{X}$ 与 $\boldsymbol{X}$ 有相同的右奇异向量。

9.3.2 用消除相关性来解释 PCA

假设训练样本 $\boldsymbol{X}$ 有 n 个样本，即 $\boldsymbol{X} = (\boldsymbol{x}_1, \boldsymbol{x}_2, \cdots, \boldsymbol{x}_n)$，每个样本由 p 个特征组成，即第 i 个样本为 $\boldsymbol{x}_i = (f_{1i}, f_{2i}, \cdots, f_{pi})^{\mathrm{T}}$，第 i 个特征为 $\boldsymbol{f}_i = (f_{i1}, f_{i2}, \cdots, f_{in})$。

主成分分析的实现过程如下。

（1）按下面公式计算第 i 个特征 $\boldsymbol{f}_i$ 与第 j 个特征 $\boldsymbol{f}_j$ 之间的协方差为

$$c_{i,j}=\frac{\sum_{k=1}^{p}(f_{ik}-\boldsymbol{\mu}_i)(f_{jk}-\boldsymbol{\mu}_j)}{n-1}$$

式中，$\boldsymbol{\mu}_i$ 和 $\boldsymbol{\mu}_j$ 分别为特征 $\boldsymbol{f}_i$ 和 $\boldsymbol{f}_j$ 的样本均值。与相关系数的定义进行比较可发现协方差与相关系数只差一个常数。若 $c_{i,j}=0$，则表示 $\boldsymbol{f}_i$ 与 $\boldsymbol{f}_j$ 的不相关。若对 $\boldsymbol{f}_i$ 和 $\boldsymbol{f}_j$ 做归一化，使其样本均值为 0，则有

$$c_{i,j}=\frac{\boldsymbol{f}_i\boldsymbol{f}_j^{\mathrm{T}}}{n-1}$$

注意，$\boldsymbol{f}_i$ 和 $\boldsymbol{f}_j$ 均为行向量。

（2）得到协方差矩阵 $\boldsymbol{C}$ 为

$$\boldsymbol{C}=\begin{pmatrix} c_{11} & c_{12} & \cdots & c_{1n} \\ c_{21} & c_{22} & \cdots & c_{2n} \\ \vdots & \vdots & & \vdots \\ c_{p1} & c_{p2} & \cdots & c_{pn} \end{pmatrix}$$

若对每个特征做归一化，使其样本均值为 0，则矩阵 $\boldsymbol{C}=\frac{1}{n-1}\boldsymbol{X}\boldsymbol{X}^{\mathrm{T}}$，但为了方便，本书记为 $\boldsymbol{C}=\boldsymbol{X}\boldsymbol{X}^{\mathrm{T}}$。为了消除特征间的相关性，可让 $c_{i,j}=0, i\neq j$，将矩阵 $\boldsymbol{C}$ 变换成一个对角阵。由于矩阵 $\boldsymbol{C}$ 是一个实对称矩阵，因此存在一个归一化的正交矩阵 $\boldsymbol{M}=(\boldsymbol{m}_1,\boldsymbol{m}_2,\cdots,\boldsymbol{m}_n)$，$\boldsymbol{m}_i$ 为列向量，其中 $\boldsymbol{m}_i^{\mathrm{T}}\boldsymbol{m}_j=0, i\neq j$，使下面的等式成立：

$$\boldsymbol{M}^{\mathrm{T}}\boldsymbol{C}\boldsymbol{M}=\boldsymbol{M}^{\mathrm{T}}\boldsymbol{X}\boldsymbol{X}^{\mathrm{T}}\boldsymbol{M}=\begin{pmatrix} \lambda_1 & 0 & \cdots & 0 \\ 0 & \lambda_2 & \cdots & 0 \\ \vdots & \vdots & & \vdots \\ 0 & 0 & \cdots & \lambda_n \end{pmatrix} \tag{9.1}$$

式中，λ_i 为矩阵 $\boldsymbol{C}$ 的特征值；p_i 为 λ_i 对应的特征向量，$\lambda_1\geqslant\lambda_2\geqslant\cdots\geqslant\lambda_n$。式(9.1)中的 $\boldsymbol{M}^{\mathrm{T}}\boldsymbol{X}$ 是将训练样本变换（投影）到矩阵 $\boldsymbol{M}$ 的列空间 S 中，设 $\boldsymbol{u}_i=\boldsymbol{m}_i^{\mathrm{T}}\boldsymbol{X}$，它是一个列向量，则 $\boldsymbol{u}_i$ 表示将各个样本投影到向量 $\boldsymbol{m}_i$ 上，其中 $\boldsymbol{u}_i$ 是变换后的新样本的一个特征。其中，$\lambda_i=\boldsymbol{u}_i^{\mathrm{T}}\boldsymbol{u}_i$。若 $\boldsymbol{u}_i$ 的样本均值为 0，则 $\boldsymbol{u}_i^{\mathrm{T}}\boldsymbol{u}_i$ 可以看成是样本方差，若样本方差越大，表示 $\boldsymbol{u}_i$ 的取值范围越广，这说明 $\boldsymbol{u}_i$ 含有的信息量大。由于 $\boldsymbol{u}_i$ 是特征，可认为该特征比较好。所以，通过 λ_i 的大小来判断变换后的特征（feature）好坏，将较小的特征值（eigen value）所对应的特征向量去掉，只保留 k 个较大特征值所对应的向量，将这些向量按列构成矩阵 $\hat{\boldsymbol{M}}=[\boldsymbol{m}_1,\boldsymbol{m}_2,\cdots,\boldsymbol{m}_k]$，其中 $k<n$，向量 $\boldsymbol{m}_k$ 称为第 k 个主成分向量。若此时执行 $\hat{\boldsymbol{M}}^{\mathrm{T}}\boldsymbol{X}$，将所有样本变换（投影）到 k 维子空间，使投影后的样本维度变成 k，即样本具有 k 个特征，从而起到降维的目的。变换后的特征不再具有相关性，即消除了特征之间的冗余性。可用具有新特征的样本进行分类等机器学习任务。图 9.5 为样本在第一个主成分向量上的投影示意图。

主成分分析需要确定 k 值，一般会按从大到小的顺序将 k 个特征值的绝对值依次相加得到 v_k，使 v_k 与整个特征值绝对值之和（用 v 表示）达到某个比例，这个比例由用户指定，

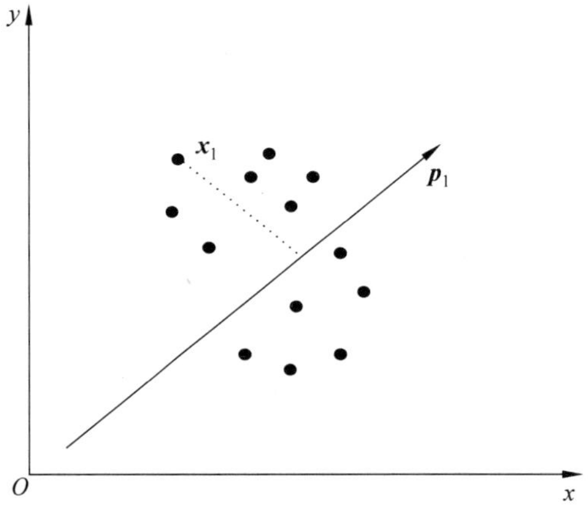

图 9.5　样本在第一个主成分向量上的投影

一般是 90%。因此可用下面的计算公式来确定 k 值,即

$$\frac{v_k}{v}=0.9$$

主成分分析也有一些缺点,主要表现在:只能处理线性结构的数据。对于非线性的数据,需用改进的核主成分分析(kernel principal component analysis,KPCA)来处理。核方法(kernel method)最初来自 SVM 的对偶问题,它的思想是通过一个隐式映射 ϕ(该映射有可能写不出具体的函数表达式),将特征 f 变换到另一个空间成为 $\phi(f)$,在新的空间中,特征间的相关性可由核函数计算。核方法是机器学习的重要分支,近年的多核学习(multiple kernel learning)是机器学习算法研究的热点之一。

9.3.3　图像数据的降维处理

一幅图像是由像素构成,对于一幅灰度图像,每个像素的取值为 [0,255]。通常将图像的像素当成特征,如一幅 32×32 像素的灰度图像,其特征数为 1024,这说明图像数据一般都是高维数据,而且图像中很多像素并不能用来描述图像中的内容,因此图像中有大量冗余特征(像素)。在计算机视觉中,对图像进行降维处理是最基本的操作之一。下面介绍如何用主成分分析来对图像数据降维。

(1) 从磁盘上加载所有图像,每幅图像是一个二维数组(即矩阵)。

(2) 为了便于操作,需要将图像矩阵转换成向量。NumPy 的数组有一个 flatten()方法,可以将二维数组转换为向量。

(3) 将每幅图像作为向量行来构造样本矩阵 $\boldsymbol{X}$,将 $\boldsymbol{X}$ 按列进行归一化处理。

(4) 可通过 NumPy 的 dot 方法得到 $\boldsymbol{X}$ 的协方差矩阵 $\boldsymbol{M}$。

(5) 用 NumPy 的 linalg 包中的 eig()计算协方差矩阵 $\boldsymbol{M}$ 的特征向量和特征值。

(6) 取前 k 个特征向量作为 k 个载荷向量(或主成分)。

(7) 将每幅图像投影到各个载荷向量上,从而到得所有图像的新的表示。

9.3.4 主成分分析在数据分析中的应用

下面通过一个例子说明 PCA 在数据分析中的应用。这个例子基于 USArrests 数据集。该数据集包含了美国 50 个州中每 10 万人因犯 Assault、Murder 和 Rape 这三项罪名而被捕的人数。UrbanPop 保存了每个州中城市人口的比例。

在 sklearn.decomposition 中包含了 PCA 算法，可以直接调用。下面介绍编程实现的过程。

（1）导入 pandas 包和数据预处理包 scale：

```
import pandas as pd
from sklearn.preprocessing import scale
```

（2）加载数据，index_col=0 表示第 1 列为索引，不需要加载，即

```
df=pd.read_csv('USArrests.csv',index_col=0)
```

（3）对数据进行归一化（即每一列的均值为 0，方差为 1），这一步很重要，若不进行归一化，就得到不正确结果。

```
X=pd.DataFrame(scale(df), index=df.index, columns=df.columns)
```

（4）计算 X 的协方差矩阵，rowvar=0 表示按列计算，即

```
C=np.cov(X,rowvar=0)
```

（5）计算协方差矩阵 C 的特征值和特征向量：

```
eigVals,loadingVec=np.linalg.eig(C)
```

loadingVec 是一个矩阵，每一列对应一个载荷向量（loading vector），loadingVec 的内容如下：

Murder	0.536	0.418	−0.341	0.649
Assault	0.583	0.188	−0.268	−0.743
UrbanPop	0.278	−0.873	−0.378	0.134
Rape	0.543	−0.167	0.817	0.089

矩阵 loadingVec 的第一列为第一载荷向量，这 4 组向量彼此正交，可将它们当成四维空间的正交基。第一载荷向量 UrbanPop 的值只有其他 3 个变量的一半，因此该向量主要包含了 3 个犯罪变量（Murder、Assault、Rape）的信息；第二载荷向量中变量 UrbanPop 的值要比其他 3 个变量的值大很多，因此该向量主要包含了变量 UrbanPop 的信息。总的来说，在第一载荷向量中，与犯罪相关的 3 个变量的值很靠近，这表明它们彼此相关，即高的 Murder 会有高的 Assault 和 Rape。而变量 UrbanPop 与这 3 个变量基本上不相关。

若将 USArrests 中的数据按行投影到这组正交基上，执行下面的语句：

```
X.dot(loadingVec)
```

其结果如下。

	0	1	2	3
Alabama	0.985566	1.133392	0.156267	-0.444269
Alaska	1.950138	1.073213	-0.438583	2.040003
Arizona	1.763164	-0.745957	-0.834653	0.054781
Arkansas	-0.141420	1.119797	-0.182811	0.114574
……				
Wyoming	-0.629427	0.321013	-0.166652	-0.240659

该结果总共有5列,第一列为各个州的名称。后面4个列表示在新坐标基(正交基)下的样本数据,这些列之间互不相关,即各列之间的内积为零。

若将样本只投影到第一载荷向量和第二载荷向量上,将得到的数据绘制在二维平面上,会得到如图9.6所示的结果。

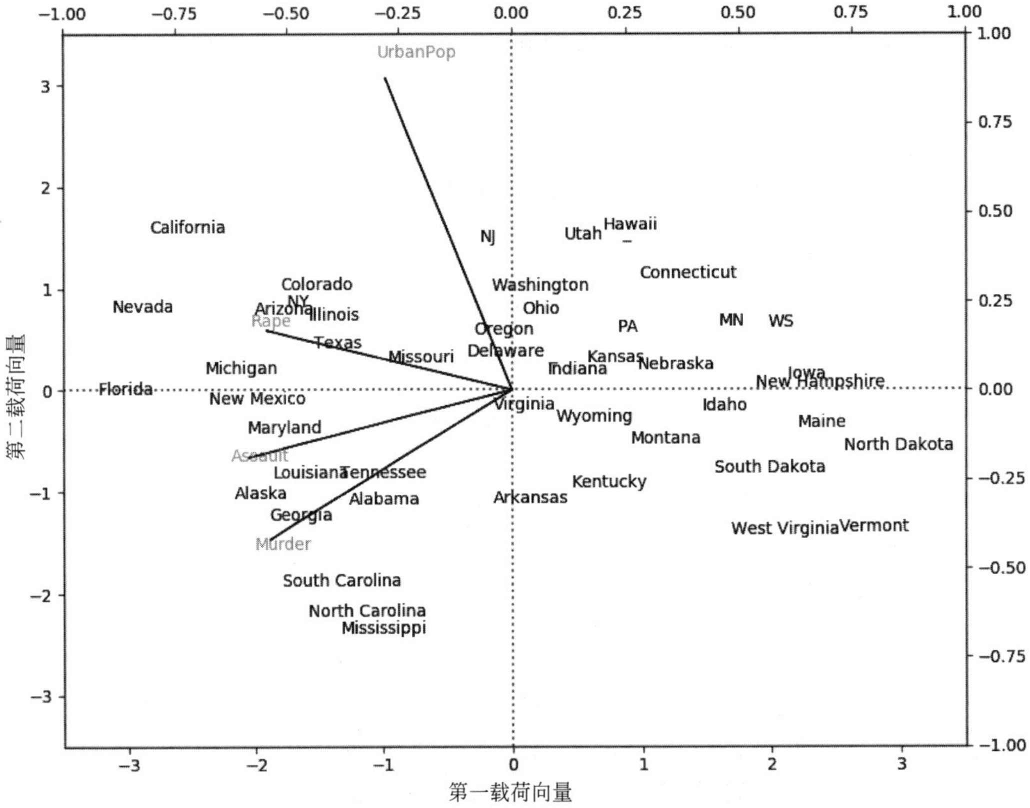

图9.6 样本投影到第一载荷向量和第二载荷向量之后得到的结果

将每个城市的样本(即USArrests数据集中的一行)投影到第一载荷向量和第二载荷向量后,会得到一个二维向量,称这个向量为评分向量(score vectors)。图9.6就是用每个城市的评分向量绘制的。

9.4　总结

在大数据的应用中，分析高维数据是比较困难的事情，这是因为高维数据容易出现维度灾难，从而导致分类器的泛化能力差。处理高维数据有两种方法：特征选择和特征变换。特征选择会直接选出特征子集来重新表示样本，第 7 章的随机森林部分对特征选择进行了比较详细的介绍。本章主要介绍了经典的特征变换方法：主成分分析。该方法的实现原理非常简单。为了加强读者对主成分分析的理解，本章从回归的观点和消除相关性的观点出发对主成分分析的原理进行了解释。主成分分析在应用中经常用到，如在图像数据的降维处理和数据可视化中都会用到主成分分析。主成分分析还有很多改进的版本，如核主成分分析、稀疏主成分分析，由于篇幅有限，本章不再介绍，感兴趣的读者可以参考本章列出的相关文献。

9.5　习题

（1）什么是维度灾难？

（2）什么是相关特征和冗余特征？举例说明。

（3）对于一个矩阵 $\boldsymbol{X}\in\mathbf{R}^{m\times n}$，对其进行奇异值分解（singular value decomposition），会得到如下结果，即

$$\boldsymbol{X}=\boldsymbol{U}\boldsymbol{\Sigma}\boldsymbol{V}^{\mathrm{T}}$$

式中，$\boldsymbol{U}$、$\boldsymbol{V}$ 都是正交矩阵；$\boldsymbol{\Sigma}$ 是对角矩阵；对角线的元素被称为 $\boldsymbol{X}$ 的奇异值。回答下列问题：

① $\boldsymbol{X}\boldsymbol{X}^{\mathrm{T}}$ 的特征值和特征向量是什么？

② $\boldsymbol{X}^{\mathrm{T}}\boldsymbol{X}$ 的特征值和特征向量是什么？

③ $\boldsymbol{X}^{\mathrm{T}}\boldsymbol{X}$ 与 $\boldsymbol{X}\boldsymbol{X}^{\mathrm{T}}$ 的特征值之间有什么关系？

④ $\boldsymbol{X}$ 的奇异值与 $\boldsymbol{X}^{\mathrm{T}}\boldsymbol{X}$、$\boldsymbol{X}\boldsymbol{X}^{\mathrm{T}}$ 的特征值有什么关系？

（4）用 NumPy 的 random 包中的 randn 方法可以生成 1000 个包含两个特征的样本，将这些样本构成样本矩阵 $\boldsymbol{X}$，具体的生成方法为 X＝np.random.randn(1000,2)。绘制 $\boldsymbol{X}$ 的散列图，将矩阵 $\boldsymbol{X}$ 与下面的矩阵 $\boldsymbol{M}$ 相乘得到新的矩阵 $\boldsymbol{Y}$，然后再绘制 $\boldsymbol{Y}$ 的散列图。

$$\boldsymbol{M}=\begin{bmatrix}1 & 2\\ 2 & 1\end{bmatrix}$$

对 $\boldsymbol{Y}$ 进行主成分分析，然后对得到的结果绘制相应的散列图，这个散列图与 $\boldsymbol{X}$ 的散列图有什么关系？

（5）对 MNIST 数据集中的图像用主成分分析进行降维处理，并绘制降维之后的图像。

参考文献

[1] Abdi H, Williams L J. Principal component analysis [J]. Wiley Interdisciplinary Reviews: Computational Statistics, 2010, 2(4): 433-459.

[2] Jolliffe I T. Principal component analysis series: Springer series in statistics[M]. 2nd ed. New York: Springer, 2002.

[3] Bishop C M. Pattern recognition and machine learning (Information science and statistics) [M]. Berlin: Springer-Verlag, 2006.

[4] Hastie T, Tibshirani R, Friedman J. Springer series in statistics[M]. New York: Springer, 2001.

[5] 边肇祺,张学工. 模式识别[M]. 2 版.北京:清华大学出版社,2000.

[6] Yu L, Liu H. Efficient feature selection via analysis of relevance and redundancy[J]. Journal of Machine Learning Research, 2004, 5(10): 1205-1224.

[7] Peng H, Long F, Ding C. Feature selection based on mutual information criteria of max-dependency, max-relevance, and min-redundancy [J]. IEEE Transactions on Pattern Analysis and Machine Intelligence, 2005, 27(8): 1226-1238.

[8] Guyon I, Elisseeff A. An introduction to variable and feature selection[J]. The Journal of Machine Learning Research, 2003, 3(3): 1157-1182.

[9] Liu C.Gabor-based kernel PCA with fractional power polynomial models for face recognition[J]. IEEE Transactions on Pattern Analysis and Machine Intelligence, 2004, 26(5): 572-581.

[10] Bach F R, Lanckriet G R G, Jordan M I. Multiple kernel learning, conic duality, and the SMO algorithm[C]. Proceedings of the 21th International Conference on Machine Learning, 2004.

[11] Zou H, Hastie T, Tibshirani R. Sparse principal component analysis[J]. Journal of Computational andGraphical Statistics, 2006, 15(2): 265-286.

[12] Naikal N, Yang A Y, Sastry S S. Informative feature selection for object recognition via sparse PCA [C].2011 International Conference on Computer Vision, IEEE, 2011: 818-825.

第 10 章

无监督学习

本章重点

- 了解无监督学习的特点。
- 了解无监督学习的应用。
- 了解聚类的定义。
- 理解 k-means 聚类算法的原理。
- 了解改变的 k-means 聚类算法的缺点。
- 理解 k-means++ 算法的原理。
- 理解谱聚类算法的原理。
- 理解谱聚类算法的优点和缺点。

微课视频

10.1 无监督学习概述

设有 n 个训练样本，每个训练样本有 p 个特征，这些训练样本没有类标记。其实，在现实应用中，大多数数据都没有类标记。无监督学习就是通过一系列的学习方法，从无标记的数据中学习规律，它是数据分析常用的一种方法。因为样本没有类标记，所以无监督学习通常都很困难。常见的无监督学习方法有聚类、自编码器(auto encoder)、生成对抗网络(GAN)等。图 10.1 给出了监督学习和无监督学习的区别，其中，图 10.1(a)为监督学习，图 10.1(b)为无监督学习。

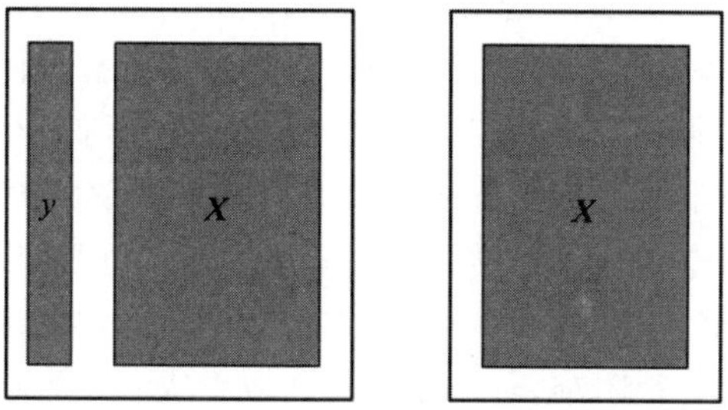

(a) 监督学习　　(b) 无监督学习

图 10.1　监督学习和无监督学习的区别

无监督学习目前至少有如下两个主要问题需要解决。

(1) 监督学习有明确的学习目标，如预测样本属于哪类，而无监督的学习并没有统一的目标。

(2) 无法对学习到的模型进行有效评估。

在众多的无监督学习方法中,聚类(clustering)是最重要的一种无监督学习方法。本章主要介绍分区聚类算法和谱聚类算法的基本原理以及它们的应用。

10.2 聚类算法

聚类是人类的基本认知能力和行为能力之一。常言道"物以类聚,人以群分",聚类是人类社会和自然的普遍规律。人们通过聚类至少能获得两方面的知识:①由点及面,由特殊到普遍,通过对少数事物的认识理解更多的事物或现象的本质;②有类别的概念后,对同一类别中的个体就有更深的认识。

聚类属于无监督学习,也就是说用于聚类的样本没有类标记,其目标就是通过无标记的训练样本来得到数据内在的性质或规律。一般来说,就是将具有某些共同属性的样本分在一组(聚成一个类),而把具有不同属性的样本分到不同组,每组也称为子集(subset)或聚簇(cluster)。

对于一群经常到超市来购物的顾客,为了提高超市商品的销量,需要了解顾客们的购买习惯,如他们购买的商品种类、数量、消费的金额、逛超市的时间、常去的货架区域等。一种最简单而直接的办法是把他们分成多个组(或群体),让组内的顾客之间尽量相似一些,而组之间则差别大一些。完成聚类后,就可以有针对性地制定销售策略,如根据一些顾客的购买习惯向该组的其他顾客推荐相关的商品。在聚类时,不同的特征对聚类结果影响很大。假设男性顾客和女性顾客有明显不同的购物行为,即男性顾客之间有相似的购物行为,女性顾客之间也是如此,这种情况下,所有的顾客很自然地形成了两个组,不需要专门再做聚类了。在实际应用中,只用"性别"作为特征显然过于单一,不能很好地得出这两类群体的共性,如在男性顾客中,不同年龄的人(如学生和老人),其购买习惯可能完全不同。因此,还会考虑另外一些特征,如"身高""体重""年龄""职业"等,这样会使聚类后得到的群体更具共同购买习惯。因此,聚类的第一个主要问题就是要明确聚类的目的(也称为聚类的任务),由此确定不同的特征。例如,针对某个小区住户,如果想要了解其家庭构成的情况,可以采用家庭成员数量、年龄等特征进行聚类;如果想要了解他们的经济能力,则有可能采用职业、居住户型、是否拥有私人汽车等特征进行聚类。这与第1章介绍的分类问题很相似。

聚类在很多领域都有非常广泛的应用,这些领域包括图像分析、信息检索、数据压缩、基因编码、计算机视觉、天文学等。例如在建立大型图像库时,标注每幅图像通常会很困难,因此需要通过聚类方法把图像划分成不同的聚类簇来存储和管理,以便用户按图像检索;在图像分割中,通过把图像分割成相似的区域以便人们理解图像的内容。而在图像分割中要按像素来标注图像中的内容会很困难,若把相似的区域看成一个聚簇,则图像分割就可以通过聚类来完成。

10.2.1 聚类算法概述

由于聚类的目的不同,对数据的结构和数据呈现出来的特征有不同的理解,从而导致实现数据聚类的算法也有所不同,常见的聚类算法有分区聚类(partition clustering)、谱聚类(spectral clustering)、层次聚类(hierarchical clustering)、基于概率分布的聚类、密度聚类

(density clustering)、子空间聚类(subspace clustering)、多视图聚类(multi view clustering)等。下面介绍一些常见的聚类模型。

(1) 分区聚类。分区聚类的基本思想是把训练数据集的中心点当成类别,中心点周围的样本属于同一类,k-means 是比较经典的分区聚类算法。如果数据集存在多个中心点,则可认为有多个类别,每个中心点代表一个类别,因此算法的主要任务就是把数据集中的各个样本依次分配给这些聚类中心,从而完成聚类。毫无疑问,这类算法的关键就是确定中心点及中心点的个数。

(2) 层次聚类。层次聚类属于连接聚类模型,其基本思想是相邻的样本有更多的相似性。例如,从飞机上观看一个城市,当飞机离地面很高时,只能看到这个城市的概貌,分不清城区中的街道、建筑、广场、商店、人群等,此时可以认为整个城市属于一个类别;随着飞机慢慢降落,离地面越来越近,可以分辨出城市不同的区域、大的建筑、广场等;随着高度进一步降低,可以看到更多不同种类的物体;最后,每个人、每个商店、每个道路等都被分清楚,可将它们看成是不同类别的事物。整个过程也可以反着来,因此层次聚类有两种类型:自上而下的层次聚类和自下而上的层次聚类。例如,训练数据集有 n 个样本,如果采用自下而上的层次聚类,则开始时有 n 个类;然后把那些距离最近的数据点合并,可能得到 k 个类($k<n$);这样依次进行,最后将全部数据合并成一个类。层次聚类会生成一个聚类树。显然,层次聚类中的关键是定义类与类的合并(自下而上时)或划分(自上而下时)的标准。凝聚式层次聚类(agglomerative hierarchical clustering)是一种经典的层次聚类方法。

(3) 基于概率分布的聚类。基于概率分布的聚类是指根据随机变量的分布模型来进行聚类。如果知道样本是由某个概率分布生成的,就很容易对样本进行聚类。一般都无法确定样本是由哪种概率分布产生的,因此很多时候都会假定样本对应的概率分布。假定样本是由高斯分布产生的是一种最常见的假定,在这种情况下会得到高斯混合模型(Gaussian mixed model,GMM)。具体而言,GMM 会假设样本是由多个高斯分布产生的,但每个高斯分布的均值和方差不一样,每个高斯分布被认为是一个聚类簇。然后再利用期望最大化(EM)算法确定这些高斯分布的均值和方差。

(4) 密度聚类。密度聚类是将样本密度较周围高的区域定义为一个聚类簇,而位于密度较低区域的数据则被认为是噪声数据或边缘数据,DBSCAN(density-based spatial clustering of applications with noise)算法和均值漂移(mean-shift)算法是最常用的密度聚类算法。与基于连接模型的算法(如层次聚类)相似,密度聚类算法需要考虑如何将一定范围内的样本连接起来构成一个类。因此,密度聚类算法首先要定义一个密度标准,以便确定哪些满足密度分布的样本可以构成聚类簇。

10.2.2　聚类算法的评价指标

对聚类结果进行评估也是一个很重要的问题,它可以用来指导聚类算法的设计,但要评价一个聚类算法的好坏有时相当困难。一个聚类算法对具有某种结构的数据有很好的聚类效果,但应用到其他结构的数据时,效果可能会很差。评价指标的选取与聚类任务和样本的特征有关。

评价聚类结果通常涉及以下 4 方面的内容。

(1) 稳定性(鲁棒性):对相同的或类似的样本进行聚类时,每次得到的结果应当相差不大。如果每次得到的结果差异较大,说明聚类算法的鲁棒性较差,结果的稳定性不好。

(2) 泛化性:指聚类算法是否可推广到其他数据集的能力。如一个聚类算法不但可以用于图像的聚类,还可以用于文本、语音等数据上,则说明这种聚类算法必然能利用这些不同数据之间的本质特性,使其在不同类型数据上都能取得好的效果;反之,如果一个算法只能在处理一类数据时得到很好的效果,而不能推广到其他数据上,这个算法就不具有较好的泛化性。

(3) 效率:聚类算法总是在计算机上运行,因此效率是针对算法在计算上的运行速度而言的。通常人们希望计算速度要快,所占用内存要少。对于大型数据集,如训练样本数量达到数百万的数据集,效率就变得非常重要,而基于在线(online)聚类的应用,效率也同样显得非常重要。

(4) 聚类的精确度(accuracy):聚类的精确度通常是指正确聚类的样本数量与总样本数量的比率。聚类的精确度是一个相对指标,它与聚类时所选取的数据特征有关,因为对"应当归属的类别"可能有不同的理解。尽管如此,在具体的聚类任务中,聚类精确度仍是衡量聚类算法的重要指标。

上面介绍了评价聚类的一般性原则,但要体现这些原则需要一些具体的指标。评价指标通常分为两种:内部指标和外部指标。内部指标主要以样本的统计性质为依据,考查同一类别中各数据的相似度,以及不同类别之间各数据的差异度;外部指标是衡量聚类结果与给定模型之间的差异性方法。下面介绍聚类结果的常用评价指标。

1. 常用内部指标

1) Davies-Bouldin 指数

Davies-Bouldin 指数简称 DB 指数,它是利用样本之间的距离判断聚类效果的一种指标,要求聚类簇内的样本之间的距离尽量小,而聚类簇之间样本的距离最大。其计算公式为

$$\mathrm{DB}=\frac{1}{n}\sum_{i=1}^{n}\max_{j\neq i}\left(\frac{\sigma_i+\sigma_j}{d(c_i,c_j)}\right)$$

式中,n 为聚类个数;c_i 为第 i 个类别的中心;σ_i 为第 i 个类别中所有样本到类别中心点 c_i 的平均距离;$d(c_i,c_j)$是第 i 个类中心到第 j 个类中心的距离。显然,DB 指数越小,说明聚类效果越好。

2) Dunn 指数

Dunn 指数主要用于显示聚类簇密度及聚类簇之间是否有清楚的划分,其定义为最小聚类簇之间的距离与最大聚类簇之间的距离之比。其计算公式为

$$D=\frac{\min\limits_{1\leqslant i\leqslant j\leqslant k} d(c_i,c_j)}{\max\limits_{1\leqslant k\leqslant n} d'(k)}$$

式中,k 为聚类个数;$d(c_i,c_j)$为第 i 个聚类簇与第 j 个聚类簇最近的样本间的距离;$d'(k)$为第 k 个聚类簇中样本之间最远的距离。显然,Dunn 指数越大,说明聚类效果越好。

3) Silhouette 系数

Silhouette 系数最早由 Peter J. Rousseeuw 在 1986 年提出,它结合了内聚度和分离度两种因素,可以在相同数据上评价不同算法或者算法以不同运行方式对聚类结果所产生的影响。第 i 个样本对应的 Silhouette 系数可按以下公式计算,即

$$S(i)=\frac{A(i)-B(i)}{\max(A(i),B(i))}$$

式中，$A(i)$为第 i 个样本到本聚类簇以外所有样本的平均距离；$B(i)$为第 i 个样本到本聚类簇其他样本的平均距离。$S(i)$是一个位于区间$[-1,1]$的数，越接近 1，说明聚类簇内越相似而类间分离度越好。

4) Hopkins 指数

Hopkins 指数的基本思想是把聚类数据与随机数据（通常是均匀分布）相比较，以此来评估样本聚类的程度。指标的具体计算方法有多种，典型的一种计算方法如下：设有 n 个 l 维的样本所构成的数据集 $\boldsymbol{X}$，表示为 $X(n,l)$；从中随机不重复抽取 m 个样本构成样本子集 $S(m,l)=\{\boldsymbol{x}_i\}$；随机生成 m 个均匀分布的样本集 $Y(m,l)=\{\boldsymbol{y}_i\}, i=1,2,\cdots,m$；分别计算 $\boldsymbol{Y}$ 中各样本 $\boldsymbol{y}_i$，$\boldsymbol{S}$ 中各样本 $\boldsymbol{x}_i$ 到 $\boldsymbol{X}$ 中最近样本的距离 u_i^l 与 v_i^l。则 Hopkins 指数可表示为

$$H=\frac{\sum_{i=1}^{m}u_i^l}{\sum_{i=1}^{m}u_i^l+\sum_{i=1}^{m}v_i^l}$$

对于均匀分布的数据，Hopkins 指数接近 0.5；能进行有效聚类的样本，Hopkins 指数应当接近 1。

2. 常用外部指标

1) 聚类纯度

聚类纯度(purity)是用来衡量聚类结果中同一聚类簇包含相同样本的能力。聚类是尽可能将相同的样本归属于同一类，因此聚类纯度就是用来度量聚类算法是否具有这样的能力。设有 n 个样本，所有聚类簇构成的集合为 M；先统计每个聚类簇中占优势的同一样本的个数，再将这些数量加到一起，最后除以样本总数就得了聚类的纯度。一般计算公式可表示为

$$\text{purity}=\frac{1}{n}\sum_{m\in M}^{k}\max_{d\in D}(L(m,d))$$

式中，m 为一个聚类簇；D 为样本类别的集合；d 为一种类别；$L(m,d)$表示在聚类簇 m 中属于类别 d 的样本数量。聚类纯度的计算如图 10.2 所示。

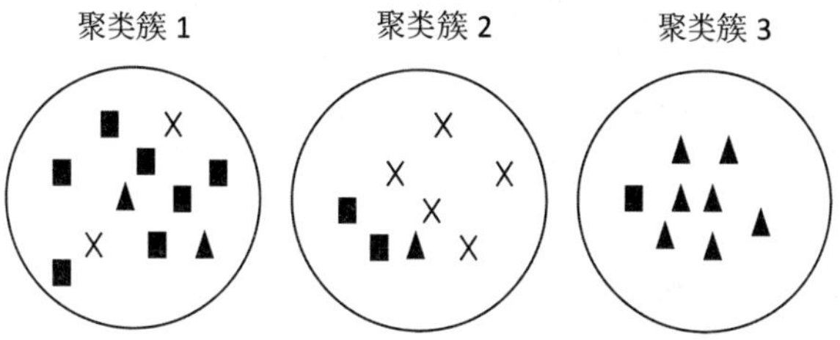

图 10.2 聚类纯度的计算

在图 10.2 的聚类簇 1 中，长方形占有数量最多，有 7 个；在聚类簇 2 中叉形最多，有 5 个；在聚类簇 3 中三角形最多，有 7 个。总的样本数为 11+8+8=27。因此纯度为$\frac{1}{27}\times$

$(7+5+7)=\frac{19}{27}$,约为 0.704。

2) 随机指数

随机指数(rand index)用于度量样本正确聚类与错误聚类的比例。真正例(true positive,TP)表示两个属于同一类的样本分到同一类;真反例(true negative,TN)表示把两个不属于同一类的样本分到不同聚类簇中;伪反例(false negative,FN)表示属于同一类的样本分到不同聚类簇中;伪正例(false positive,FP)表示属于不同一类的样本分到同一聚类簇中。这些定义与第 3 章分类模型评价指标中的定义很类似。统计出这 4 种情况的总数量,则随机指数可表示为

$$\mathrm{RI}=\frac{\mathrm{TP}+\mathrm{TN}}{\mathrm{TP}+\mathrm{FP}+\mathrm{FN}+\mathrm{TN}}=\frac{2}{n(n-1)}(\mathrm{TP}+\mathrm{TN}) \tag{10.1}$$

式中,n 为样本总量个数。显然,对于 n 个样本,若按两个一组配对,则共有 $n(n-1)/2$ 种配对方式,而 TP+FP+FN+TN 代表所有配对方式,因此有 TP+FP+FN+TN$=n(n-1)/2$。仍以图 10.2 为例来说明随机指数的计算,此处的样本总数 n 为 27,因此共有 $27\times 26/2=351$ 种配对方式;在聚类簇 1、聚类簇 2、聚类簇 3 中各有 11、8、8 个样本,这包括正确的和不正确的分配,也就是有

$$\mathrm{TP}+\mathrm{FP}=\binom{2}{11}+\binom{2}{8}+\binom{2}{8}=111$$

而长方形在聚类簇 1 中有 7 个,在聚类簇 2 中有 2 个,在聚类簇 3 只有 1 个,无法配对,因此忽略;而叉形在聚类簇 1 中有 2 个,在聚类簇 2 中有 5 个,在聚类簇 3 中没有;三角形在聚类簇 1 中有 2 个,在聚类簇 3 中有 7 个,在聚类簇 2 中只有 1 个,无法配对,因此忽略,则

$$\mathrm{TP}=\binom{2}{7}+\binom{2}{5}+\binom{2}{7}+3\times\binom{2}{2}=55$$

$$\mathrm{FP}=111-55=56$$

另外,$\mathrm{FN}+\mathrm{TN}=\frac{n(n-1)}{2}-(\mathrm{TP}+\mathrm{FP})=351-111=240$。3 个聚类簇中共有 10 个长方形,误分次数是 $\binom{2}{10}-\binom{2}{7}-\binom{2}{2}$;同理可计算叉形和三角形的误分次数,最后可得到 FN 为

$$\mathrm{FN}=\binom{2}{10}-\binom{2}{7}-\binom{2}{2}+\binom{2}{7}-\binom{2}{5}-\binom{2}{2}+\binom{2}{10}-\binom{2}{7}-\binom{2}{2}=56$$

$$\mathrm{RI}=\frac{\mathrm{TP}+\mathrm{TN}}{\mathrm{TP}+\mathrm{FP}+\mathrm{FN}+\mathrm{TN}}=\frac{56+(240-56)}{351}=0.684$$

3) F 值

F 值(F-measure)是对随机指数的改进,其定义为

$$F(\beta)=\frac{(1+\beta^2)PR}{\beta^2P+R}$$

式中,$P=\frac{\mathrm{TP}}{\mathrm{TP}+\mathrm{FP}}$为聚类的准确率(precision);$R=\frac{\mathrm{TP}}{\mathrm{TP}+\mathrm{FN}}$为召回率;$\beta$ 为可调参数。

10.3 *k*-means 聚类算法

k-means 聚类算法是典型的分区聚类，最早起源于信号处理中的向量量化（vector quantization）。*k*-means 聚类将 n 个样本划分成 k 个聚类簇，属于同一个聚类簇中的样本具有最小的距离。从数学上来讲，*k*-means 聚类的优化是一种非确定性多项式优化（non-deterministic polynomial，通常称为 NP-hard 或 NP 难）问题，在实际应用中，可通过迭代方式得到 *k*-means 聚类的局部最优解。

k-means 聚类思想最早由犹太数学家、教育家 Hugo Steinhaus 在 1957 年提出，同年由 Bell 实验室的 Lloyd 正式提出标准的 *k*-means 聚类算法，用以进行脉冲编码调制。但 Lloyd 当时没有发表自己的结果，直到 1982 年才广为人知。1965 年，Forgy 发表了实质上与 Lloyd 相同的算法，因此 *k*-means 聚类算法有时也称为 Lloyd-Forgy 算法。

10.3.1 k-means 聚类算法原理

设有 n 个样本，$\boldsymbol{X}=\{\boldsymbol{x}_1,\boldsymbol{x}_2,\cdots,\boldsymbol{x}_n\}$，需将这些样本划分到 K 个聚类簇 $\boldsymbol{S}=\{S_1,S_2,\cdots,S_K\}$ 中，S_i 表示第 i 个聚类簇包含的所有样本，第 i 个聚类中样本的平均值记为 $\boldsymbol{\mu}_i$，也称为聚类中心，$\boldsymbol{\mu}_i$ 的计算公式为

$$\boldsymbol{\mu}_i=\frac{1}{|S_i|}\sum_{x\in S_i}\boldsymbol{x}$$

式中，$|S_i|$ 为第 i 个聚类簇中的样本数，S_i 中各样本到平均值 $\boldsymbol{\mu}_i$ 的距离的平方和为 $\sum_{x\in S_i}\|\boldsymbol{x}-\boldsymbol{\mu}_i\|^2$，$K$ 个类的距离的平方总和为 $\sum_{i=1}^{K}\sum_{x\in S_i}\|\boldsymbol{x}-\boldsymbol{\mu}_i\|^2$，则 *k*-means 聚类就是要使这个总和最小化，因此 *k*-means 聚类的目标函数可写为

$$J=\sum_{i=1}^{K}\sum_{x\in S_i}\|\boldsymbol{x}-\boldsymbol{\mu}_i\|^2$$

要优化目标函数可以改写为

$$\min_{\boldsymbol{\mu}_k,r_{ik}}J=\sum_{i=1}^{N}\sum_{k=1}^{K}r_{ik}\|\boldsymbol{x}_i-\boldsymbol{\mu}_k\|^2 \tag{10.2}$$

式中，n 为样本数；K 为聚类数（这个值通常由用户假定）；r_{ik} 为第 i 个样本是否属于第 k 类，其定义为

$$r_{ik}=\begin{cases}1, & k=\underset{j}{\operatorname{argmin}}\|\boldsymbol{x}_i-\boldsymbol{\mu}_j\|_2^2\\ 2, & \text{其他}\end{cases}$$

在实际应用中，要得到 *k*-means 目标函数的全局最优解很困难（基本上不太可能）。但可采用交替迭代的方式得到近似解（局部最优解）。其具体方法如下。

（1）确定 K 个初始中心。可以随机地选取 K 个样本或依据先验知识来确定作为初始中心。

（2）计算样本到这 K 个中心的距离，并将该样本归入与其距离最小的聚类簇中，直到所有样本都完成聚类，且每个样本只能归入一个聚类簇。这一步其实是计算 r_{ik}。

（3）固定 r_{ik}，这时式(10.2)是一个关于 $\boldsymbol{\mu}_k$ 的凸函数，因此可对其求偏导数得到最小值。

其偏导数为

$$2\sum_{i=1}^{n} r_{ik}(\boldsymbol{x}_i-\boldsymbol{\mu}_k)=0 \Rightarrow \boldsymbol{\mu}_k^{\text{new}}=\frac{\sum_{i=1}^{n} r_{ik}\boldsymbol{x}_i}{\sum_{i=1}^{n} r_{ik}}$$

然后再用新得到的 $\boldsymbol{\mu}_k$(即 $\boldsymbol{\mu}_k^{\text{new}}$)来计算 r_{ik},固定新的 r_{ik} 计算新的 $\boldsymbol{\mu}_k$,这样交替进行,直到最后收敛。

注意: *k*-means 聚类算法对两个样本之间采用的距离度量方法比较敏感,不同的距离度量方法可能会得到不同的结果。

由于 *k*-means 聚类算法是把样本归入到与其距离最近的聚类簇中,因此该算法适合处理团状分布且具有密度中心的数据。同时 *k*-means 聚类算法得到的聚类结果与所选择的 *k* 值和初始选取的中心点关系较大,不同的初始中心和 *K* 值,得到的聚类结果可能会差别很大。如在图 10.3 中,对 *K* 取不同的值,得到的聚类结果完全不一样。从图 10.4 中可以看出,不同的初始聚类会得到不同的聚类结果。在图 10.4(b)中,由于随机选择聚类中心,将远离数据密集区的孤立点(异常数据)作为其中的一个初始聚类中心,这导致该聚类簇只包含一个样本,这种聚类结果是错的。

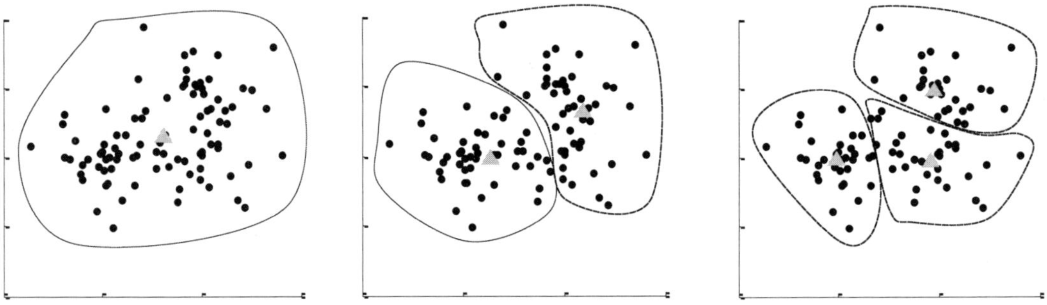

(a) *K*=1　　(b) *K*=2　　(c) *K*=3

图 10.3　对于一组数据,按 *K* 值为 1、2、3 时的聚类效果及均值中心

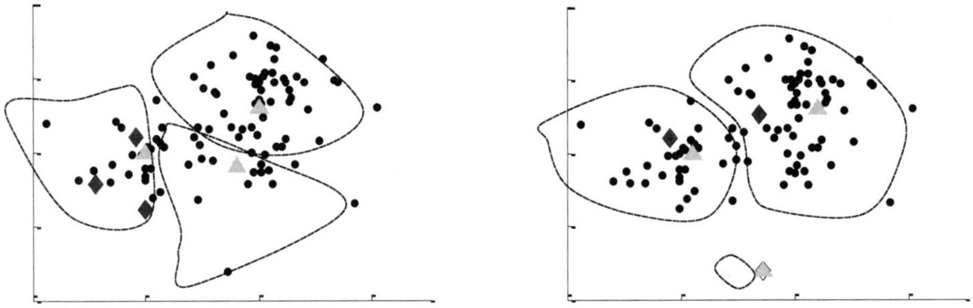

(a) 三角形为聚类中心　　(b) 菱形为初始聚类中心

图 10.4　聚类结果随初始聚类中心点变化

要找到 *k*-means 聚类的全局最优解是一个 NP-hard 问题,也就是说,当类别数 *K*,样本数 *n*,样本维数 *p*(即表示一个样本的特征数)确定的情况下,要严格求得全局最优解的最大计算时间约为 $O(n^{pK+1})$。通过交替迭代近似求解 *k*-means 聚类问题时,收敛所需时间约为

$O(n^{Kp}r)$，其中 r 为迭代循环次数。

10.3.2　k-means 聚类算法的示例

本节通过模拟数据介绍 k-means 聚类算法的具体实现过程。在 sklearn 的 datasets 包中，有一个 make_blobs 方法，它可以用来生成聚类所需的数据。该函数有 3 个重要的参数。

（1）n_samples 是生成样本的数量，默认值为 100。

（2）n_features 是生成样本的特征数，默认值为 2。

（3）centers 表示生成聚类中心（或聚类簇）的数量，如果给一个整数，如 3，则表示生成 3 个聚类簇；也可以通过该参数指定聚类中心的坐标，比如[(−5，−5)，(0,0)，(5,5)]，就表示在二维平面上的 3 个聚类中心的坐标为(−5，−5)，(0,0)，(5,5)。

该方法会返回两个参数：一个参数是生成的样本；另一个参数是每个样本的类标记。如要生成 400 个样本，每个样本有两个特征，样本有 4 个聚类中心，则可用下面的方法来实现：

```
X, y=ds.make_blobs(400, n_features=2, centers=4)
```

执行上面的代码所返回的 X 是一个 400×2 的矩阵，y 是一个 400 维的列向量。

由 make_blobs()生成用于聚类的数据如图 10.5 所示。

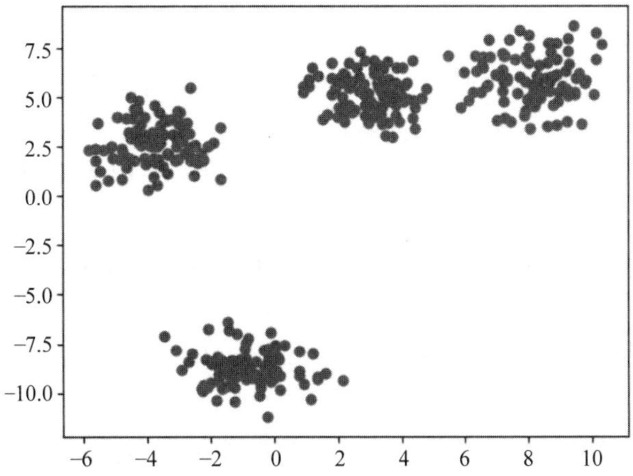

图 10.5　由 make_blobs()生成用于聚类的数据

在 sklearn 的 cluster 包中，有一个 KMeans 类，该类的 fit()方法就可以实现 KMeans 聚类。如可以调用下面的方法来生成 KMeans 类的实例 kmeans，然后调用实例 kmeans 的 fit()方法进行聚类：

```
kmeans=KMeans(n_clusters=4, init='rand')
kmeans.fit(X)
```

在完成聚类后，可以调用 kmeans 的 predict()方法查看样本属于哪个聚类簇。最后得到的聚类结果如图 10.6 所示。

从图 10.6 可以看出，在指定聚类簇数 $k=4$ 的情形下，k-means 聚类算法能对所生成的模拟训练数据进行很好的聚类。

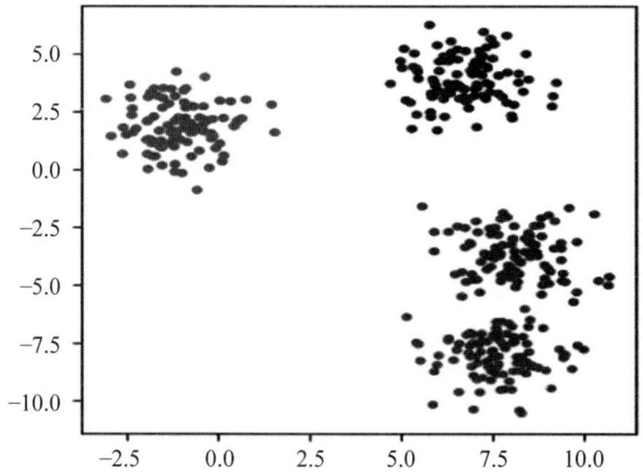

图 10.6 *k*-means 聚类结果示意图

1. 用 *k*-means 聚类算法进行文本聚类

文本聚类是将相似的文本自动聚集到一起的过程。文本聚类在很多领域都有重要的应用,如垃圾邮件过滤、搜索引擎、信息检索和文本主题提取等。例如,每天可能会收到很多不同的电子邮件,其中有相当数量的邮件是垃圾邮件(如广告邮件),这些垃圾邮件都具有一些相同的属性特征,通过 *k*-means 聚类算法将垃圾邮件聚集到一起,从而达到过滤垃圾邮件的目的。

通常要实现文本聚类,须按如下 3 个步骤进行操作:对文本分词、将文本表示成向量、对文本向量进行聚类。下面简单介绍这 3 个步骤。

(1) 对文本分词。分词就是指输入一个句子,输出一个词语序列的过程。对于中文文本,分词可能是文本分析中最基本的问题;但在英文中,单词是用空格隔开,一般不需要分词。对于中文句子,必须要进行分词,因为中文句子没有符号来标记词的开始和结尾。中文分词一直是很难的事情,因为对于一句话,按不同方式进行分词,会得到完全不同的意思。例如,有这样一句话"沿海南方向逃跑",可以分成"沿/海南方向/逃跑",也可以分成"沿海/南方向/逃跑",这两种分词方式就会得到不同的意思。

(2) 将文本表示成向量。因为 *k*-means 聚类算法只能处理数值型数据,因此需要将文本表示成数值形式,也就是在对文本进行分词的基础上将文本表示成数值向量,这个过程是对文本的量化,这一步非常重要,文本数值表示的好坏直接影响后面的聚类效果。有一些经典的文本表示,如词袋法。对分词之后的文档用词袋法表示时,首先要建立一个基本词库,查看文本中的词是否在基本词库中,如果在,记下这个词在基本词库中出现的次数,用文档中的所有词在基本词库中出现的次数构造一个向量。如果有多个文本,就用一个矩阵来表示所有文本,矩阵的每行表示一个文本,每列表示一个词或短语,矩阵的一个元素表示某个词在某个文本中出现的次数,这个矩阵称为文本的向量空间模型(vector space model, VSM)。假如有两篇短文,第一篇的内容为"我是一个大学生,我爱中国。"记为 $\boldsymbol{d}_1$;第二篇的内容为"她是一个可爱的女孩,喜欢看电影和听音乐。"记为 $\boldsymbol{d}_2$。采用词袋法表示这两个文本,则会得到如表 10.1 所示的两个向量。

表 10.1 两个文本对应的向量空间矩阵

向量	我	她	是	一个	大	可爱的	中国	学生	女孩	喜欢	爱	听	看	电影	音乐	和
$\boldsymbol{d}_1$	2	0	1	1	2	0	1	1	0	0	1	0	0	0	0	0
$\boldsymbol{d}_2$	0	1	1	1	0	1	0	0	1	1	0	1	1	1	1	1

将文本表示成向量之后，就可以像处理其他数据一样来对文本进行聚类。如果文本数量较多，且每个文本很长，由文本所构成的矩阵会非常大，并且会很稀疏，可对这个矩阵进行降维或压缩，以提高计算效率。将文本表示成向量后，就可以用欧几里得距离来度量文本之间的相似性。

文本的表示还可以采用词项频率-逆文档频率(term frequency-inverse document frequency，TFIDF)方法。对于文本中的一个词 w，其词项频率(term frequency，TF)的计算公式为

$$\mathrm{TF}=\frac{\text{w 在文本中出现的次数}}{\text{文本的所有词汇数量}}$$

而词 w 的逆文档频率(inverse document frequency，IDF)的计算公式为

$$\mathrm{IDF}=\log_2\frac{\text{所有文本的数量}}{\text{出现 w 的文本数量}}$$

词项频率-逆文档频率的计算公式为

$$\mathrm{TFIDF}=\mathrm{TF}\cdot\mathrm{IDF}$$

在 sklearn 中，有一个 feature_extraction 包，它有一个 text 包，这个包中有一个 TfidfVectorizer 类，可以用该类的 fit_transform()方法得到文本的向量表示。

(3) 对文本向量进行聚类。在确定聚类数目 K 后，将得到的文本向量交给 k-means 聚类算法，就可以得到聚类的中心。

2. FLANN 算法

FLANN 是一种快速近似最近邻算法，它将 k-means 算法和 KD 树相结合来搜索样本的最近邻。在使用 FLANN 算法时，需要给定这两种算法所涉及的参数，包括迭代次数(iteration)、构建空间分割树的数量、搜索最近邻时叶子的数量和要搜索 k 近邻的个数等。FLANN 算法通常会采用欧几里得距离来查找样本的最近邻。下面介绍该算法的实现过程。

设训练样本集 $\boldsymbol{X}=\{\boldsymbol{x}_1,\boldsymbol{x}_2,\cdots,\boldsymbol{x}_n\}$，每个样本有 p 个特征，即第 i 个样本 $\boldsymbol{x}_i\in\mathbf{R}^p$。

(1) 随机选取 k 个样本作为聚类中心点，即 $\boldsymbol{u}_1,\boldsymbol{u}_2,\cdots,\boldsymbol{u}_k\in\mathbf{R}^p$，其中 $k\leqslant n$。

(2) 分别计算剩下的样本到这 k 个聚类中心点的距离，计算第 i 个样本 $\boldsymbol{x}_i$ 所属的聚类簇，采用公式

$$c^{(i)}=\underset{j}{\operatorname{argmin}}\|\boldsymbol{x}_i-\boldsymbol{u}_j\|^2,\quad i=1,2,\cdots,n;\ j=1,2,\cdots,k$$

(3) 将所有样本都分配给距离最近的聚类簇，再根据聚类结果，重新按下面的公式计算 k 个聚类簇的中心，即

$$\boldsymbol{u}_j=\frac{\sum_{i=1}^{m}\mathbf{1}\{c^{(i)}=j\}\boldsymbol{x}_i}{\sum_{i=1}^{m}\mathbf{1}\{c^{(i)}=j\}}\tag{10.3}$$

从式(10.3)可以看出：聚类簇中心是所有的样本各维度的平均值。

(4) 将所有的样本按照新的中心重新聚类直到聚类的结果不再变化。

(5) 在各个聚类簇中建立 KD 树，其过程与第 8 章介绍的 KD 树的创建过程一样，即在每个聚类簇中选择方差最大的特征，以取该特征的中值为根节点，并由此得到左子树和右子树，这样一直循环进行，直到结束。

(6) 输入要搜索的样本 $\boldsymbol{x}$，采用欧几里得距离计算该样本到各个聚类中心点的距离，从而判断给定样本 $\boldsymbol{x}$ 所属的聚类簇；最后根据聚类簇对应的 KD 树搜索该样本的最近邻。

Pyflann 包提供了 Python 接口的 FLANN 算法。可以通过 pip install pyflann 来安装该包。Pyflann 有一个 FLANN 类，实例化这个类后，可以在训练集上调用 nn()方法搜索最近邻。具体的代码如下：

```
flann=FLANN()
result,dists=flann.nn(dataset,testset,2,algorithm="kmeans")
```

10.3.3 改进的 *k*-means 聚类算法

k-means 聚类算法的优点是简单、便于实现，但它有很多不足之处。

(1) 聚类效果可能对初始类别中心点的选取十分敏感。

(2) 要预先给定聚类数，这通常是一件很困难的事情。

(3) 不能保证收敛到全局最优点。

(4) 有时收敛速度会很慢，导致迭代的时间较长。

针对 *k*-means 聚类算法的缺点，人们提出了很多改进算法。在这些算法中，有几个是特别流行的，如 *k*-medians 算法、*k*-modiods 算法、*k*-means++算法等。下面介绍这些改进的 *k*-means 聚类算法。

1. *k*-medians 算法和 *k*-medoids 算法

k-medians 算法和 *k*-medoids 算法比较类似，都是针对 *k*-means 聚类算法中求平均值(mean)的缺点所进行的改进。*k*-median 算法用中位数(median)来代替平均值，而 *k*-medoids算法用样本中距平均值最近的数据点(称为 medoid)来代替平均值，这样做的目的是为了消除少数异常数据对平均值的影响，同时也能保证聚类中心点始终位于数据集中的区域，从而使收敛更快。

如图 10.7(a)中大部分数据分布在左下方区域，因此聚类簇的中心应当也位于左下方数据密集区域的中央，但由于右边 3 个异常数据的影响，使平均值位置(图 10.7(a)中三角形处)明显偏离，此时用数据的中位数(图 10.7(a)中菱形处)取代平均值则更合理；图 10.7(b)中数据分布成圆弧状，平均值和中位数(图 10.7(b)中三角形和菱形处)都位于数据分布区外，这时用 medoid(图 10.7(b)中较大的圆形)作为聚类中心则会有更好的效果。

2. *k*-means++ 算法

k-means 算法会随机选择 K 个初始聚类中心，这种随机性可能带来较差的聚类结果。*k*-means++算法针对这一不足进行了改进。*k*-means++算法的基本思想：如果 K 个初始点在数据中均匀分布，并使它们之间的距离足够远，则可以得到较好的聚类效果。用

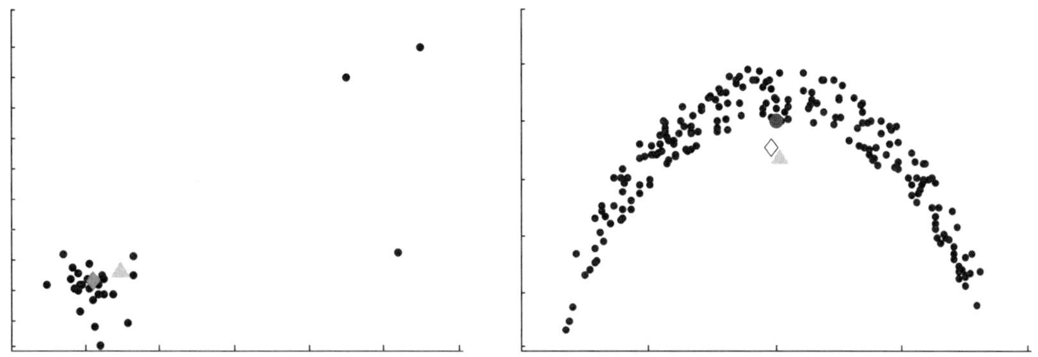

(a)　　(b)

图 10.7　采用平均值(mean)、中位数(median)和 medoid 值作为聚类中心

k-means++算法实现聚类的主要步骤如下。

(1) 确定聚类中心数 K,然后在训练样本中随机选取一个样本作为初始中心。

(2) 计算第 i 个样本到各个中心点的距离,并取最短距离,记为 D_i。

(3) 用下面的公式计算第 i 个样本被选为中心点的概率,即

$$\frac{D_i^2}{\sum_{i=1}^{n} D_i^2}$$

(4) 按计算的概率来选择中心点,这样保证有更大的概率选出距离已经确定的中点较远的数据点作为中心点。

(5) 重复步骤(2)～(4),直到选出 K 个中心点。

k-means++算法有效地改进了 *k*-means 聚类算法随机选择初始类别中心的缺点,虽然计算初始中心要花一定的计算时间,但由于优化了初始聚类中心的分布,因此算法收敛速度更快,平均计算时间只有原来的 1/4,而且聚类效果普遍好于 *k*-means 聚类算法。基于此,*k*-means++算法成为应用最为广泛的聚类算法之一。

下面详细介绍如何用 *k*-means++算法来确定初始聚类中心。假设训练集有 15 个样本,分布如图 10.8 所示,聚类数 $K=3$。

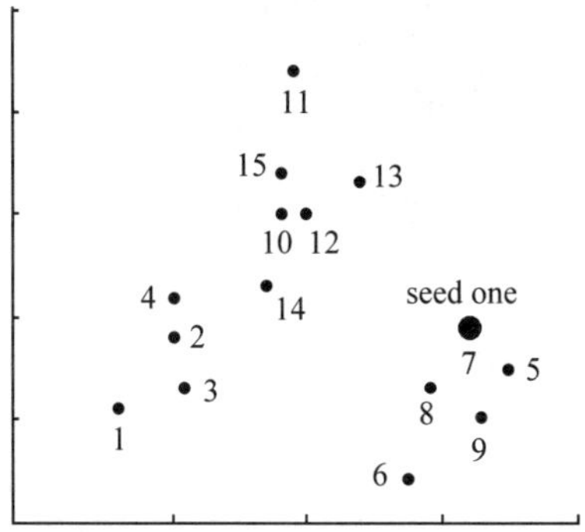

图 10.8　有 15 个样本的训练集,其中第 1 个初始中心是第 7 个样本

(1) 计算机产生一个 1～15 的随机数(每个数出现的概率是一样的),假设为 7,则选第 7 个样本为聚类中心。

(2) 计算其余 14 个样本到样本 7 的距离。

(3) 计算这 14 点的概率值,这些概率值如表 10.2 所示,这些概率值的分布如图 10.9 所示。

表 10.2 14 个样本到第 1 个聚类中心(第 7 样本)的概率值

样本	到聚类中心的距离	概率值	依次累加的概率值	R
1	1.62	0.202	0.202	0.249
2	1.13	0.140	0.342	
3	1.05	0.131	0.473	
4	1.13	0.141	0.613	
5	0.06	0.007	0.620	
6	0.10	0.012	0.633	
7				
8	0.02	0.003	0.635	
9	0.03	0.004	0.639	
10	0.50	0.062	0.701	
11	0.66	0.082	0.783	
12	0.42	0.053	0.836	
13	0.28	0.035	0.871	
14	0.46	0.058	0.929	
15	0.58	0.072	1.000	

注：样本 7 为聚类中心,不予计算。

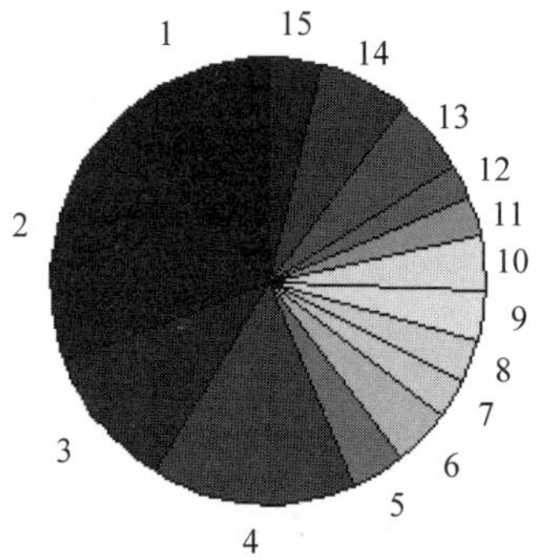

图 10.9 14 个样本到第 1 个聚类中心(第 7 样本)的概率值饼状分布图

图 10.9 是概率值饼状分布图,从中可看出,样本 1、样本 2、样本 3、样本 4 所占的面积较大,这表明这些点对应的概率较大,即被选为下一个聚类中心点的概率比较大。

(4) 用轮盘赌的方法随机选择第二个种子点。将得到的 P 值依次向前相加,同时由计算机产生一个随机数 R，得到 0.249。通过累加概率值可知，R 落在样本 1 与样本 2 之间，即 0.202＜0.249＜0.342，于是将样本 2 作为第 2 个聚类中心，如图 10.10 所示。

（5）选取第 3 个聚类中心。计算各样本到前两个聚类中心的距离，实际上到第 1 个聚类中心的距离已知，所以只需计算到第 2 个聚类中心的距离即可。每个样本对应两个距离，从中选择最小的距离计算样本的概率，最终得到的概率分布如图 10.11 所示，概率值和各个距离值如表 10.3 所示。

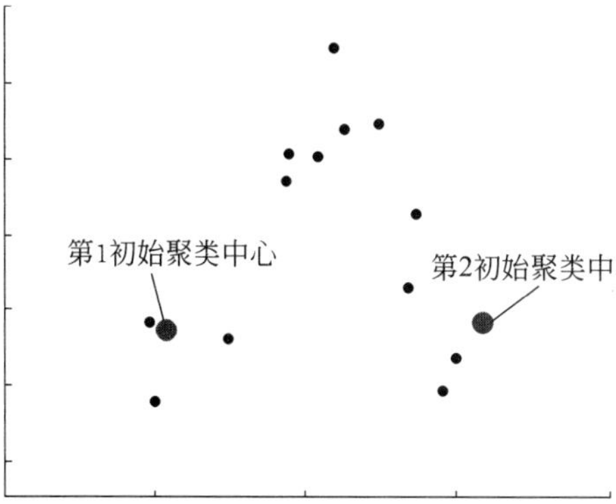

图 10.10　选择的第 2 个聚类中心

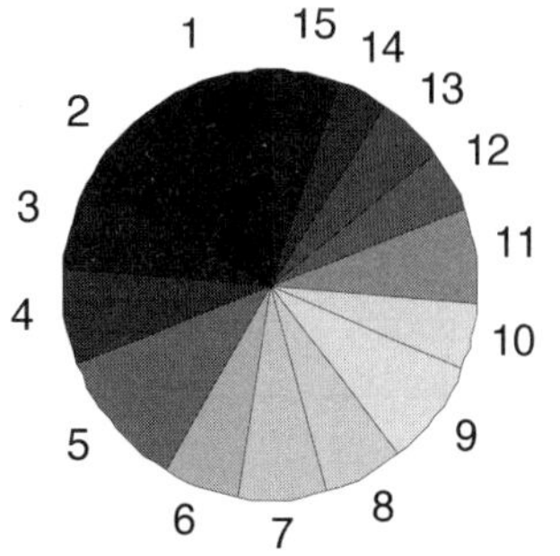

图 10.11　14 个样本到前两个聚类中心的概率值分布图

表 10.3　14 个样本到两个聚类中心的概率值

样本	到第 1 个聚类中心的距离	到第 2 个聚类中心的距离	两个距离之和	概率值	依次累加的概率值	***R***
1	1.623	0.059	1.682	0.104	0.104	
2	1.129	0	1.129	0.070	0.174	
3	1.053	0.009	1.062	0.067	0.239	
4	1.131	0.008	1.139	0.070	0.309	
5	0.057	1.653	1.710	0.106	0.415	
6	0.099	0.861	0.960	0.059	0.464	
7	0	1.129	1.129	0.070	0.544	
8	0.021	0.988	1.010	0.062	0.606	
9	0.030	1.256	1.286	0.079	0.686	
10	0.501	0.310	0.810	0.050	0.736	
11	0.662	0.516	1.178	0.073	0.808	
12	0.425	0.328	0.753	0.047	0.855	
13	0.281	0.548	0.829	0.051	0.906	0.8783
14	0.463	0.167	0.630	0.039	0.945	
15	0.575	0.315	0.891	0.055	1.000	

(6) 选定了如图 10.12 所示的 3 个初始聚类中心,运行 k-means 聚类算法进行聚类,结果如图 10.13 所示,三角形为 k-means 算法找到的初始聚类中心,3 个大的圆形为 k-means++ 找到的初始聚类中心。从中可以看出,由 k-means++ 算法得到的 3 个初始聚类中心与最终收敛后的聚类中心非常接近,这说明 k-means++算法优化选取初始聚类中心是有效的。

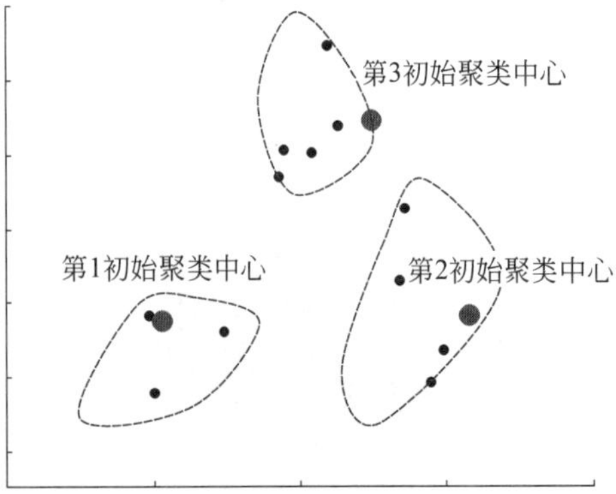

图 10.12 选定的 3 个初始聚类中心

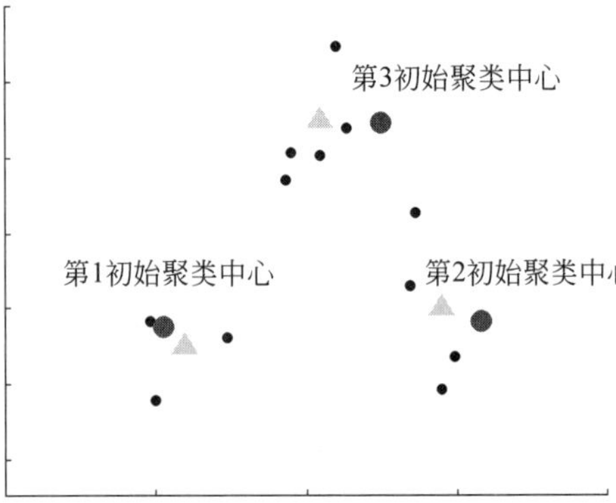

图 10.13 最终的聚类结果

10.4 谱聚类算法

谱聚类算法是另一种广泛使用的聚类算法,相比 k-means 聚类算法,谱聚类算法具有对数据分布适应性强、算法理论依据严密等优点。例如,经典的 k-means 聚类算法对环状数据(见图 10.14)无法正确聚类,但谱聚类却可以很好地进行聚类。

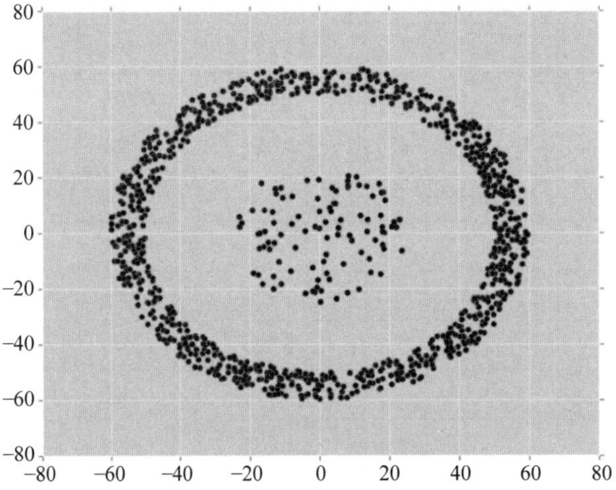

图 10.14 环状数据

谱聚类算法是从图论发展而来,它的基本思想是把所有的训练样本当成空间中的点,把这些点用边连接起来,并给每条边定义一个权值,权值的大小与两个样本之间的距离有关。距离较远的两个样本之间的边权值较低,而距离较近的两个样本之间的边权值较高,这就构成一个无向加权图。通过对所有两个样本组成的图进行划分,让划分后不同的子图间各边的权值尽可能低,而子图内的各边权值尽可能高,从而达到聚类的目的。

由此可见，谱聚类算法的原理较为简单，但要理解这个算法，还需要介绍图论中涉及的几个基本概念。

10.4.1　谱聚类算法的原理

谱聚类算法就是由节点和连接节点的边组成的一个有限二元集合。若用 G 来表示图，V 表示图中的节点，E 表示 G 的边，则一个图可表示为 $G=(V,E)$，而图 G 的节点集和边集分别记为$V(G)$和 $E(G)$，图中节点的个数称为图的阶。如果边是没有方向的，则称此图为无向图。如果 G 中的任意两个节点可由属于 G 的边相连接，则称 G 是连通的。图 10.15 的 3 个图都是无向连通图。图 10.15(a)所示的 7 阶无向图由 11 条边、7 个节点组成，$E(G_1)=\{P_1P_2, P_1P_3, P_1P_4, P_2P_3, P_2P_6, P_2P_7, P_3P_4, P_3P_6, P_4P_5, P_4P_7, P_5P_6\}$，$V(G_1)=\{P_1, P_2, P_3, P_4, P_5, P_6, P_7\}$。如果图中的每个点节都与另外的节点有边连接，称为完全图。与节点相连的边的数量称为节点的度，在图 10.15(a)中，P_1 的度为 3，P_3 的度为 4。如果每条边被赋值(一般均为正值)，则称为加权图。

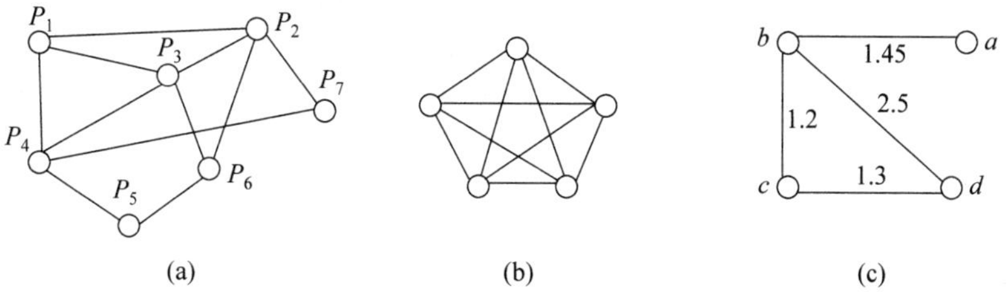

图 10.15　连通的无向图

无向加权图中各节点的度定义为与该节点相连各边的权值总和，可用各个节点的度作为对角线上的元素生成对角阵，该矩阵称为图的度矩阵；如果节点的个数为 n，则度矩阵就是 $n\times n$ 的对角阵。边的权值也可以生成一个 $n\times n$ 的矩阵，即如果两个节点之间相连，则矩阵元素为权值；若不相连，则权值为 0，一个节点与自身连接的权值也取 0，这样构成的矩阵称为权重邻接矩阵(weighted adjacency matrix)。显然，权重邻接矩阵是对称阵，且对角线上的各元素为 0。

第 i 个节点的度定义为与其相连各边的权值之和，表示为 $d_i=\sum_{j=1}^{n} w_{ij}$，其中 w_{ij} 表示第 i 个节点与第 j 个节点连接的权值；显然，$w_{ij}=w_{ji}$，$w_{ii}=0$。

例如，按图 10.15(c)中各节点 a、b、c、d 的顺序，可得度矩阵 $\boldsymbol{D}$ 和权重邻接矩阵 $\boldsymbol{W}$ 分别为

$$\boldsymbol{D}=\begin{bmatrix} 1.45 & 0 & 0 & 0 \\ 0 & 5.15 & 0 & 0 \\ 0 & 0 & 2.5 & 0 \\ 0 & 0 & 0 & 3.8 \end{bmatrix}$$

$$\boldsymbol{W}=\begin{bmatrix} 0 & 1.45 & 0 & 0 \\ 1.45 & 0 & 1.2 & 2.5 \\ 0 & 1.2 & 0 & 1.3 \\ 0 & 2.5 & 1.3 & 0 \end{bmatrix}$$

用度矩阵 $\boldsymbol{D}$ 减去权重邻接矩阵 $\boldsymbol{W}$ 就得到图的拉普拉斯矩阵 $\boldsymbol{L}$，即

$$\boldsymbol{L}=\boldsymbol{D}-\boldsymbol{W}=\begin{bmatrix}1.45 & -1.45 & 0 & 0\\ -1.45 & 5.15 & -1.2 & -2.5\\ 0 & -1.2 & 2.5 & -1.3\\ 0 & -2.5 & -1.3 & 3.8\end{bmatrix}$$

拉普拉斯矩阵有很多重要的性质。

(1) 对任意的 n 维实数列向量 $\boldsymbol{f}$ 有

$$\boldsymbol{f}^{\mathrm{T}}\boldsymbol{L}\boldsymbol{f}=\frac{1}{2}\sum_{i,j=1}^{n}w_{ij}(\boldsymbol{f}_i-\boldsymbol{f}_j)^2$$

(2) $\boldsymbol{L}$ 是对称半正定矩阵。

(3) $\boldsymbol{L}$ 的最小特征值是 0，而且至少有一个，其相应的特征向量是各元素为 1 的 n 维列向量。

(4) $\boldsymbol{L}$ 的所有特征值均为非负实数。

设 A 是图 $G(V,E)$ 节点集 $V(G)$ 的一个子集，$A\subset V$，用 $\bar{A}$ 表示 A 的补集，显然 $A\cup\bar{A}=V(G)$。定义 A 的指示向量 $\boldsymbol{f}=[f_1,f_2,\cdots,f_n]$，其中若第 i 个节点属于 A，则 $f_i=1$；若第 i 个节点不属于 A，则 $f_i=0$。由 A 的各节点及边构成的图称为原图 G 的子图；若 A 是连通的且 A 与 $\bar{A}$ 无边相连，即 $A\cap\bar{A}=\varphi$，则称 A 是 G 的一个连通分量(connected component)。

在图 10.16 中的子图 A 和子图 B 之间由节点 1 和节点 2 的边连接，若去掉这条边，则有 $A\cap B=\varphi$，因此子图 A 是 G 的一个连通分量。

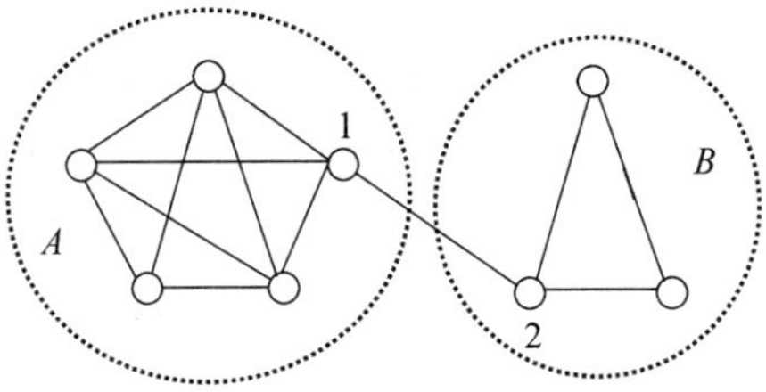

图 10.16　一个 8 阶图分为 A、B 两个连通子图(它们互为补集)

容易证明，连通分量 A 的指示向量 $\boldsymbol{f}$ 与其补集的指示向量 $\bar{\boldsymbol{f}}$ 是正交的。如果一个图 G 的节点集 $V(G)$ 可以分解成 k 个非空子集 $A_1,A_2,\cdots,A_k$，每个子集 A_i 都是一个连通分量，也就是有 $A_i\cap A_j=\varphi,i\neq j$ 且 $A_1\cup A_2\cup\cdots\cup A_k=V(G)$，实际上就把图分成了 k 个互不连通的部分，当然图中各节点对应的样本也就聚集成了 k 个聚类簇。由于这 k 个聚类簇的指示向量相互正交，根据这些指示向量，可以把每个节点划分到唯一的一个聚类簇中。这里有一个关键问题：如何计算出这 k 个指示向量。由定理 1 可知拉普拉斯矩阵的一些特征向量可以作为指示向量。

定理 1：设 G 是一个 n 阶无向加权图，$\boldsymbol{L}$ 是相应的拉普拉斯矩阵；则 $\boldsymbol{L}$ 特征值为 0 的个数等于 G 所包含的连通分量的个数，其相应的特征向量就是这些连通分量的指示向量。

从定理 1 可以看出：只要求出一个图拉普拉斯矩阵的特征值，然后根据特征值为 0 的个数就可知道图可分为多少个互不相连的子图，也就是聚类簇的个数；再计算出这些特征值

对应的特征向量，就得到相应指示向量，并由此确定出每个节点所属的聚类簇。但实际上，很少的图是由互不相连的子图组成，因此如果想把图分成多个连通分量就需要把子图之间的边去掉，仅保留子图节点之间的各边，这个过程称为图的分割，如图 10.17 所示。

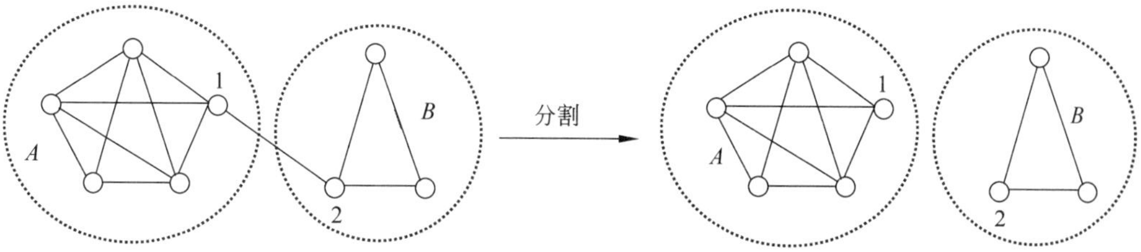

图 10.17　图的分割(一)

从图的分割来看，一个图有多种分割方式，例如，图 10.17 和图 10.18 就是两种不同的分割方式。

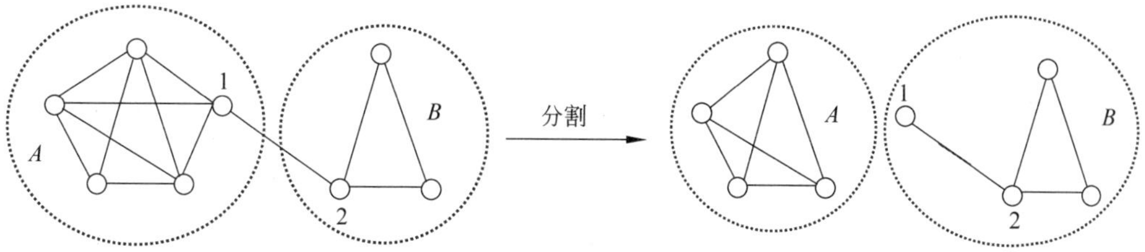

图 10.18　图的分割(二)

图 10.17 和图 10.18 的两种分割方式得到不同的子图。图 10.17 切掉了一条边，而图 10.18 中去掉了 3 条边。如果是针对加权图的分割，由于每条边赋有权值，这意味着不同的分割方式会造成不同的权值损失。因此从聚类的角度来看，分割过程应当尽可能让权值损失最少。

人们提出了很多图分割的方法，如最小割集方法(Mincut)、归一化割集方法(Ncut，也称为正则割集方法)、比率割集方法(Ratiocut)、均值割集方法等，其中较常用的是前 3 种。

下面简单介绍图的最小割集方法、归一化割集方法和比率割集方法。在介绍这些分割方法之前，先引入几个常用的表达式。设 A、B 是图 G 的两个子图(即 $A,B\subset V(G)$)，定义 A、B 之间的权重邻接矩阵为 $\boldsymbol{W}(A,B)=\sum_{i\in A,j\in B} w_{ij}$，$|A|$ 表示 A 的所有节点数；A 的体积为 $\mathrm{Vol}(A)=\sum_{i\in A} d_i$，其中 d_i 是第 i 个节点的度，即与之相连的边的权值和。

1. 最小割集方法

最小割集的思想：把 n 阶图 G 分割成 k 个子图，使 $\mathrm{cut}(A_1,A_2,\cdots,A_k)=\frac{1}{2}\sum_{i=1}^{k} W(A_i,\overline{A}_i)$ 最小，即使这 k 次切割中权值损失最少。由定理 1 可知，把一个 n 阶图分割成 k 个子图，若图本身包括 k 个互不相连的子图，则 $\boldsymbol{L}$ 矩阵有 k 个特征值为 0，其对应的特征向量就直接指示了各节点所属聚类簇；若图本身不是由 k 个连通分量组成，则 $\boldsymbol{L}$ 矩阵 0 特征值的个数少于 k，相应的特征向量中各元素的值不再是 1 或 0，因此不能直接作为指示向量。此时可取$\boldsymbol{L}$矩阵的前k个较小的特征值对应的特征向量,构成一个$n\times k$阶矩阵$\boldsymbol{U}$,再将$\boldsymbol{U}$的各行当成样本进行k-means 聚类,由此可得k个聚类簇。

最小割集方法只是使权值损失最少,因此会产生偏斜分割现象,但通常还是会得到比较好的聚类效果。

2. 规一化割集方法与比率割集方法

归一化割集方法以最小化 $\text{Ncut}(A_1,A_2,\cdots,A_k)=\frac{1}{2}\sum_{i=1}^{k}\frac{W(A_i,\overline{A}_i)}{\text{Vol}(A_i)}$ 为目标,与 Mincut 准则相比,在分母中增加了子图的体积进行归一化,通过计算分割之后各子图连接边的损失与子图所有节点之间的连接权值总和所占比例之和来衡量划分的优劣,由此有效避免偏斜分割,同时也使权值损失最小。

比率割集方法是最小化目标函数 $\text{Ratio}(A_1,A_2,\cdots,A_k)=\frac{1}{2}\sum_{i=1}^{k}\frac{W(A_i,\overline{A}_i)}{|A_i|}$,与 Ncut 不同的是在分母中用$|A_i|$替换了$\text{Vol}(A)$,通过比较权值损失与节点数量来使各子图的划分达到平衡,从而避免偏斜分割并使权值损失最小。

对于 Ncut 和 Ratiocut,需要引入归一化的拉普拉斯矩阵,下面给出两种归一化拉普拉斯矩阵的定义

$$\boldsymbol{L}_s=\boldsymbol{D}^{-\frac{1}{2}}\boldsymbol{L}\boldsymbol{D}^{-\frac{1}{2}}=\boldsymbol{I}-\boldsymbol{D}^{-\frac{1}{2}}\boldsymbol{W}\boldsymbol{D}^{-\frac{1}{2}}$$

$$\boldsymbol{L}_r=\boldsymbol{D}^{-1}\boldsymbol{L}=\boldsymbol{I}-\boldsymbol{D}^{-1}\boldsymbol{W}$$

显然,$\boldsymbol{L}_s$和$\boldsymbol{L}_r$是半正定矩阵。

当使用 Ncut 和 Ratiocut 进行聚类时,其计算过程与 Mincut 一样,只需要把矩阵$\boldsymbol{L}$替换为$\boldsymbol{L}_s$和$\boldsymbol{L}_r$即可。

3. 相似度图

要利用图分割的思想进行聚类,需要把训练样本转换成图。设训练数据集为$\boldsymbol{X}=\{\boldsymbol{x}_1,\boldsymbol{x}_2,\cdots,\boldsymbol{x}_n\}$,把每个样本看成是一个节点,节点与节点之间用带权值的边相连,这样就生成一个n阶无向加权图,该图称为训练数据集的相似度图(similarity graph)。用前面介绍的方法进行图的分割,从而实现对训练数据样本的聚类。把训练数据集转换成相似度图的关键是如何定义节点与节点之间边的权值,不同的计算方法有可能使聚类结果不同。常用的方法有 3 种:ε近邻法、k近邻法与全连接法。

(1) ε近邻法:该方法先确定一个阈值ε,然后将节点间的距离小于ε的所有节点相连,并用距离大小作为权值。

(2) k近邻法:只连接与节点最近的k个节点,并用节点间的距离作为边的权值。这种方法有一个问题:若数据分布不对称,有可能使节点b是节点a的近邻,而节点a却不是节点b的近邻,即$w_{\text{ab}}\neq w_{\text{ba}}$,由此得到的权重邻接矩阵$\boldsymbol{W}$就不是对称阵。有两种方法可以改进这种不足:①只要节点b是节点a的近邻就连接节点a和节点b,同时也认为节点b和节点a是相连的;②只连接互为近邻的节点a、节点b,由此得到的图称为互k近邻图。

(3) 全连接法:把所有节点连接起来得到一个n阶完全图。由于是全连接,在定义各边的权值时就需要考虑图的局部特性,一般取高斯函数$w_{ij}=\mathrm{e}^{-\frac{\|x_i-x_j\|^2}{2\sigma^2}}$来计算节点$\boldsymbol{x}_i$与

$\boldsymbol{x}_j$ 之间边的权值，其中 σ 的大小起着控制节点邻域大小的作用，这对聚类效果有直接的影响。

这 3 种方法在谱聚类算法中都有广泛的应用。ε 近邻法的主要缺点是 ε 值难以确定，不适用于分布不均的训练数据集；k 近邻法可用于密度不均的数据，但不适用于局部具有高密度分布的训练数据集，容易造成数据分割现象；全连接法存在 σ 不易确定，而且计算量偏大的缺点。一般来说，可以先考虑 k 近邻法，优点是方法简单、计算量小、稳定性好。在确定相似度图后，就可以得到权重邻接矩阵 $\boldsymbol{w}$。

10.4.2 谱聚类算法的实现

虽然根据不同的分割准则，谱聚类算法有不同的具体实现方法，但是这些方法都可以归纳为下面 4 个步骤。

（1）由训练数据集生成相应的相似度图（无向加权图）。

（2）构建图的权重邻接矩阵 $\boldsymbol{W}$、度矩阵 $\boldsymbol{D}$，从而得到拉普拉斯矩阵 $\boldsymbol{L}$。

（3）计算拉普拉斯矩阵 $\boldsymbol{L}$ 或归一化拉普拉斯矩阵（$\boldsymbol{L}_s$ 或 $\boldsymbol{L}_r$）的前 k 个特征向量，由此构建新的训练数据集。

（4）利用 k-means 聚类算法在新的训练数据集上进行聚类。

上面的步骤只是谱聚类算法的一个总体框架，由于划分准则、相似度矩阵计算方法等因素的差别，具体的算法实现同样会有所差别，但其总体流程类似。Ncut 算法的实现如算法 10.1 所示。

算法 10.1 Ncut 算法的实现

输入： 包含有 n 个训练样本的训练数据集 $\boldsymbol{X}$，聚类数为 $\boldsymbol{K}$。

输出： $\boldsymbol{K}$ 个聚类簇。

（1）计算相似度图。

（2）构建权重邻接矩阵 $\boldsymbol{W}$ 和度矩阵 $\boldsymbol{D}$。

（3）计算拉普拉斯矩阵 $\boldsymbol{L}$。

（4）计算归一化拉普拉斯矩阵 $\boldsymbol{L}_s=\boldsymbol{D}^{-\frac{1}{2}}\boldsymbol{L}\boldsymbol{D}^{-\frac{1}{2}}$。

（5）计算 $\boldsymbol{L}_s$ 的 $\boldsymbol{K}$ 个最小特征值对应的特征向量。

（6）将这些特征向量归一化，并构成矩阵 $\boldsymbol{F}\in\mathbf{R}^{n\times K}$。

（7）用 k-means 聚类算法对 $\boldsymbol{F}$ 聚类。

在 sklearn 的 datasets 包中，提供了一些方法生成聚类使用的数据集。如 make_moons()方法就能生成如图 10.19 所示的数据。make_moons()方法返回的结果为元组，该元组的第一个元素为生成的样本，样本的维数为 2，样本的数目可通过参数 n_samples 指定；第二个元素为样本对应的聚类簇标记，这些标记只取两个值。还有一些类似于 make_moons()的方法，如 datasets.make_blobs()、datasets.make_circles()等。

在 sklearn 的 cluster 包中有一个 SpectralClustering 类，该类的 fit()方法可以执行谱聚类。在实例化 SpectralClustering 类时，需要通过参数 n_clusters 指定聚类数目。

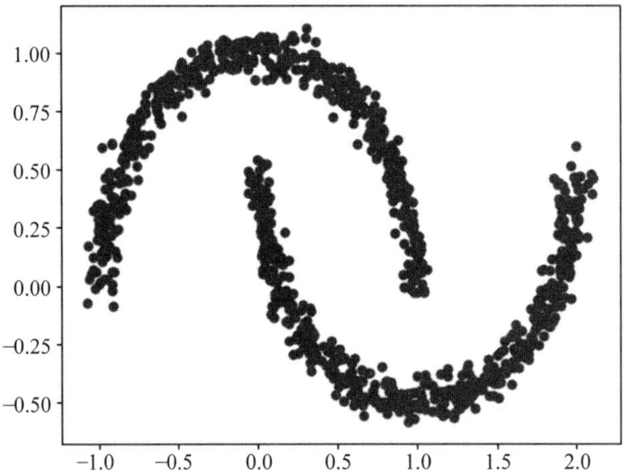

图 10.19 由 make_moons()方法生成的数据

10.4.3 谱聚类算法的缺点

谱聚类算法虽然在很多不可分数据集上有较好表现,但在大规模数据集(如有 10 000 个样本的数据集)上使用谱聚类算法,会有如下问题。

(1) 计算权重邻接矩阵会花费很多时间。

(2) 保存权重邻接矩阵会用很多空间,这时要计算该矩阵的特征值和特征向量需要花很多时间。

目前,谱聚类算法的研究人员主要致力于解决这两个问题。当权重邻接矩阵很大时,可采用 Power 迭代方法计算特征值和特征向量,这种谱聚类算法通常称为 Power 迭代聚类(power iteration clustering,PIC)。采用 Power 迭代计算矩阵的特征向量时,其实现简单,而且效率非常高、便于在分布式计算中使用。

10.5 总结

无监督学习是机器学习的重要研究方向,因为很多应用只能提供无标记数据。本章首先对无监督学习的概念、特点和应用进行了介绍,然后介绍了聚类的概念和评价指标,人们对聚类的研究非常深入,目前,聚类算法多达十几种,常见的聚类有分区聚类、层次聚类等。本章重点介绍了分区聚类中的 k-means 聚类算法和谱聚类算法。k-means 聚类算法的目标函数可以通过交替迭代求解,但这种求解方法只能得到局部最优解。可以直接调用 sklearn 中实现的 k-means 聚类算法来解决实际应用问题。通过 k-means 聚类算法对初始中心点的选择很敏感,为了解决这个问题,人们引入了 k-means++ 算法,它主要改进选择初始聚类中心点的方法。

谱聚类算法与图分割问题有着密切的联系。本章从图分割问题出发,引入了 3 种谱聚类算法：Mincut、RatioCut、Ncut。与 k-means 聚类算法相比,谱聚类算法在一些结构复杂的数据集上有很好的性能。这 3 种谱聚类算法的大致思想都一样。本书还介绍了 Ncut 的实现，Ncut 早期被用于图像分割。对于大规模数据而言，谱聚类算法的效率会很低。

10.6　习题

（1）什么是无监督学习？给出一些常见的无监督学习方法。

（2）简述聚类的基本原理，给出一些常见的聚类算法。

（3）可以从哪几方面评价聚类结果？

（4）哪些指标可以用来评价聚类方法？简述这些指标。

（5）简述 k-means 聚类算法的原理。

（6）用 Python 实现 k-means 聚类算法。

（7）简述 k-means 聚类算法的优点和缺点。

（8）简述 k-means++聚类算法的原理。

（9）简述谱聚类算法的原理。

参考文献

[1] Sibson R. SLINK: an optimally efficient algorithm for the single-link cluster method[J]. The Computer Journal, British Computer Society, 1973, 16 (1): 30-34.

[2] Ester M, Kriegel H P, Sander J, et al. A density-based algorithm for discovering clusters in large spatial databases with noise[C]. KDD, 1996: 3220.

[3] Cheng Y. Mean shift, mode seeking, and clustering[J]. IEEE Transactions on Pattern Analysis and Machine Intelligence, 1995, 17(8): 790-799.

[4] Arthur D, Vassilvitskii S.K-Means++: The Advantages of Careful Seeding[C]. Proceedings of the Eighteenth Annual ACM-SIAM Symposium on Discrete Algorithms, 2007: 1027-1035.

[5] Shi J, Malik J. Normalized cuts and image segmentation[J]. IEEE Transactions on Pattern Analysis and Machine Intelligence, 2000, 22(8): 888-905.

[6] Von Luxburg U. A tutorial on spectral clustering[J]. Statistics and Computing, 2007, 17(4): 395-416.

[7] Muja M, Lowe D G. Scalable nearest neighbor algorithms for high dimensional data[J]. IEEE Transactions on Pattern Analysis and Machine Intelligence, 2014, 36(11): 2227-2240.

附录 A

用 Boston 数据集解释简单线性回归

```
import pandas as pd
import matplotlib.pyplot as plt
import numpy as np
from sklearn.linear_model import LinearRegression

#加载数据
data=pd.read_csv('./Boston.csv')
reg=LinearRegression()
x=data[["rm"]].values
y=data[["medv"]].values
reg.fit(x, y)
plt.rcParams['font.sans-serif']=['SimHei']
plt.rcParams['axes.unicode_minus']=False
xs=range(int(np.min(x[:, 0])), int(np.max(x[:, 0])))
ys=[reg.predict(x) for x in xs]#list comprehension
ax=data.plot(x="rm", y="medv", style="o")
ax.set_ylabel("平均房价")
ax.set_xlabel("每栋住宅房间数")
ax.plot(np.asarray(xs).reshape(-1, 1), np.asarray(ys).reshape(-1, 1), "r")
plt.show()
```

附录 B

多元线性回归应用

```
import pandas as pd
import matplotlib.pyplot as plt
import seaborn as sns
from sklearn.model_selection import train_test_split
from sklearn.linear_model import LinearRegression
#加载数据
adv_data=pd.read_csv('./Advertising.csv')
#清洗不需要的数据
new_adv_data=adv_data.ix[:,1:]
#得到需要的数据集且查看其前几列以及数据形状
sns.pairplot(new_adv_data, x_vars=['TV','radio','newspaper'], y_vars='sales',
size=7, aspect=0.8,kind='reg')
plt.show()

X_train,X_test,Y_train,Y_test=train_test_split(new_adv_data.ix[:,:3],new_adv_
data.sales,train_size=.80)
model=LinearRegression()
model.fit(X_train, Y_train)
a=model.intercept_          #截距
b=model.coef_               #回归系数
print("拟合结果:截距", a, ",回归系数:", b)
```

附录 C

岭回归应用

```
import numpy as np
import matplotlib.pyplot as plt
from sklearn.linear_model import Ridge
#样本数据集,第一列为 x,第二列为 y,在 x 和 y 之间建立回归模型
data=[
    [0.067732,3.176513],[0.427810,3.816464],[0.995731,4.550095],[0.738336,
     4.256571],[0.981083,4.560815],
    [0.526171,3.929515],[0.378887,3.526170],[0.033859,3.156393],[0.132791,
     3.110301],[0.138306,3.149813],
    [0.247809,3.476346],[0.648270,4.119688],[0.731209,4.282233],[0.236833,
     3.486582],[0.969788,4.655492],
    [0.607492,3.965162],[0.358622,3.514900],[0.147846,3.125947],[0.637820,
     4.094115],[0.230372,3.476039],
    [0.070237,3.210610],[0.067154,3.190612],[0.925577,4.631504],[0.717733,
     4.295890],[0.015371,3.085028],
    [0.335070,3.448080],[0.040486,3.167440],[0.212575,3.364266],[0.617218,
     3.993482],[0.541196,3.891471]
]

dataMat=np.array(data)
X=dataMat[:,0:1]
y=dataMat[:,1]
#岭回归
model=Ridge(alpha=0.5)
model.fit(X, y)          #线性回归建模
print('系数矩阵:\n',model.coef_)
print('线性回归模型:\n',model)
predicted=model.predict(X)
#绘制散点图,参数:横轴 x,纵轴 y
plt.scatter(X, y, marker='.')
plt.plot(X, predicted,c='r')
plt.xlabel("x")
plt.ylabel("y")
plt.show()
```

附录 D

感知机对线性可分数据集的分类

```
import numpy as np
import matplotlib.pyplot as plt
from sklearn.linear_model import Perceptron
#创建数据,直接定义数据列表
def mkData():
    samples=np.array([[3, -2], [4, -3], [0, 1], [2, -1], [2, 1], [1, 2]])
    labels=np.array([-1, -1, 1, -1, 1, 1])
    return samples, labels

def MyPerceptron(samples, labels):
    clf=Perceptron(fit_intercept=True, max_iter=100, shuffle=False)
    clf.fit(samples, labels)
    weigths=clf.coef_
    bias=clf.intercept_
    return weigths, bias
#绘制图形
class Picture:
    def __init__(self, data, w, b):
        self.b=b
        self.w=w
        plt.figure(1)

        xData=np.linspace(0, 5, 100)
        yData=self.expression(xData)
        plt.plot(xData, yData, color='r', label='sample data')

        plt.scatter(data[0][0], data[0][1], c="r", s=50)
        plt.scatter(data[1][0], data[1][1], c="r", s=50)
        plt.scatter(data[2][0], data[2][1], c="b", s=50, marker='x')
        plt.scatter(data[3][0], data[3][1], c="r", s=50)
        plt.scatter(data[4][0], data[4][1], c="b", s=50, marker='x')
        plt.scatter(data[5][0], data[5][1], c="b", s=50, marker='x')

    def expression(self, x):
        y=(-self.b-self.w[:, 0] * x) / self.w[:, 1]
        return y
```

```
    def Show(self):
        plt.show()

if __name__=='__main__':
    samples, labels=mkData()
    weights, bias=MyPerceptron(samples, labels)
    Picture=Picture(samples, weights, bias)
    Picture.Show()
```

附录 E

多层感知机的实现

```
from sklearn.datasets import load_digits
from sklearn.model_selection import train_test_split
from sklearn.preprocessing import StandardScaler
from sklearn.neural_network import MLPClassifier
from sklearn.datasets import fetch_openml
#Load data from https://www.openml.org/d/554
X, y=fetch_openml('mnist_784', version=1, return_X_y=True)
trainX,testX,trainY,testY=train_test_split(X,y,train_size=60000)
mlp=MLPClassifier(hidden_layer_sizes=(100, 100), max_iter=400, alpha=1e-4,
                  solver='sgd', verbose=10, tol=1e-4, random_state=1)

mlp.fit(trainX, trainY)
print("Training set score: %f" % mlp.score(trainX, trainY))
print("Test set score: %f" % mlp.score(testX, testY))
```

附录 F

logistic 回归的实现

```
import numpy as np
import pandas as pd
from sklearn.linear_model import LogisticRegression
import matplotlib.pyplot as plt
import seaborn as sns

data=pd.read_csv('Smarket.csv',sep=',')
data['Direction']=data['Direction'].map({'Up':1,'Down':0})
X=data.values[:,:]
X,y=X[:,6:8],X[:,-1]
clf=LogisticRegression(C=1e5,solver='lbfgs')
clf.fit(X,y.astype('int'))
y_predict=clf.predict(X)
score=clf.score(X,y.astype('int'))
score * =100
print('Accuracy={:.3f}%'.format(score))
xx, yy=np.mgrid[-5:5:0.01, -5:5:0.01]
grid=np.c_[xx.ravel(), yy.ravel()]
probs=clf.predict_proba(grid)[:, 1].reshape(xx.shape)
#
f, ax=plt.subplots(figsize=(8, 6))
contour=ax.contourf(xx, yy, probs, 25, cmap="RdBu",
                      vmin=0, vmax=1)
ax_c=f.colorbar(contour)
ax_c.set_label("$P(y=1)$")
ax_c.set_ticks([0, .25, .5, .75, 1])
#
ax.scatter(X[100:,0], X[100:, 1], c=y[100:], s=50,
           cmap="RdBu", vmin=-.2, vmax=1.2,
           edgecolor="white", linewidth=1)
#
ax.set(aspect="equal",
       xlim=(-5, 5), ylim=(-5, 5),
       xlabel="$X_1$", ylabel="$X_2$")

f, ax=plt.subplots(figsize=(10, 8))
```

```
plt.contour(xx, yy, probs, levels=[.5], colors='black', vmin=0, vmax=.6)

plt.scatter(X[:,0], X[:, 1], c=y, s=50,marker='o',
           cmap="RdBu", vmin=-0.2, vmax=1.2,
           edgecolor="white", linewidth=0.5)
ax.set(aspect="equal",
      xlim=(-5, 5), ylim=(-5, 5),
      xlabel="Volume", ylabel="Today")
plt.title('Logistic Regression',fontsize=14)
sns.set(style="ticks")
plt.show()
```